智囊图书·建筑书系

全国土木工程类实用创新型规划教材

主　审　胡兴福

主　编　段树萍　张雄

副主编　韩立夫　李洪坤　沈建增　劳振花
　　　　崔海虎

编　者　田桂凤　孙博　赵卉　舒建

土木工程力学

TUMU GONGCHENG LIXUE

U0211841

哈尔滨工业大学出版社

内 容 简 介

本书以岗位工作需要为核心,以学生能力培养为目标,力求做到岗位工作内容与教材内容有机结合,既有完整系统的理论知识(必需、够用为度),又有价值适用的技能训练。较全面地介绍了土木建筑工程结构中的力学知识与应用。在编写过程中,我们力求做到内容紧凑、叙述简明、由浅入深、强化工学结合,注重培养岗位工作能力。在教材编写中采用新规范、新标准,增加相应技能训练习题,满足学生在考取职业资格证书时,对土木工程力学知识体系应用能力的考核需求。

本书适用于普通高等院校水利水电类专业,工业与民用建筑、道路与桥梁等土建类专业,机械类专业的课程教学,亦可作为工程技术人员的参考用书。

图书在版编目(CIP)数据

土木工程力学/段树萍,张雄主编. —哈尔滨:哈尔滨
工业大学出版社,2014.11
ISBN 978-7-5603-4761-5

Ⅰ.①土…　Ⅱ.①段… ②张…　Ⅲ.①土木工程-工
程力学-高等学校-教材　Ⅳ.①TU311

中国版本图书馆 CIP 数据核字(2014)第 121540 号

责任编辑　张　瑞
出版发行　哈尔滨工业大学出版社
社　　址　哈尔滨市南岗区复华四道街 10 号　邮编 150006
传　　真　0451 - 86414749
网　　址　http://hitpress.hit.edu.cn
印　　刷　三河市越阳印务有限公司
开　　本　850mm×1168mm　1/16　印张 15.5　字数 470 千字
版　　次　2014 年 11 月第 1 版　2014 年 11 月第 1 次印刷
书　　号　ISBN 978-7-5603-4761-5
定　　价　33.00 元

本书是依据《教育部财政部关于实施国家示范性高等职业院校建设计划加快高等职业教育改革与发展的意见》（教高［2006］14号）、《教育部财政部关于进一步推进"国家示范性高等职业院校建设计划"实施工作的通知》（教高［2010］8号）精神，贯彻落实《国家中长期教育改革和发展规划纲要（2010～2020年)》的要求编写的全国土木工程类实用创新型规划教材。

本书针对高等职业技术教育的特点，适应教学改革的要求，对土木工程力学的内容进行了系统性调整，以培养学生能力为主线，体现出实用性、实践性、创新性的教材特色。在编写过程中，注重基本概念、基本理论，但以理论够用为准则，着力加强学生工程意识的培养，结合工程实例，应用力学基本计算方法解决工程实际计算问题，强化工学结合，注重培养岗位工作能力。本书的编写力求做到内容紧凑、叙述简明，由浅入深，计算方法简捷，工程案例经典，便于读者理解和接受。全书开篇指明学习目标，每一单元后面附有结合"工程案例"的专业技能训练，通过实操练习能帮助读者理论联系实际，加深对所学知识的理解，并能较快成为具有实际工作能力的专业人员。

本书包含以下四个模块：

Preface
前 言

模块序号	模块内容	课时分配
1	工程结构受力分析	24～28
2	工程结构承载设计	32～40
3	静定结构的力学分析	14～18
4	超静定结构计算方法	16～18

本书编写人员均为教学第一线的骨干教师，有丰富的教学经验与工程实践经验。在编写过程中编者参考了许多网络资源及精品课程网站的资料，吸取了有关书籍和当前颁布的最新版有关设计和施工的规范、规程及标准。

　　由于编者的水平有限，书中难免存在不足之处，恳请专家、同仁和广大读者批评指正。

编　者

本书学习导航

简要介绍本模块与整个工程项目的联系，在工程项目中的意义，或者与工程建设之间的关系等。

模块概述

包括知识目标和技能目标，列出了学生应了解与掌握的知识点。

学习目标

课时建议

建议课时，供教师参考。

各模块开篇前导入实际工程，简要介绍工程项目中与本模块有关的知识和它与整个工程项目的联系及在工程项目中的意义，或者课程内容与工程需求的关系等。

工程导入

技术提示

言简意赅地总结实际工作中容易犯的错误或者难点、要点等。

拓展与实训

包括职业能力训练、工程模拟训练和链接执考三部分，从不同角度考核学生对知识的掌握程度。

目录 Contents

▶ **绪　论**

❋ 拓展与实训/005
❋ 职业能力训练/005

▶ **模块1　工程结构受力分析**

☞ 模块概述/006
☞ 学习目标/006
☞ 课时建议/006
☞ 工程导入/007

单元1　静力学/007
　　1.1　静力学基本知识/007
　　1.2　荷载及其分类/010
　　1.3　约束与约束反力/011
　　1.4　受力分析与受力图/014
　　1.5　结构的计算简图/017
❋ 拓展与实训/019
　　❋ 职业能力训练/019
　　❋ 工程模拟训练/022

单元2　工程结构平衡/023
　　2.1　力的投影/023
　　2.2　力矩/025
　　2.3　力偶/026
　　2.4　工程结构平衡/028
❋ 拓展与实训/031
　　❋ 职业能力训练/031
　　❋ 工程模拟训练/034

▶ **模块2　工程结构承载设计**

☞ 模块概述/035
☞ 学习目标/035
☞ 课时建议/035
☞ 工程导入/036

单元3　工程结构内力分析/036
　　3.1　弹性变形体的静力分析/036
　　3.2　轴向拉压杆的内力与内力图/038
　　3.3　圆轴扭转的内力与内力图/041
　　3.4　梁弯曲的内力与内力图/044
❋ 拓展与实训/050
　　❋ 职业能力训练/050
　　❋ 工程模拟训练/051
　　❋ 链接执考/051

单元4　工程构件的设计/053
　　4.1　应力/053
　　4.2　轴向拉压杆的设计/058
　　4.3　连接件的设计/069
　　4.4　扭转杆的设计/071
　　4.5　截面的几何性质/074
　　4.6　弯曲梁的设计/077
　　4.7　组合变形强度计算/080
　　4.8　压杆稳定的工程概念/088
❋ 拓展与实训/096
　　❋ 职业能力训练/096
　　❋ 工程模拟训练/097
　　❋ 链接执考/102

▶ **模块3　静定结构的力学分析**

☞ 模块概述/104
☞ 学习目标/104
☞ 课时建议/104
☞ 工程导入/105

单元5　平面杆件的几何组成分析/105
　　5.1　几何组成分析基本概念/105
　　5.2　几何不变体系的组成规则/109
　　5.3　静定结构与超静定结构/113
❋ 拓展与实训/116
　　❋ 职业能力训练/116
　　❋ 工程模拟训练/116
　　❋ 链接执考/116

单元6　静定结构内力计算/118

6.1　静定组合梁/118

6.2　静定平面刚架/123

6.3　三铰拱/128

6.4　静定平面桁架/134

6.5　静定平面组合结构/139

❖拓展与实训/141

✾职业能力训练/141

✾工程模拟训练/142

✾链接执考/142

单元7　静定结构位移计算/144

7.1　概述/144

7.2　结构位移计算的单位荷载法及图乘法/145

❖拓展与实训/157

✾职业能力训练/157

✾工程模拟训练/158

✾链接执考/158

▶ 模块4　超静定结构计算方法

☞模块概述/160

☞学习目标/160

☞课时建议/160

☞工程导入/161

单元8　力法/162

8.1　力法的基本原理/162

8.2　力法解算超静定结构示例/165

8.3　结构对称性的利用/170

❖拓展与实训/174

✾职业能力训练/174

✾工程模拟训练/177

单元9　位移法/178

9.1　位移法的基本原理/178

9.2　位移法解算超静定结构示例/183

❖拓展与实训/196

✾职业能力训练/196

✾工程模拟训练/198

单元10　力矩分配法/200

10.1　力矩分配法的思路/200

10.2　单结点力矩分配法/202

❖拓展与实训/209

✾职业能力训练/209

✾工程模拟训练/211

单元11　影响线/213

11.1　影响线的概念/213

11.2　静定梁的影响线/213

11.3　影响线的应用/220

11.4　简支梁的内力包络图/223

❖拓展与实训/225

✾职业能力训练/225

✾工程模拟训练/226

附录/228

参考文献/240

绪 论

土木工程力学是工程技术人员从事结构设计和施工所必须具备的理论基础，在水利、土建等各种工程的设计和施工中都会涉及土木工程力学问题。这门学科为工程结构受力分析和计算理论提供了依据，它将为读者打开进入结构设计和解决施工现场中许多受力问题的大门。

任何建筑物在施工和使用的过程中都要受到各种各样的力的作用，如设备和人的重力、建筑物各部分的自重等，在工程中习惯将这些作用在建筑物上的力称为荷载。为了承受一定荷载以满足各种使用要求，需要建造不同的建筑物。如水利工程中的水闸、水坝、水电站、渡槽、桥梁、隧道等；土木建筑工程中的屋架梁、板、柱和塔架等。

在建筑物中承受和传递荷载并起到骨架作用的部分称为结构。组成结构的每一个部件称为构件。结构是由若干构件按一定方式组合而成的。结构受荷载作用时，若不考虑建筑材料的变形，其几何形状和位置不会发生改变。

例如，图 0.1 是一个单层厂房承重骨架的示意图，它由天窗屋面板、天窗架、屋面板、屋架、吊车梁、连系梁、柱子及基础等构件组成。其荷载的传递过程如下：屋面板将屋面上的荷载通过屋架传给柱子，吊车荷载通过吊车梁传给柱子，柱子又将其受到的各种荷载传给基础，而基础上的荷载最后传给了地基。

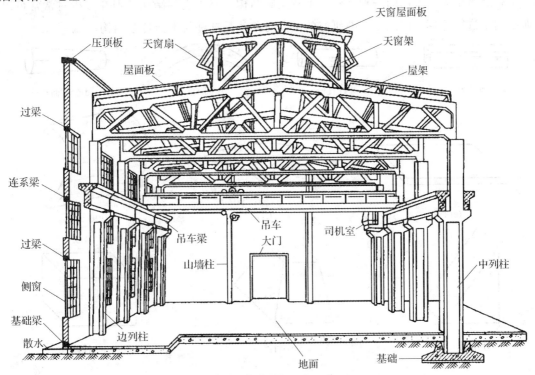

图 0.1　单层厂房承重骨架的示意图

如图 0.2 (a) 所示，支承渡槽槽身的排架是由立柱和横梁组成的刚架结构；如图 0.2 (b) 所示，支承弧形闸板的腿架是由弦杆和腹杆组成的桁架结构。

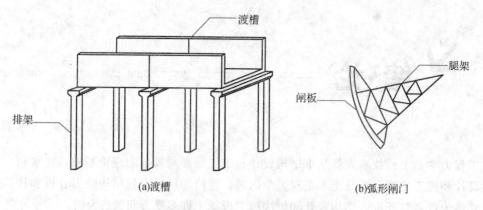

(a)渡槽 (b)弧形闸门

图 0.2 渡槽、弧形闸门承重骨架的示意图

1. 土木工程力学的研究对象

工程中常见的结构按照结构构件的几何特征可分为以下三种类型。

（1）杆系结构。杆系结构是由若干杆件组成的结构，也称为杆件结构。杆件的几何特征是其长度远远大于横截面的尺寸，如图 0.3（a）、（b）、（c）、（d）所示。

（2）板壳结构。板壳结构是由薄板或薄壳构成的结构，也称为薄壁结构。板或壳的几何特征是其厚度远远小于另外两个方向的尺寸，如图 0.3（e）、（f）、（g）所示。

（3）块体结构。块体结构是由一些块体构成的结构，也称为实体结构。块体的几何特征是三个方向的尺寸基本为同一数量级，如图 0.3（h）、（i）、（j）所示。

土木工程力学的研究对象主要是杆系结构，而块体结构和板壳结构则由弹性力学来研究，杆系结构是工程建筑中应用最广的一种结构，虽然实际结构多属于空间结构，但在分析时常常可以简化为平面结构来进行计算。因此，本书研究的主要对象就是杆件与平面杆系结构。

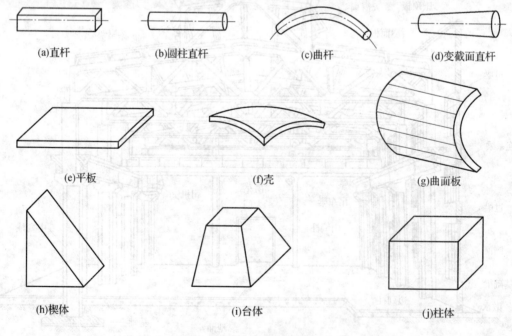

(a)直杆 (b)圆柱直杆 (c)曲杆 (d)变截面直杆

(e)平板 (f)壳 (g)曲面板

(h)楔体 (i)台体 (j)柱体

图 0.3 结构构件的类型

2. 土木工程力学的任务

建筑物的结构及组成结构的各构件都相对于地面保持静止状态，工程上称这种状态为平衡状态。当结构承受和传递荷载时，各构件都必须能够正常工作，这样才能保证整个结构的正常使用。

为此，首先要求构件在受荷载作用时不发生破坏。如图 0.1 所示，当吊车起吊重物时，若荷载过大，会使吊车梁发生弯曲断裂，但只是不发生破坏并不能保证构件的正常工作，吊车梁的变形如果超过一定的限度，即使没发生破坏，吊车也不能在它上面正常行驶。此外，有一些构件在荷载作用下，其原来形状的平衡可能会被破坏而丧失稳定性。例如，细长的中心受压柱子，当压力超过某一定值时，会突然改变原来的直线平衡状态而发生弯曲，以致构件倒塌，这种现象称为"失稳"。由此可见，要保证构件的正常工作必须满足三个要求：

（1）在荷载作用下构件不发生破坏，即应具有足够的强度。

（2）在荷载作用下构件所产生的变形在工程的允许范围内，即应具有足够的刚度。

（3）承受荷载作用时，构件在其原有形状下应保持稳定的平衡，即应具有足够的稳定性。

土木工程力学的任务是：进行结构的受力分析；分析结构的几何组成规律；解决在荷载作用下结构的强度、刚度和稳定性问题，即解决结构和构件所受荷载与其自身的承载能力这一对基本矛盾；研究平面杆系结构的计算原理和方法，为结构设计合理的形式，其目的是保证结构按设计要求正常工作，并充分发挥材料的性能，使设计的结构既安全可靠又经济合理。

进行结构设计时，首先需要知道结构和构件所受各种荷载的作用，即进行受力分析。

结构设计要求各构件必须按一定规律组合，以确保在荷载作用下结构的几何形状不发生改变，即进行结构的几何组成分析。

结构正常工作必须满足强度、刚度和稳定性的要求，即进行其承载能力计算。

①强度是指结构和构件抵抗破坏的能力。

②刚度是指结构和构件抵抗变形的能力。

③稳定性是指结构或构件保持原有平衡状态的能力。

结构在安全正常工作的同时还应考虑经济条件，应充分发挥材料的性能，不至于产生过大的浪费，即设计结构的合理形式。

3. 土木工程力学的内容

土木工程力学的内容包含以下四个模块：工程结构受力分析、工程结构承载设计、静定结构的力学分析和超静定结构计算方法。

（1）工程结构受力分析。这是工程力学中重要的基础理论。其中包括物体的受力分析、力系的简化与平衡等刚体静力学基础理论。

（2）工程结构承载设计。杆件的承载能力计算是结构承载能力计算的实质。其中包括基本变形杆件的内力分析和强度、刚度计算，压杆稳定和组合变形杆件的强度、刚度计算。

（3）静定结构的力学分析。研究结构的组成规律、静定结构的内力分析和位移计算等。这些计算结果不仅解决静定结构问题，还为超静定结构提供基础知识。

（4）超静定结构计算方法。介绍力法、位移法、力矩分配法和矩阵位移法等求解超静定结构内力的基本方法。确定了超静定结构的内力就可按杆件承载力计算方法进行强度和刚度等计算。

4. 土木工程力学的研究方法

自然界中的物体，其性质是复杂多样的。各学科从不同的角度来研究物体的性质，为了将所研究的问题简化，通常略去对所研究问题影响不大的次要因素，而只考虑相关的主要因素，也即将复杂问题抽象化为只具有某些主要性质的理想模型。在工程力学中，将物体抽象为两种计算模型：刚体和变形固体。

所谓刚体，是指在外力作用下大小和形状都不改变的物体。实际上，理想的刚体是不存在的，任何物体受力后都会发生一定程度的变形，但在进行结构和构件的受力分析及体系几何组成分析时，这种变形对所研究的问题没有影响或者影响极小，便可将物体视为刚体。

所谓变形固体，是指在外力作用下大小和形状会发生变化的物体。在工程力学中，进行结构的内力分析和杆件的承载能力计算时，物体的变形是不可忽略的主要因素，这时必须将其视为变形固体。土木工程力学对实际变形固体材料做了一些假设，从而将其理想化。

（1）连续均匀假设。该假设认为物体的材料无空隙地连续分布，且构件内各点处的力学性质完全相同。根据这个假设，在进行分析时，与构件性质相关的物理量就可以用连续函数来表示，且可以从构件内任何位置取出一小部分来研究材料的力学性质。

（2）各向同性假设。该假设认为材料沿不同方向的力学性质均相同。具有这种性质的材料称为各向同性材料，如金属材料、塑料等；而各方向力学性质不同的材料称为各向异性材料，如木材、竹材和纤维增强材料等。

（3）小变形假设。工程力学所研究的构件在荷载作用下的变形与原始尺寸相比很小，故对构件进行受力分析时可忽略其变形，这样可使计算得到很大的简化。

变形固体在力的作用下产生的变形有两种：一种是撤去荷载可完全消失的变形，称为弹性变形；另一种是撤去荷载后不能恢复的变形，称为塑性变形或残余变形。在多数工程问题中，要求构件只发生弹性变形。对小变形构件的计算，可取变形前的原始尺寸并略去某些高阶微量，以达到简化计算的目的。

符合上述假设的变形固体称为理想变形固体。土木工程力学在研究构件承载能力时把所研究的构件视为理想变形固体，并在弹性范围内和小变形情况下进行分析。由于采用以上力学模型，大大简化了理论研究和计算公式的推导。尽管所得结果只具有近似的准确性，但其精确度可满足一般的工程要求。当然，任何假设都不是主观臆断的，在假设基础上得出的理论结果，还必须经得起实践的检验。因而，土木工程力学的研究，除理论分析方法外，试验也是一种很重要的方法。

5. 土木工程力学的学习方法

土木工程力学属专业基础课，是介于基础课和专业课之间的课程。为工程技术人员打开进入结构设计和解决施工现场许多受力问题的大门，只有掌握土木工程力学知识，才能正确地对结构进行受力分析和力学计算，保证所设计的结构既安全可靠又经济合理；科学地组织施工，制定出合理的安全和质量保证措施。

学好"土木工程力学"应注意以下几个方面的问题：

（1）明确理解概念。理解每一个概念，弄明白土木工程力学的理论、定理及定律。只有理解到位才能做到正确、灵活地应用，才能触类旁通，与其他课程的知识更好地衔接。

（2）重视观察试验。土木工程力学理论性较强、实践性突出，观察和试验是认识力学规律的重要环节，学生通过观察和试验并总结规律是学习理解力学概念、原理的最直接、最有效的方法。

（3）系统归纳总结。在理解所学知识的基础上进行归纳总结，能使所学知识系统化，掌握它们的核心实质和规律。及时对每一模块的内容进行归纳总结，找出它们之间的联系，分清主次，掌握土木工程力学的核心，实现知识的系统化。

（4）结合工程应用。课后"拓展与实训"的意义在于进一步理解有关理论、概念、方法以及在工程中的具体应用，是土木工程力学学习中的重要环节。高质量地完成训练有助于培养学生今后在工作中发现问题、解决问题的能力。

拓展与实训

职业能力训练

一、填空题

1. 在建筑物中承受和传递荷载并起到骨架作用的部分称为_____。组成_____的每一个部件称为构件。

2. 土木工程力学的研究对象主要是_____。

3. 对工程结构的基本要求是必须具备足够的_____、_____、_____。

4. 为了便于研究变形固体，假设_____、_____、_____、_____。

二、简答题

1. 土木工程力学的研究对象是什么？

2. 要保证构件的正常工作，必须满足哪三个要求？

3. 刚体与变形固体的区别是什么？土木工程力学对实际变形固体材料做了什么样的假设，从而将其理想化？

模块 **1**

工程结构受力分析

【模块概述】

明确的受力分析是工程力学（engineering mechanics）学习的基础，也是关键。在我们的生活以及工程实际当中，明确的受力分析可以帮助我们更快、更好地发现力学问题，分析力学问题，解决实际力学问题。

本模块分为两个单元，以受力分析及平面一般力系的平衡为主线，展开介绍力的基本知识。在受力分析的基础上，根据平面一般力系的平衡方程解决平面静定结构的平衡问题——根据已知外荷载求未知力（支座反力及某些内力），以解决实际静定结构的工程问题。

【学习目标】

1. 了解刚体、力的概念，静力学基本公理及应用；

2. 熟知约束、约束反力的概念及工程中常见的约束及其约束反力简化；

3. 理解受力分析与受力分析图的绘制；

4. 了解结构计算图的简化及选取；

5. 掌握力的投影、力矩、力偶计算；

6. 应用平面一般力系的平衡方程解决平面工程静定结构的平衡问题。

【课时建议】

静力学部分 12～14 课时；工程结构平衡部分 12～14 课时；共计 24～28 课时。

　　某工程为砖混结构住宅楼，五层，门、窗采用预制过梁，已知每层的设计荷载，试求过梁两端底部所承担的力？

　　某工程现场的塔吊位置已确定（与施工建筑的水平距离），试求在其不同起重臂长度的范围内最多能起重多大的重量？

　　通过上面两个问题，你知道什么是荷载、力和力矩吗？它们之间有什么样的平衡关系？如何简化和分析以及求解。

单元 1　静力学

1.1　静力学基本知识

1.1.1　刚体的概念

　　在实际工程问题中，我们所考察的物体都各自具有一些复杂的特性，在对其进行力学分析时，首先必须根据研究问题的性质，抓住其主要特征，忽略一些次要因素，对其进行合理的简化，科学地抽象出力学模型。

　　固态物体在力的作用下都将发生变形，但大多数工程问题中这种变形是极其微小的。在研究物体的平衡问题时，将它略去不计，而认为物体不发生变形，不会影响计算结果的精确性。这种在力的作用下形状、大小保持不变的物体称为刚体（rigid body），它是一种理想的力学模型。

1.1.2　力的概念

1. 力

　　力（force）是物体间相互的机械作用，这种作用使物体的运动状态发生改变或引起物体变形。其效应有两种：一种是使物体的运动速度大小或运动方向发生变化的效应，称为力的运动效应或外效应；另一种是使物体变形的效应，称为力的变形效应或内效应。例如踢球或打铁，由于人对物体施加了力，则使球的速度、大小或运动方向发生改变或使铁块产生了变形。

2. 力的三要素

　　力的大小、方向、作用点称为力的三要素。实践表明，力对物体的作用效果完全取决于这三个因素，如果改变这三个因素中的任一个，都会改变力对物体的作用效果。

　　力是一个既有大小又有方向的量，即矢量。通常用一个带箭头的线段表示力的三要素。如图 1.1 所示，线段 AB 的长度（按一定比例）表示力的大小，线段与某定直线的夹角 α 表示力的方位，箭头表示力的指向，线段起点 A 或终点 B 表示力的作用点。通过力的作用点沿力的方向的直线称为力的作用线。

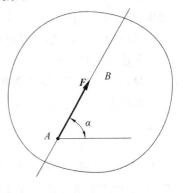

图 1.1　力的图示

3. 力的单位

　　本书采用国际单位制，力的国际单位是牛顿（N）或千牛顿（kN）。

1.1.3 静力学公理

静力分析中的几个基本公理是人类长期经验的积累与总结，又经实践反复检验，证明是符合客观实际的普遍规律。它阐述了力的一些基本性质，是静力学（statics）的基础。

1.【公理一】二力平衡公理

刚体在两个力的作用下保持平衡的必要和充分条件是：此两力大小相等，方向相反，作用在一条直线上。这个公理说明了刚体在两个力作用下处于平衡状态时应满足的条件（图1.2）。

对于只受两个力作用而处于平衡的刚体，称为二力构件，如图1.3所示。根据二力平衡条件可知：二力构件不论其形状如何，所受两个力的作用线必沿二力作用点的连线。若一根直杆只在两点受力作用而处于平衡，则此二力作用线必与杆的轴线重合，此杆称为二力杆件，如图1.3（b）所示。

(a)   (b)

图1.2　二力平衡

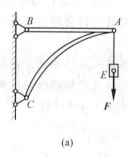 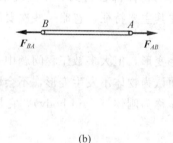 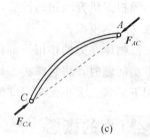

(a)   (b)   (c)

图1.3　二力构件

工程结构中的构件受到两个力作用处于平衡的情形常见于支架，若不计杆件的重量，当支架悬挂重物处于平衡时，每根杆在两端所受的力必然等值、反向、共线，且沿杆两端连线的方向。

2.【公理二】加减平衡力系公理

在作用于刚体的力系中，加上或减去任一平衡力系，并不改变原力系对刚体的作用效果。该公理也只适用于刚体，而不能用于变形体。加减平衡力系公理可理解为：平衡力系中的各力对于刚体的运动效应抵消，从而使刚体保持平衡。所以，在一个已知力系上加上或去掉平衡力系不会改变原力系对刚体的作用效应。

推论1　力的可传性原理

作用在刚体上某点的力，可以沿其作用线移至刚体上任意一点，并不改变该力对刚体的作用效应。

证明：如图1.4（a）所示，设力 F 作用在刚体上的 A 点，在力 F 作用线上任取一点 B，根据加减平衡力系公理，B 点加上一对平衡力 F_1 和 F_2，且使力 $F_1 = -F_2 = F$，如图1.4（b）所示，由于 F 与 F_2 构成平衡力系，可以去掉。只剩下一个力 F_1，如图1.4（c）所示，于是原来作用于 A 点的力，与力系（F，F_1，F_2）等效，也与作用于 B 点的力 F_1 等效。这样，就等于把原来作用于 A 点的力，沿其作用线移到了 B 点。

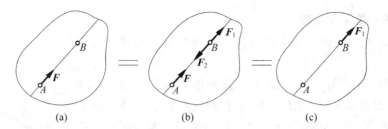

图 1.4　力的可传性

需要指出的是：力的可传性只适用于刚体，对于变形体并不成立。如图 1.5 所示，可变形杆，在两端作用等值、反向、共线的拉力时，杆将产生伸长变形。如果将力 F_1、F_2 换位，显然杆将产生压缩变形。

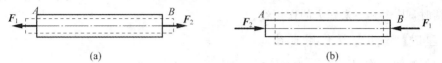

图 1.5　变形体受力情况

3.【公理三】力的平行四边形公理

作用于物体上同一点的两个力，可以合成为作用于该点的一个合力，合力的大小和方向由这两个力为邻边所构成的平行四边形的对角线表示，如图 1.6（a）所示，F_1、F_2 为作用于物体上一点的两个力，以力 F_1 和 F_2 为邻边作平行四边形，对角线 F_R 表示两共点力 F_1 和 F_2 的合力。合力矢与分力矢的关系用矢量式表示为 $F_R = F_1 + F_2$。

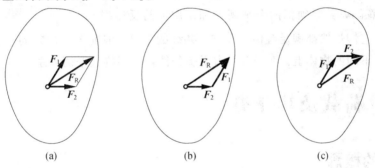

图 1.6　力的合成

力的平行四边形法则可以简化为力的三角形法则。如图 1.6（b）、（c）所示，力三角形的两边由两分力矢首尾相连组成，第三边则为合力矢 F_R，它由第一个分力 F_1 的起点指向第二个分力 F_2 的终点，而合力的作用点仍为二力的交点。两个力既然可以合成为一个力，则一个力也可以分解为两个分力。根据平行四边形法则，以该力为对角线作平行四边形，其相邻两边即表示两个分力的大小和方向。如图 1.7（a）所示，由于用同一对角线可作出无数多个不同的平行四边形，因此可以得到无数组解。要想得到唯一的结果，必须附加一定的条件，分析中常将一个力分解成为相互垂直的两个分力，如图 1.7（c）所示。

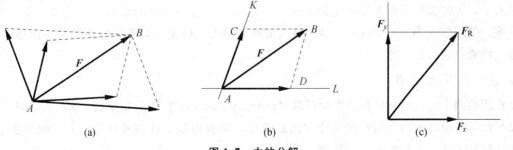

图 1.7　力的分解

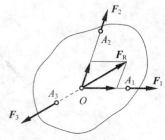

推论2　三力平衡汇交定理

若一刚体受三个共面但互不平行的力作用而处于平衡时，则此三力必汇交于一点。

证明：在刚体 A_1、A_2、A_3 三点上，分别作用着三个力 F_1、F_2、F_3 且刚体平衡，如图 1.8 所示，F_1、F_2 的作用线相交于 O 点，根据力的可传性，将力 F_1 和 F_2 移到汇交点，然后由力的平行四边形法则得到此二力的合力 F_R。于是力系（F_1，F_2，F_R）和（F_3，F_R）等效，这说明力系（F_3，F_R）必为平衡力系，由二力平衡公理可知，F_3 与 F_R 必共线，所以 F_3 的作用线一定通过 O 点并与力 F_1、F_2 共面。

图 1.8　三力平衡汇交

三力平衡汇交定理对于三力平衡是必要条件，并不是充分条件，它常用来确定刚体在不平行三力作用下平衡时，其中某一未知力的作用线。

4.【公理四】作用与反作用定律

两个物体相互间的作用力总是同时存在，二力大小相等，方向相反，沿着同一直线分别作用在这两个物体上。本公理揭示了自然界中两物体间相互作用力的关系，表示一切力总是成对出现的。它们彼此互为存在条件，失去一方，另一方也就不存在了。如图 1.9 所示，梁的两端支承在墙上，由于接触面相对于梁底面较小，所以经过简化认为（见后面的面分布荷载）受到集中力 F 的作用，则墙体对梁有支持力 F_A、F_B，反过来梁对墙体有压力 F'_A、F'_B，应当注意的是：必须把两个平衡力和作用力与反作用

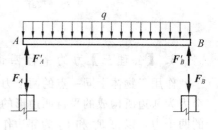

图 1.9　力的相互作用

力严格区别开来。它们虽然都满足等值、反向、共线的条件；但前者作用在同一个物体上，而后者是分别作用在两个不同的物体上。不符合二力平衡条件，不能构成平衡力系。

1.2　荷载及其分类

1.2.1　荷载的概念

荷载（load）是主动作用于结构上的外力，如结构自重、风压力、土压力、人群及设备、家具的自重等。实际工程中的荷载，可根据其不同特征进行分类。

1.2.2　荷载的分类

1. 按作用时间分类

按作用时间的长短，荷载可分为恒荷载、活荷载和偶然荷载。

长期作用于结构上的不变荷载称为恒荷载，如结构的自重，安装在结构上的设备的重量等，其荷载的大小、方向和作用位置是不变的。暂时作用在结构上的可变荷载称为活荷载，如人群、风、雪荷载等。使用期内不一定出现，一旦出现其值就会很大且持续时间很短的荷载称为偶然荷载，如爆炸力、地震荷载等。

2. 按作用范围分类

按作用范围不同，荷载可分为集中荷载（concentrated load）和分布荷载（distributed load）。

如果荷载作用的范围与构件的尺寸相比非常小，可近似认为荷载作用于一点，称为集中荷载，如屋架传给柱子的压力可视为集中荷载，单位是 N 或 kN。

分布作用在体积、面积和线段上的荷载分别称为体荷载、面荷载和线荷载，统称为分布荷载。重度属于体分布荷载，单位是 N/m^3 或 kN/m^3；风、雪荷载等属于面分布荷载，单位是 N/m^2 或 kN/m^2；工程上常把体分布荷载、面分布荷载简化为沿杆件轴线的线分布荷载，单位是 N/m 或 kN/m。分布荷载又可分为均布荷载和非均布荷载。

【知识拓展】

图 1.10（a）为一根混凝土梁，长为 L，宽为 b，高为 h，通常用容重 γ（单位是 N/m^3 或 kN/m^3）表示其分布系数；图 1.10（b）为一块板，长为 b，宽为 L，通常用面分布荷载（N/m^2 或 kN/m^2）表示其分布系数；而图 1.10（c）为某梁的线分布荷载，通常用 q 表示分布系数（单位是 N/m 或 kN/m）。它们之间在实际的工程计算中，是相互联系，可以相互转化的。体荷载↔面荷载↔线荷载↔集中力。

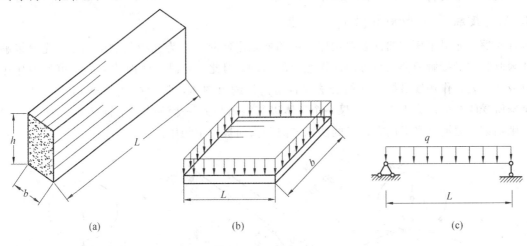

（a）　　　　　　　　（b）　　　　　　　　（c）

图 1.10　分布荷载

3. 按作用性质分类

按作用性质不同，荷载分为静荷载和动荷载。大小、作用位置和方向不随时间变化或变化极为缓慢的荷载称为静荷载。静荷载的加载过程比较缓慢，不会使结构产生明显的加速度，如结构自重属于静荷载。大小、作用位置和方向随时间而改变的荷载称为动荷载。在动荷载的作用下，结构会产生明显的加速度，内力和变形都将随时间而变化，如地震使结构上产生的惯性力属于动荷载。

1.3　约束与约束反力

1.3.1　约束与约束反力的概念

力学中所考察的物体，有的不受到任何限制可以自由运动，如在空中飞行的子弹、人造卫星等。我们把凡能在空间做自由运动的物体称为自由体，而有的则受到了其他物体的限制，使物体沿某些方向不能够运动，把这类物体称为非自由体。如用绳索悬挂的重物，支承于墙上静止不动的屋架。限制非自由体运动的其他物体称为该非自由体的约束。如上述绳索限制重物向下运动，墙体限制了屋架的运动。由于约束限制了物体的运动，故约束对被约束物体施加了作用力，这种力称为约束反力，简称反力（reactions）。因为约束反力是限制物体运动的，所以约束反力的作用点应在约束与被约束物体的接触处，约束反力的方向总是与约束所能限制的运动方向相反。

约束反力是由主动力（荷载）的作用而引起的，随主动力（荷载）的改变而改变，所以又称为被动力，这种力往往是未知的。

约束反力除了与主动力有关外，还与约束的性质有关，工程中约束的类型很多。下面介绍常见的几种约束及其约束反力的表示法。

1.3.2 工程中常见的约束与约束反力

1. 柔性（string）约束

由不计自重的绳索、链条和皮带等柔性体构成的约束称为柔性约束，如图 1.11 所示。由于柔性约束只能限制物体沿柔性体中心线离开柔性体运动，而不能限制其他方向的运动，因此这类约束只能对物体施加拉力。所以柔性约束的约束反力作用在接触点，沿着柔性体的中心线，背离被约束物体。常用符号 F_T 表示，如图 1.11 所示。

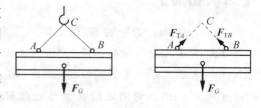

图 1.11　柔性约束

2. 光滑接触面（smooth plane）约束

不计摩擦的光滑平面或曲面若对物体的运动加以限制时，称为光滑接触面约束。光滑接触面约束只能限制物体沿接触面公法线方向向接触面的运动。因此，光滑接触面约束的约束反力作用在接触（点或面）处，作用线沿接触面的公法线且指向被约束物体，常用符号 N 表示，如图 1.12（a）中，小球所受的约束反力为 N_A。如果一个物体以其棱角与另一个物体光滑面接触，如图 1.12（b）所示，则约束反力沿此光滑面在该点的法线方向并指向被约束物体。

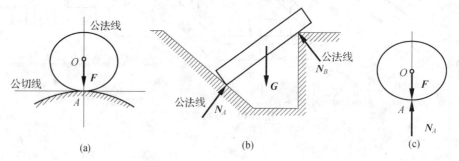

图 1.12　光滑接触面约束

3. 光滑圆柱铰链（smooth cylindrical pin）约束

如图 1.13（a）所示，同直径圆孔的构件 A 和 B，用销钉 C 插入孔中相连接。不计销钉与孔壁的摩擦，销钉对所连接的物体形成的约束称为光滑圆柱铰链约束，简称铰链约束或中间铰，中间铰的结构简图如图 1.13（b）所示。

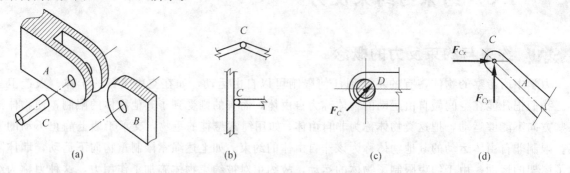

图 1.13　光滑圆柱铰链约束

铰链约束的特点是：只限制物体在垂直于销钉轴线的平面内沿任意方向的相对移动，但不限制物体绕销钉轴线的相对转动和沿其轴线方向的相对滑动。在主动力作用下，当销钉和物体上的销钉孔在某点 D 光滑接触时，销钉对物体的约束反力 F_C 作用在接触点 D，且沿着接触面的公法线方向，也就是说，铰链的约束反力作用在垂直于销钉轴线的平面内，并通过销钉中心，用符号 F 表示，如图 1.13（c）所示，由于销钉与销钉孔壁接触点的位置与物体所受到的主动力有关，往往不能预先确定，所以约束反力 F_C 的方向也不能预先确定。因此，中间铰约束反力为：用通过铰链中心两个正交分力 F_{Cx} 和 F_{Cy} 来表示，分力 F_{Cx} 和 F_{Cy} 的指向假设，如图 1.13（d）所示。

4. 固定铰支座

将构件用圆柱铰链与支座底板连接并将支座底板固定在支承物上，就构成了铰链支座，又称为固定铰支座。如图 1.14（a）、（c）所示，固定铰支座的结构计算简图如图 1.14（b）所示。

固定铰支座只能限制构件沿垂直于销钉轴线平面内任意方向的移动，但不能限制物体绕销轴发生转动，可见固定铰支座的约束特点与光滑圆柱铰链约束相同，只有一个通过铰链中心且方向不定的约束反力。因此固定铰支座约束反力为：正交的两个未知分力 F_{Ax}、F_{Ay} 表示，指向假设，如图 1.14（d）所示。

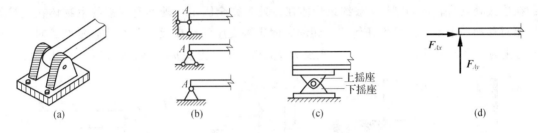

图 1.14 固定铰支座

5. 可动铰支座

在固定铰支座的底板与支承面之间安装上一些辊轴，就构成了可动铰支座，又称为辊轴支座。如图 1.15（a）所示，可动铰支座的结构计算简图如图 1.15（b）所示。支承面光滑时，这种约束只能限制物体沿支承面法线方向的运动，而不限制物体沿支承面方向的移动和绕铰链中心的转动。因此，可动铰支座的约束反力沿垂直于支承面方位，且过铰中心，指向假设。常用符号 F_A 表示，如图 1.15（c）所示。

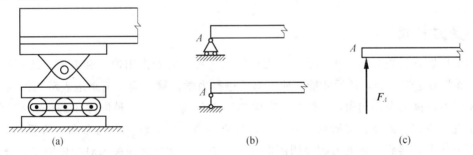

图 1.15 可动铰支座

6. 链杆约束

两端各以铰链与不同物体连接，中间不受力，且不计自重的刚性杆称为链杆约束。它可以是直杆、曲杆或折杆，由于链杆只在两铰链处受力，因此，链杆又称为二力杆，如图 1.16（a）、（b）所示的支架结构，横杆 AB 在 A 端用固定铰支座与墙体连接，BC 杆为支承杆，若以 AB 杆为研究对象，不论 BC 杆是直杆还是曲杆，都可以看成是 AB 杆的链杆约束，这种约束力只能限制物体沿链杆两铰中心连线的方向运动，而不限制其他方向的运动。因此，链杆对物体的约束反力为：沿着链杆两端铰链中心连线的方位，或为压力或为拉力。常用符号 F 表示。

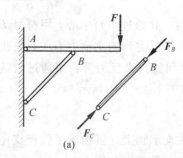

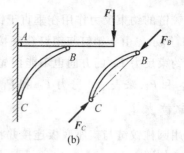

图 1.16　链杆约束

7. 固定端（fixed support）支座

固定端支座也是工程结构中常见的一种约束，如图 1.17 所示，钢筋混凝土柱与基础整体浇筑时，柱与基础的连接端 A 嵌入墙体一定深度的悬臂梁的嵌入端，都属于固定端支座。这种约束的特点是：在连接处具有较大的刚性，被约束物体在该处被完全固定，既不允许被约束物体在连接处发生任何相对移动，也不允许发生任何相对转动。固定端支座的约束反力分布比较复杂。对于平面问题，可简化为一个水平反力 F_{Ax}、一个铅垂反力 F_{Ay} 和一个反力偶 m_A，如图 1.17（c）所示。

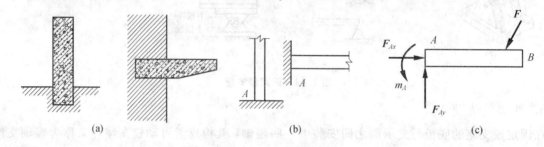

图 1.17　固定端支座

1.4　受力分析与受力图

1.4.1　受力分析

研究力学问题，首先要确定物体受哪些力作用及其每个力的作用位置和方向，还要确定哪些力是已知的，哪些力是未知的，然后才能对研究对象进行力学计算。为了清晰地表示物体的受力情况，必须解除所考察物体的全部约束，并将其从周围物体中分离出来，这种解除了约束并被分离出来的物体称为研究对象或脱离体。将研究对象所受到的全部作用力，包括主动力和约束反力，都用力矢量表示在脱离体上，得到物体受力的简明图形称为受力图。这个过程称为对物体的受力分析。

1.4.2　受力图的绘制及其应用

画受力图的步骤如下：

（1）明确研究对象，并取出脱离体。根据题意选择合适的物体作为研究对象，研究对象可以是一个物体，也可以是几个物体组成的系统。

（2）画出脱离体所受的全部主动力。

（3）画出脱离体所受的约束反力。根据约束的类型和性质画出约束反力的作用位置和作用方向。

正确地画出物体受力图是求解静力学问题的关键步骤，因此须认真对待、切实掌握。下面举例说明受力图的画法。

【**例 1.1**】 重为 G 的小球放置在光滑的斜面上，并用绳索和天花板连接在一起，如图 1.18（a）所示，试分析球的受力。

解 （1）将小球从周围物体中脱离出来。

（2）首先画出主动力，重力 G。

（3）小球在 A、B 两点和外部接触。A 为柔性体约束，它对球的约束反力 F_T 沿绳索的中心线，指向背离小球；B 点为光滑接触面约束，它对球的约束反力 N 沿接触面的公法线方向，指向球体。由于球受三个力作用而处于平衡，根据三力平衡定理，三个力的作用线必定交于球心 C。

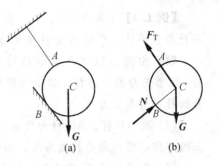

图 1.18 例 1.1 图

【**例 1.2**】 简支梁 AB，A 端为固定铰支座，B 端为可动铰支座，在梁上 C 点作用一集中力 F，如图 1.19（a）所示，梁的自重不计，试画出梁 AB 的受力图。

解 （1）以梁 AB 为研究对象，并画出脱离体图。

（2）在脱离体上画出主动力 F。

（3）画出约束反力。

方法一：按照约束的性质画出约束反力。固定铰支座 A 的约束反力用通过 A 点的两个正交分力 F_{Ax}、F_{Ay} 表示，指向假设。可动铰支座 B 的约束反力 F_B 沿垂直于支承面的方位，指向假设，如图 1.19（b）所示。

方法二：由图可知，该梁受到三个力作用而处于平衡，而且其中有两个力可以汇交到一点，故可利用三力平衡定理来分析受力图。即主动力 F 与 B 点支座反力 F_B 两个力的作用线交于 D 点，则 A 点支座反力 F_A 必通过 D 点，又要通过 A 铰中心，故 F_A 一定沿 AD 连线的方位，指向假设，如图 1.19（c）所示。

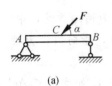 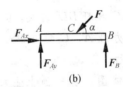 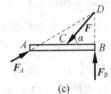

图 1.19 例 1.2 图

【**例 1.3**】 图 1.20（a）所示是工程中常见的简支刚架，刚架受到水平荷载 F 的作用，不计刚架的自重，试分析刚架的受力。

解 （1）将刚架从周围物体中脱离出来，画出脱离体图。

（2）画上在 B 点的已知力 F。

（3）画出支座反力。

方法一：按照约束的性质来分析，D 处为可动铰支座，它对刚架的约束反力 F_D 通过铰链中心沿垂直于支承面的方位，指向假设。A 处为固定铰支座，它对刚架的约束反力可分解为两个互相垂直的分力 F_{Ax}、F_{Ay}，指向假设，如图 1.20（b）所示。

方法二：该题也可由三力平衡汇交定理来分析，作出受力分析图，如图 1.20（c）所示。

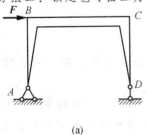 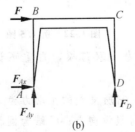 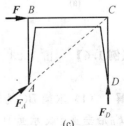

图 1.20 例 1.3 图

【例 1.4】 如图 1.21 (a) 所示，支架由杆 AB 和杆 AC 组成，A、B、C 三处都是铰链连接，各杆自重不计，在铰 A 悬挂重量为 G 的重物。试画出杆 AB、AC 及铰 A 的受力图。

解 由图 1.21 (a) 知该结构为杆系结构，在杆系结构中应首先判断是否有二力杆，若有二力杆，应首先分析二力杆。该支架结构的重物悬挂在 A 铰上，故杆 AB、AC 均为两端铰结，中间不受力的杆件都是二力杆。

(1) 取 AB 杆、AC 杆为研究对象，画出脱离体图。AB 杆、AC 杆的受力一定是沿两铰中心连线的方位，指向或为拉或为压，如图 1.21 (b) 所示。

(2) 取 A 铰为研究对象，在对同一体系内的各构件分析时，注意作用与反作用力的分析，A 铰受到 AB、AC 两杆的作用力，应按反作用力来标注，如图 1.21 (c) 所示。

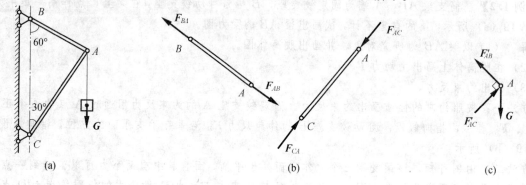

图 1.21 例 1.4 图

【例 1.5】 图 1.22 (a) 所示杆系结构，各杆自重不计，A、B、C 均为铰结，试作出杆 AC、BD 及整体的受力图。

解 (1) 该体系为杆系结构，由杆 AC 和杆 BD 组成，由于杆 AC 为两端铰结，中间不受力的二力杆，故先取杆 AC 为研究对象。杆受力沿 A、C 两铰中心连线方位，指向假设为拉，在 A、C 处画上拉力 F_{AC}、F_{CA}，如图 1.22 (b) 所示。

(2) 取杆 BD 为研究对象，画出脱离体图。首先画上主动力 F，在 C 处受到杆 AC 的作用力 F'_{CA}，它与 F_{CA} 互为作用与反作用力；铰为固定铰支座，故约束反力为 F_{Bx}、F_{By}，如图 1.22 (c) 所示。

(3) 取整体为研究对象。此时杆 AC 和杆 BD 在 C 处铰接，整体分析时该处为内力，不必画出。这样系统所有的受力为主动力及约束力 F_{AC}、F_{Bx}、F_{By}，如图 1.22 (d) 所示。

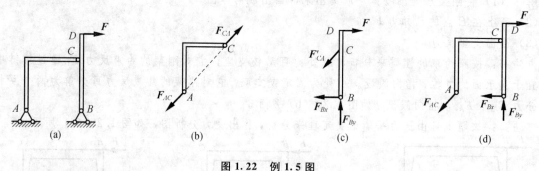

图 1.22 例 1.5 图

【例 1.6】 图 1.23 (a) 所示为一双跨梁，自重不计。试分别画出各组合部分及整体的受力图。

解 (1) 取梁 BC 为研究对象，它所受到的主动力为集中荷载 F，B 端为可动铰支座，其约束反力 F_B 沿垂直于支承面的方位，指向假设向上；C 端为圆柱铰链约束，其约束反力用两个正交分力 F_{Cx}、F_{Cy} 表示，指向假设为铰链中心，如图 1.23 (b) 所示。

(2) 取梁 AC 为研究对象，它所受到的主动力为均布荷载 q；C 为圆柱铰链，其约束反力用

F'_{Cx}、F'_{Cy} 反作用力来表示，方向与 F_{Cx}、F_{Cy} 相反，A 端为固定端支座，其约束反力用两个正交分力 F_{Ax}、F_{Ay} 和反力偶 m_A 表示，指向、转向均假设，如图 1.23（c）所示。

（3）取整个梁为研究对象，它所受到的主动力为均布荷载 q 和集中力 F；A 为固定端支座，其约束反力可用 F_{Ax}、F_{Ay} 和反力偶 m_A 表示，方向与图 1.23（c）中一致；B 为可动铰支座，其约束反力用 F_B 表示，方向与图 1.23（b）中一致，如图 1.23（d）所示。

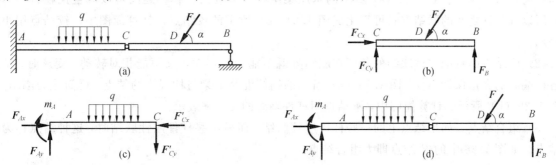

图 1.23　例 1.6 图

通过以上例题的分析，画受力图时还应注意以下几点：

（1）若结构中有二力杆，就要优先分析，然后再按照约束的性质来分析其他构件。

（2）分析两物体间相互作用力时，应遵循作用与反作用定律。作用力一旦确定，反作用力必反向作用，不可随意假设。

（3）对物体系进行分析时，同一个约束反力在分部与整体上的表示要一致。

1.5　结构的计算简图

工程结构的构造和受力情况往往复杂多样，完全按照其实际情况进行力学分析是不现实的，也是不必要的。因此，对实际结构进行力学计算之前，有必要通过某些简化和假定，略去次要因素，反映其主要特征，用一个简化的图形代替实际结构，这种图形称为结构的计算简图。对实际结构的力学计算是在计算简图的基础上进行的。

1.5.1　计算简图的简化原则

计算简图的选择，将直接影响计算的工作量和计算结果的可靠性。确定计算简图应遵循以下原则：

（1）正确反映实际结构的主要受力特征，使计算结果尽可能精确。

（2）分清主次因素，略去次要因素的影响，使计算简化。

1.5.2　平面杆件结构的简化方法

一般的实际结构均为空间结构，各杆件相互联结形成一个空间整体，以承受荷载作用。但大多数的空间结构，在一定条件下，根据受力状态和约束特点，常常可以简化为平面杆件结构进行计算。各杆的轴线与作用荷载均在同一平面内的结构称为平面杆件结构。

平面杆件结构的简化主要包括杆件、结点、支座和荷载的简化。

1. 杆件的简化

计算简图中，结构的杆件可用其杆轴线表示，杆件的长度则按轴线交点间的距离计取。轴线为直线的梁、柱等构件可用直线表示，而轴线为曲线的曲杆、拱等构件则可用相应的曲线表示。

2. 结点的简化

结构中杆件之间相互联结的部分称为结点。根据受力变形特点，结点通常可简化为三种形式：铰结点、刚结点和组合结点。

（1）铰结点的特征。被联结的各杆在联结处可绕结点中心相对转动，但不能产生相对移动，各杆间的夹角可以改变。图1.24（a）所示的木屋架结点，一般认为各杆之间可以产生比较微小的转动，所以杆与杆之间的联结方式可简化成图1.24（b）所示的铰结点。计算简图中，铰结点用小圆圈表示。

（2）刚结点的特征。被联结的各杆在联结处既不能相对移动，又不能相对转动，变形时，结点处各杆端间的夹角保持不变。图1.25（a）所示的钢筋混凝土梁与柱现浇的结点，可简化为刚结点，如图1.25（b）所示。计算简图中，刚结点用杆件轴线的交点来表示。

（3）组合结点。如果结点上的一些杆件用铰联结，而另一些杆件刚性联结时，这种结点称为组合结点。如图1.26中的 B 结点即为组合结点。

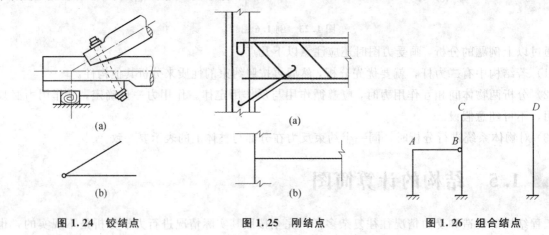

图1.24　铰结点　　　　　　　图1.25　刚结点　　　　　　　图1.26　组合结点

3. 支座的简化

支座是指将结构与基础或其他支承构件联结起来，以固定结构位置的装置。支座的简化形式通常有四种：可动铰支座、固定铰支座、固定端支座和定向支座。

（1）可动铰支座只能阻止结构沿垂直于支承面方向的移动，但不能阻止结构沿支承面方向的移动及绕铰转动。

（2）固定铰支座允许结构绕铰转动，但不能有任何方向的移动。

（3）固定端支座使结构在支承处既不能沿任何方向移动，也不能转动。

（4）定向支座允许结构沿支承面方向移动，但不能沿垂直于支承面方向移动，也不能转动。

上述四种形式的支座的计算简图及约束反力见表1.1。

表1.1　支座计算简图及约束反力

支座名称	计算简图	约束反力
可动铰支座		F_A
固定铰支座		F_{Ax}　F_{Ay}

续表 1.1

支座名称	计算简图	约束反力
固定端支座	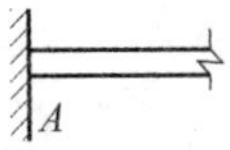 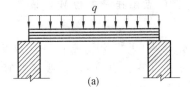	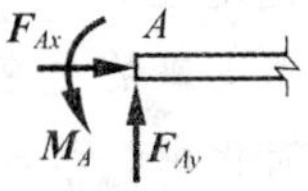 F_{Ax} A M_A F_{Ay}
定向支座	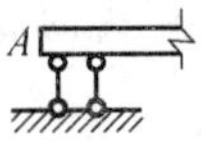	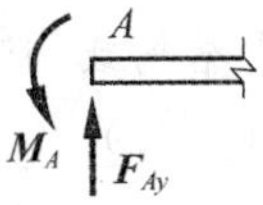 A M_A F_{Ay}

4. 荷载的简化

作用于结构上的荷载比较复杂，根据实际受力情况，可将荷载简化为集中力、分布荷载、集中力偶或分布力偶（不常见）。

1.5.3 结构的计算简图

在工程实际中，只有根据实际结构的主要受力情况去进行抽象和简化，才能得到可靠的计算简图。

图 1.27 （a）所示为砖混结构房屋中一搁置在砖墙上的楼板梁，其上承受自重及楼板传来的荷载，现在对该梁进行简化，作出计算简图。楼板梁可用其轴线表示，梁的自重及楼板传来的荷载可简化为沿梁轴线分布的均布线荷载 q。在工程实际中，要求梁在支承处不得有竖向和水平方向的运动，为了反映墙对梁端部的约束性能，可按梁的一端为固定铰支座，另一端为可动铰支座考虑。梁的计算简图如图 1.27 （b）所示。

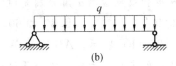

（a）　　　　　　　　　　　（b）

图 1.27　楼板梁的简化

拓展与实训

✎ 职业能力训练

一、填空题

1. 力是物体间相互的机械作用，力的三要素是_____、_____、_____。

2. 在作用于_____的力系上，_____或_____任一平衡力系，并不改变原力对_____的作用效应。

3. 两个物体相互的作用力总是同时存在的，二力_____、_____、_____分别作用在这两个物体上。

4. 柔性约束的约束反力作用在接触点，约束反力方向为_____。

5. 仅在两个力作用下处于平衡的构件称为_____，它的形状可以是_____。

6. 用在＿＿＿＿＿＿上某点的力，可沿其＿＿＿＿＿＿移至刚体上任一点，并不改变该力对＿＿＿＿＿＿，此定理为＿＿＿＿＿＿。

7. 固定端支座的支座反力可简化为＿＿＿＿＿＿、＿＿＿＿＿＿和＿＿＿＿＿＿三个分量。

8. 力学简化中，结点通常有＿＿＿＿＿＿、＿＿＿＿＿＿和＿＿＿＿＿＿。

二、单选题

1. 作用于结构或构件上的荷载是多种多样的，按荷载的作用性质不同分类，可将荷载分为（　　）。

　　A. 集中力和分布力　　　　　B. 静荷载和动荷载　　　　　C. 恒荷载和活荷载

2. 下列所示的静力学公理及推论中，适用于刚体的是（　　）。

　　A. 力的平行四边形法则　　　B. 作用与反作用定律　　　　C. 力的可传性原理

3. 在工程常见的几种约束中（图1.28），在分析约束反力时，方位明确，但指向不明确的一类是（　　）。

　　A. 可动铰支座　　　B. 固定铰支座　　　C. 固定端支座　　　D. 柔性约束

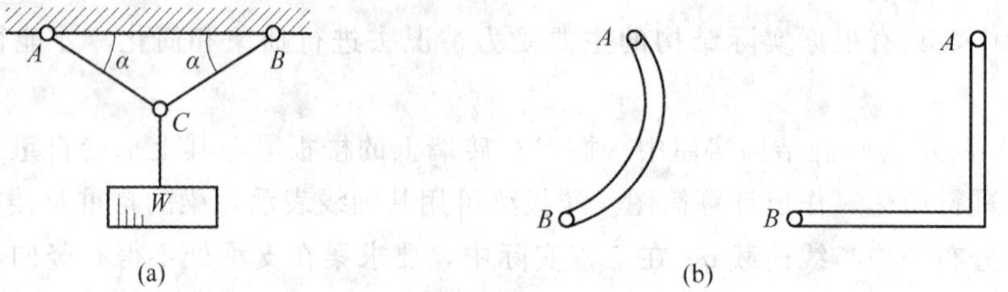

　　　　　　(a)　　　　　　　　　　　　　　　　　　(b)

图1.28　职业能力训练单选题3、4、5

4. 如图1.28（a）所示，AC 和 BC 是绳索，在 C 点悬挂一重物 W，请判断使绳索最安全的 α 角和最危险的 α 角分别是（　　）。

　　A. 0°和90°　　　B. 30°和60°　　　C. 60°和30°　　　D. 90°和0°

5. 如图1.28（b）所示，AB 可理解是刚性杆件（不计自重），实践证明可以分别在 A 点、B 点处各加一力使 AB 处于平衡，试问它们的依据是（　　）。

　　A. 二力平衡公理　　　　　　　　　B. 力的平行四边形法则

　　C. 作用与反作用定律　　　　　　　D. 合力矩定理

6. 建筑工程中常采用杆系结构，将杆系结构中若干杆件连接在一起的建筑设施称为铰链，试问铰链对所连接杆件间的限制作用是（　　）。

　　A. 限制移动、限制转动　　　　　　B. 限制移动、不限制转动

　　C. 不限制移动、限制转动　　　　　D. 不限制移动、不限制转动

7. 建筑工程常用的支座有可动铰支座、固定铰支座和固定端支座，固定铰支座 A 的支座反力常用的表示方式是（　　）。

　　A. X_A、Y_A　　　　　　　　　　B. X_A、M_A

　　C. M_A、Y_A　　　　　　　　　　D. X_A、Y_A、M_A

8. 力可以合成，也可以分解，请问当两个共点力 $\boldsymbol{F}$ 和 $\boldsymbol{P}$ 合成时，它们的合力大小与 F 或 P 的大小相比较，其结论是（　　）。

　　A. 肯定大　　　　　　　　　　　　B. 肯定小

　　C. 比一个大，比另一个小　　　　　D. 可能大，可能小

9. 建筑力学研究对象的刚体是一个理想化的力学模型，试问可认为是刚体的建筑构件在荷载作用下，其变形的实际状况是（　　）。

　　A. 完全没有变形　　　　　　　　　　B. 有较大的变形

　　C. 有可忽略的小变形　　　　　　　　D. 不发生位移改变的变形

10. 根据加减平衡力系公理可得到力的可传性原理的推论，对于研究对象而言，这一推论成立的条件是（　　）。

　　A. 研究对象不能承受很大的力　　　　B. 研究对象不能有位置移动

　　C. 研究对象的形状简单　　　　　　　D. 研究对象的变形较小

11. 约束对建筑构件的限制可以用约束反力代替，当进行力学分析时，约束反力是未知的，其大小取决于（　　）。

　　A. 研究对象的选取　　　　　　　　　B. 约束反力的方向设置

　　C. 研究对象承受的荷载　　　　　　　D. 力学分析的方法

三、作图题

1. 试画出图 1.29 中各物体的受力分析图。

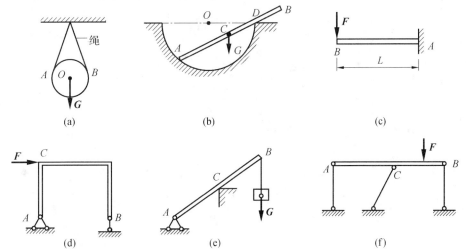

图 1.29　职业能力训练作图题 1 题图

2. 试画出图 1.30 中各单体及系统的受力分析图。

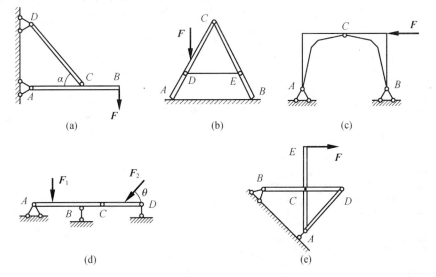

图 1.30　职业能力训练作图题 2 题图

四、简答题

1. 力的作用效应有哪些？力对物体的作用效应取决于什么？

2. 什么是约束？工程上常见的约束有哪些？分别产生什么样的约束反力？试举例说明。

3. 结构构件的计算简图包括哪几部分的简化？分别有哪些类型？

工程模拟训练

1. 对工程中的常见三角支架起重体系进行力学简化，并进行受力分析。

2. 对构筑物烟囱进行力学简化，并进行受力分析。

3. 对任一入口处挑檐的挑梁进行力学简化，并进行受力分析。

单元 2 工程结构平衡

2.1 力的投影

在土木工程力学中，对物体进行受力分析并进行力学计算，通常是以力在坐标轴上的投影为基础的。

2.1.1 力的投影及其性质

1. 力在平面直角坐标轴上的投影

设力 F 作用在物体上某点 A 处，如图2.1（a）所示。在力 F 所在的平面内建立直角坐标系 xOy，由力 F 的起点 A 和终点 B 分别向 x 轴引垂线，得垂足 a、b，则线段 ab 称为力 F 在 x 轴上的投影，用 F_x 表示，即

$$F_x = \pm ab$$

同理可得力 F 在 y 轴上的投影为

$$F_y = \pm a'b'$$

投影的正负号规定如下：从投影的起点到终点的指向与坐标轴正方向一致时，投影取正号，反之取负号。由图2.1（b）可知，投影 F_x 和 F_y 可用下式计算：

$$\left.\begin{array}{l} F_x = \pm F\cos\alpha \\ F_y = \pm F\sin\alpha \end{array}\right\} \tag{2.1}$$

式中 α——力 F 与 x 轴所夹的锐角。

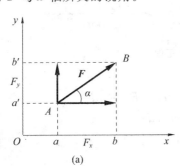
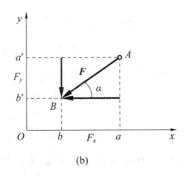

(a)   (b)

图 2.1 力的投影

2. 力的投影的性质

当力与坐标轴垂直时，力在该轴上的投影为零；当力与坐标轴平行时，其投影的绝对值与该力的大小相等。事实上，力在平面直角坐标轴上的投影就是力的正交分解。

注意：力的投影不是矢量，而是标量（代数量），而力沿坐标轴的分力是矢量。两者不可混淆。

【例2.1】 已知 $F_1 = 100$ N，$F_2 = 50$ N，$F_3 = 160$ N，$F_4 = 80$ N，各分力方向如图2.2所示，试分别求出各力在 x 轴和 y 轴的投影。

解 由式（2.1）可求出各力在 x、y 轴上的投影：

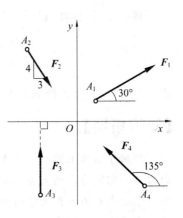

图 2.2 例 2.1 图

$$F_{x1} = F_1 \cos 30° = (100 \times 0.866)\ \text{N} = 86.6\ \text{N}$$

$$F_{y1} = F_1 \sin 30° = (100 \times 0.5)\ \text{N} = 50\ \text{N}$$

$$F_{x2} = F_2 \times 3/5 = (50 \times 0.6)\ \text{N} = 30\ \text{N}$$

$$F_{y2} = -F_2 \times 4/5 = (-50 \times 0.8)\ \text{N} = -40\ \text{N}$$

$$F_{x3} = 0$$

$$F_{y3} = F_3 = 160\ \text{N}$$

$$F_{x4} = F_4 \cos 135° = (-80 \times 0.707)\ \text{N} = -56.56\ \text{N}$$

$$F_{y4} = F_4 \sin 135° = (80 \times 0.707)\ \text{N} = 56.56\ \text{N}$$

2.1.2 合力投影定理

平面汇交力系的合力在任意轴上的投影等于各分力在同一轴上投影的代数和，这就是合力投影定理。

证明：设刚体受一平面汇交力系 F_1、F_2、F_3 作用，如图 2.3（a）所示，在力系所在平面内建立直角坐标系 xOy，从任意一点 A 作力多边形 $ABCD$，如图 2.3（b）所示。图中：$\overline{AB} = F_1$，$\overline{BC} = F_2$，$\overline{CD} = F_3$，$\overline{AD} = F_R$。

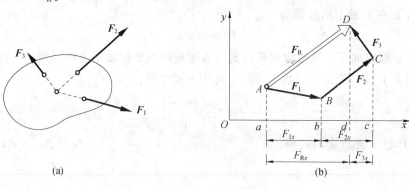

(a)　(b)

图 2.3　合力投影定理

各分力及合力在 x 轴上的投影分别为

$$F_{1x} = ab,\ F_{2x} = bc,\ F_{3x} = -cd,\ F_{Rx} = ad$$

由图可知
$$F_{Rx} = ad = ab + bc - cd$$

由此可得
$$F_{Rx} = F_{1x} + F_{2x} + F_{3x}$$

同理，合力与分力在 y 轴上的投影关系是

$$F_{Ry} = F_{1y} + F_{2y} + F_{3y}$$

将上述关系推广到由 n 个力 F_1，F_2，F_3，$\cdots$，F_n，组成的力系，则

$$\left. \begin{aligned} F_{Rx} &= F_{1x} + F_{2x} + \cdots + F_{nx} = \sum F_x \\ F_{Ry} &= F_{1y} + F_{2y} + \cdots + F_{ny} = \sum F_y \end{aligned} \right\} \tag{2.2}$$

式（2.2）即为合力投影定理的表达式。

【知识拓展】

作用于物体上的一群力或一组力称为力系，根据力系中各力作用线的分布情况可将力系分为平面力系和空间力系两大类。各力的作用线位于同一平面内的力系称为平面力系；各力的作用线不在同一平面内的力系称为空间力系。

平面力系又可分为四种形式：若各力的作用线在同一平面内且汇交于一点的力系，称为平面汇交力系；若在同一平面内作用多个力偶的力系，称为平面力偶系；若各力的作用线在同一平面内且相互平行的力系，称为平面平行力系；若各力的作用线在同一平面内既不汇交于一点也不相互平行的力系，称为平面一般力系。

2.2　力矩

2.2.1　力矩及其性质

1. 力对点之矩

由实践可知，力对物体的运动效应有两种：移动效应和转动效应。日常生活中发生转动效应的实例很多，例如，用扳手拧紧螺母时，加力可使扳手绕螺母中心转动；杠杆、滑轮等简单机械，也是加力使它产生转动效应的实例。力使物体产生转动效应与哪些因素有关呢？现以扳手拧紧螺母为例来说明。

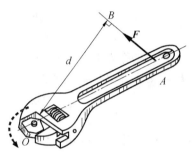

如图 2.4 所示，力 F 使扳手绕螺母中心 O 转动的效应，不仅与力的大小成正比，而且还与螺母中心到该力作用线的垂直距离 d 成正比。因此用两者的乘积 Fd 来量度力 F 对扳手产生的转动效应。转动中心 O 称为矩心。矩心到力作用线的垂直距离 d 称为力臂。此外，扳手的转向可能是逆时针方向，也可能是顺时针方向，因此，用力的大小与力臂的乘积 Fd 再加上正负号来表示力 F 使物体绕 O 点转动的效应，称为力 F 对 O 点的矩，简称力矩，用符号 $M_O(F)$ 表示。即

图 2.4　力矩

$$M_O(F) = \pm Fd \qquad (2.3)$$

力矩正负号规定：使物体产生逆时针方向转动的力矩为正；反之为负。

力矩的国际单位制是牛顿·米（N·m）或千牛顿·米（kN·m）。

2. 力矩的性质

（1）力对点之矩不但与力的大小和方向有关，还与矩心位置有关。

（2）当力的大小为零或力的作用线通过矩心时（力臂 $d=0$），力矩恒等于零。

（3）当力沿其作用线移动时，并不改变力对点之矩。

【例 2.2】　已知如图 2.5 所示的挡土墙，自重 $F_G = 75$ kN，铅垂土压力 $F_v = 120$ kN，水平土压力 $F_H = 90$ kN。试分别求这三个力对 A 点的矩，并校核挡土墙的稳定性。

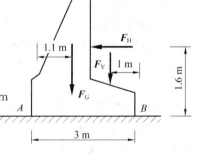

解　（1）计算各力对 A 点的矩

$M_A(F_G) = -F_G \times 1.1 = (-75 \times 1.1)\ \text{kN·m} = -82.5\ \text{kN·m}$

$M_A(F_v) = -F_v \times (3-1) = (-120 \times 2)\ \text{kN·m} = -240\ \text{kN·m}$

$M_A(F_H) = F_H \times 1.6 = (90 \times 1.6)\ \text{kN·m} = 144\ \text{kN·m}$

（2）校核该挡土墙的稳定性

图 2.5　例 2.2 图

该挡土墙在荷载的作用下会不会发生倾倒，主要是看挡土墙会不会绕 A 点发生转动，分析时取挡土墙将要倾倒的极限状态，也就是将要绕 A 点发生倾倒的瞬间，挡土墙脱离地基，地基反力为零的状态。则：

使挡土墙绕 A 点产生倾覆的力矩为

$$M_{倾覆} = M_A(F_H) = 144\ \text{kN·m}$$

而抵抗倾倒的力矩为

$$M_{抗倾} = M_A(F_G) + M_A(F_v) = (-82.5 - 240)\ \text{kN·m} = -322.5\ \text{kN·m}$$

由于 $|M_{抗倾}| > M_{倾覆}$，故挡土墙满足稳定性要求。

2.2.2 合力矩定理

平面力系的合力 F_R 对平面内任意一点之矩，等于力系中各分力对同一点之矩的代数和。即

$$M_O(F_R) = M_O(F_1) + M_O(F_2) + \cdots + M_O(F_n) = \sum M_O(F) \tag{2.4}$$

应用合力矩定理可以简化力矩的计算。在求一个力对某点的矩时，若力臂不易确定时，可将该力分解为两个力臂容易确定的分力，求出两分力对该点之矩的代数和就等于原力对该点之矩。

【例 2.3】 试计算图 2.6 中力 F 对 A 点的力矩。

解 方法一：由力矩定义计算力 F 对 A 点的力矩。

$$
\begin{aligned}
M_A(F) &= F \times d = F \times AD \sin \alpha \\
&= F \times (AB - DB) \sin \alpha \\
&= F \times (AB - BC \times \cot \alpha) \sin \alpha \\
&= F \times (a - b \times \cot \alpha) \sin \alpha \\
&= F \times (a \sin \alpha - b \cos \alpha)
\end{aligned}
$$

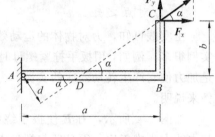

图 2.6 例 2.3 图

方法二：应用合力矩定理计算力 F 对 A 点的力矩。

首先将力 F 沿水平方向和竖直方向分解为两个分力 F_x、F_y，则由合力矩定理可得

$$
\begin{aligned}
M_A(F) &= M_A(F_x) + M_A(F_y) = -F_x \times b + F_y \times a \\
&= -F \cos \alpha \times b + F \sin \alpha \times a = F(a \sin \alpha - b \cos \alpha)
\end{aligned}
$$

由上述计算可知，当力臂较难求解时，用合力矩定理求解较为简便。

2.3 力偶

2.3.1 力偶的概念

在日常生活中，常常可以看到物体同时受到大小相等、方向相反、作用线互相平行的两个力的作用。例如，拧水龙头时，人手作用在开关上的两个力 F 和 F' 就是这样的，如图 2.7（a）所示。又如，汽车司机用两只手操纵方向盘（图 2.7（b））驾驶汽车前进也是如此。

上述各例中的一对力（F，F'），由于不满足二力平衡定理，显然不会使物体平衡，它对物体的运动效应是使物体转动。在力学上，把一对大小相等的反向平行力称为力偶，并记为（F，F'）。

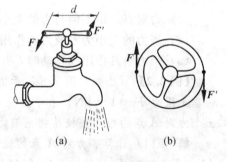

图 2.7 力偶

力偶与力并称为力学的两大元素。

力偶所在平面称为力偶作用面。作用面不同，力偶对物体的作用效果也不相同。组成力偶二力的作用线之间的垂直距离 d，称为力偶臂（arm of couple）。

2.3.2 力偶矩的计算

力偶与力是两种不同性质的力。在一般情况下，单个力既能使物体产生移动效应，又能使物体产生转动效应，而力偶对物体的作用只能使其产生转动效应。这种转动效应是用力偶中的一个力与力偶臂的乘积来量度的，称为力偶矩（moment of couple），用符号 m 表示，即

$$m = \pm Fd \tag{2.5}$$

乘积 Fd 表示力偶矩的大小，当力偶的力 F 越大，或力偶臂 d 越长，则力偶使物体转动的效应就越强；反之就越弱。式（2.5）中的正负号表示力偶使物体转动的转向，在平面问题中一般规定：

力偶使物体逆时针方向转动时，力偶矩取正号（图 2.8（a））；使物体顺时针方向转动时，则取负号（图 2.8（b）），所以，在平面问题中力偶矩为一个代数量。

力偶矩的单位与力矩相同，也是牛顿·米（N·m）或千牛顿·米（kN·m）。

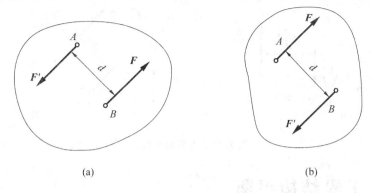

(a)　　　　　　　　　(b)

图 2.8　力偶的正负号

2.3.3　力偶的基本性质

性质 1　力偶不能合成为一个力，也不能与一个力平衡，力偶只能和力偶平衡。

验证：设有力偶（F，F'），力偶臂为 d，如图 2.9 所示。由于力偶中的两个力等值、反向、作用线平行而不共线，因此将力偶向任意坐标轴（如 x 轴）上投影时，如果其中一个力 F 的投影 $F_x = ab$ 为正，则另一个力 F' 的投影 $F'_x = a'b'$ 必定为负，且 $|ab| = |a'b'|$。即这两个力投影的代数和为零。这表明力偶不能合成为一个力，即力偶无合力。当然力偶不能与一个力等效，也就不能和一个力平衡。因此，力偶对物体不产生移动效应，只产生转动效应。力偶只能与力偶平衡。

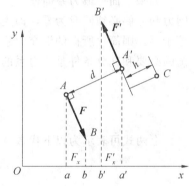

性质 2　力偶对其作用面内任一点之矩恒等于其力偶矩，而与矩心的位置无关。

图 2.9　力偶的性质

在图 2.9 中，力偶（F，F'）的力偶矩 $m = Fd$。

在力偶作用面内任取一点 C 为矩心，C 点至力 F' 作用线的垂直距离为 h，则力偶的两个力对 C 点之矩的代数和为

$$M_C（F，F'）= M_C（F）+ M_C（F'）= -F'h + F（d+h）= Fd = m$$

由此可知，力偶对物体的转动效应只取决于力偶矩的大小和力偶的转向，而与矩心的位置无关。

性质 3　在同一平面内的两个力偶，如果它们的力偶矩的大小相等，转向相同，则这两个力偶彼此等效。这就是平面力偶等效定理。

由以上性质可得到两个推论：

推论 1　只要保持力偶矩的大小和转向不变，力偶可在其作用平面内任意移动，而不改变它对物体的转动效应。也就是说，力偶对物体的转动效应与它在作用面内的位置无关。

推论 2　只要保持力偶矩的大小和转向不变，可以同时改变力偶中力的大小和力偶臂的长短，而不改变力偶对物体的作用效应。

由以上推论可知，如果将作用于物体上某一平面内的力偶（F，F'）用另一个力偶（Q，Q'）来代替，如图 2.10 所示，那么，只要这两个力偶的力偶矩大小和转向相同，则它们对物体的作用效应是相同的，也就可以相互替换。

由上述力偶的性质可知，力偶对物体的转动效应，取决于力偶矩的大小、力偶的转向和力偶的作用面三个因素，这三个因素称为力偶的三要素。在平面问题中，由于所有的力偶都作用在同一个

平面内，这样只需考虑力偶矩的大小和力偶的转向，因此，在力偶作用平面内，常用一个带箭头的弧线来表示力偶，如图 2.10 所示。弧线箭头的指向表示力偶的转向，弧线旁边的符号 m 或数字则表示力偶矩的大小。

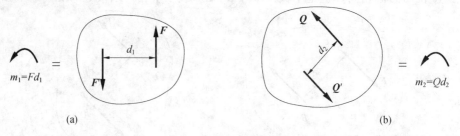

(a)   (b)

图 2.10 力偶的等效性

2.4 工程结构平衡

2.4.1 平面一般力系的平衡方程

如果平面一般力系向任一点简化后，结果一般为一个力和一个力偶，如果力系处于平衡状态，则力和力偶必须同时为零，即主矢和主矩都等于零。反过来，如果力系向一点简化的主矢和主矩都等于零，则简化所得的汇交力系和力偶系分别平衡，所以原力系必然平衡。因此，平面一般力系平衡的必要和充分条件是：力系的主矢和力系对平面内任意一点的主矩都等于零。即

$$F'_R = \sqrt{\left(\sum F_x\right)^2 + \left(\sum F_y\right)^2} = 0$$

$$M_O = \sum M_O(F) = 0$$

上两式可表示为以下代数方程：

$$\left. \begin{array}{l} \sum F_x = 0 \\ \sum F_y = 0 \\ \sum M_O(F) = 0 \end{array} \right\} \tag{2.6}$$

可见，平面一般力系平衡的必要和充分条件是：力系中各力在任选的两个坐标轴上投影的代数和分别等于零，力系中的各力对其作用面内任意一点之矩的代数和也等于零。上述三个平衡方程称为平面一般力系平衡方程（equilibrium equation）的基本式。其中，前两式称为投影方程，第三式称为力矩方程，这三个方程彼此独立，应用方程求解时，一次取研究对象最多可求解出三个未知量。

平面一般力系的平衡方程除了基本形式外，还有二力矩式平衡方程和三力矩式平衡方程。

二力矩式平衡方程为

$$\left. \begin{array}{l} \sum F_x = 0 (或 \sum F_y = 0) \\ \sum M_A(F) = 0 \\ \sum M_B(F) = 0 \end{array} \right\} \tag{2.7}$$

附加条件：A、B 两点的连线不能与投影轴垂直。否则，式（2.7）就只是平面一般力系平衡的必要条件，而不是充分条件。

三力矩式平衡方程为

$$\left. \begin{array}{l} \sum M_A(F) = 0 \\ \sum M_B(F) = 0 \\ \sum M_C(F) = 0 \end{array} \right\} \tag{2.8}$$

附加条件：A、B、C 三点不共线。否则，式（2.8）只是平面一般力系平衡的必要条件，而不是充分条件。

上述三组平衡方程中，投影轴和矩心都是可以任意选取的，所以可以写出无数个平衡方程。但只要满足其中一组，其余方程就会自动满足。故独立的平衡方程只有三个，最多可以求出三个未知量。

2.4.2 工程结构平衡的应用

应用平面一般力系的平衡方程求解平衡问题的步骤如下：

（1）明确研究对象，画出受力图。根据题意选取适当的研究对象，并画出研究对象上的主动力和约束反力。约束反力根据约束的类型来画。

（2）列平衡方程求解未知力。选取哪种形式的平衡方程，完全取决于计算是否方便。

通常力求在一个平衡方程中只包含一个未知量，避免联立求解。因此，应选取适当的平衡方程、投影轴和矩心。通常将投影轴选在与较多未知力垂直的方向，矩心点选在较多未知力的交汇点，这样求解未知力较为简便。

（3）校核。列出不独立的第四个方程，验证所求未知力是否正确。

【例 2.4】 如图 2.11（a）所示，梁 AC 在 C 处受集中力 $\boldsymbol{F}$ 作用，若 $F=10$ kN，试求 A、B 支座的约束反力。

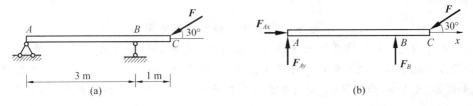

图 2.11 例 2.4 图

解 以杆 AB 为研究对象，画其受力分析图如图 2.11（b）所示，列平衡方程。

由 $\sum F_x = 0$，即

$$F_{Ax} - F\cos 30° = 0$$

得

$$F_{Ax} = F\cos 30° = \left(10 \times \frac{\sqrt{3}}{2}\right) \text{kN} = 8.66 \text{ kN}$$

由 $\sum M_A(F) = 0$，即

$$F_B \times 3 - F\sin 30° \times 4 = 0$$

得

$$F_B = 6.67 \text{ kN}$$

由 $\sum F_y = 0$，即

$$F_{Ay} + F_B - F\sin 30° = 0$$

得

$$F_{Ay} = -1.67 \text{ kN}（方向与假设方向相反）$$

【例 2.5】 外伸梁受荷载如图 2.12（a）所示，已知均布荷载集度 $q=2$ kN/m，力偶矩 $m=40$ kN·m，集中力 $F=20$ kN，试求支座 A、B 的反力。

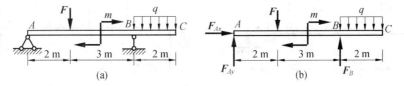

图 2.12 例 2.5 图

解 （1）取梁 AB 为研究对象，画受力图

画其受力图和选取坐标轴如图 2.12（b）所示。

(2) 列平衡方程,求支座反力

由

$$\sum F_x = 0$$
$$F_{Ax} = 0$$

由 $\sum M_A(F) = 0$,即

$$F_B \times 5 - F \times 2 - 2q \times 6 - m = 0$$

得

$$F_B = \frac{1}{5}(F \times 2 + 2q \times 6 + m)$$

$$= \frac{1}{5} \times (20 \times 2 + 2 \times 2 \times 6 + 40) \text{ kN} = 20.8 \text{ kN}(\uparrow)$$

由 $\sum M_B(F) = 0$,即

$$-F_{Ay} \times 5 + F \times 3 - 2q \times 1 - m = 0$$

得

$$F_{Ay} = \frac{1}{5}(F \times 3 - 2q \times 1 - m)$$

$$= \frac{1}{5} \times (20 \times 3 - 2 \times 2 \times 1 - 40) \text{ kN} = 3.2 \text{ kN}(\uparrow)$$

【知识拓展】

平面平行力系平衡条件及其应用

当力系中各力的作用线分布在同一平面内,且相互平行时,这种力系称为平面平行力系。

平面平行力系是平面一般力系的一种特殊情况,它的平衡方程可以从平面一般力系平衡方程中推导出来。如图2.13所示,如果取 Ox 轴与各力作用线垂直,Oy 轴与各力作用线平行,则不论平面平行力系是否平衡,各力在 x 轴上的投影恒等于零,即 $\sum F_x \equiv 0$。所以平面平行力系的平衡方程为

$$\left.\begin{array}{l} \sum F_y = 0 \\ \sum M_O(F) = 0 \end{array}\right\} \tag{2.9}$$

即平面平行力系平衡的必要和充分条件是:力系中各力在 y 轴上投影的代数和等于零,各力对作用平面内任意一点之矩的代数和也等于零。

平面平行力系的平衡方程也可以写成两个力矩方程的形式,即

$$\left.\begin{array}{l} \sum M_A(F) = 0 \\ \sum M_B(F) = 0 \end{array}\right\} \tag{2.10}$$

式中,A、B 是平面内任意两点,但 AB 连线不能与各力的作用线平行。

平面平行力系的平衡方程只有两个是独立的,所以只能求出两个未知量。

【例2.6】 如图2.13(a)所示,水平梁受荷载 $F = 20$ kN,$q = 10$ kN/m 作用,梁的自重不计,试求 A、B 处的支座反力。

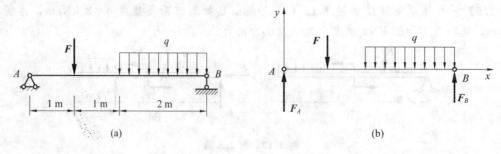

图 2.13 平面平行力系

解 先介绍分布荷载的概念。当荷载连续地作用在整个构件或构件的一部分上时,称为分布荷

载,如水压力、土压力和构件的自重等。如果荷载是分布在一个狭长范围内,则可以把它简化为沿狭长面的中心线分布的荷载,称为线荷载。例如,梁的自重就可以简化为沿梁的轴线分布的线荷载。

当各点线荷载的大小都相同时,称为均布线荷载;当线荷载各点大小不相同时,称为非均布线荷载。

各点荷载的大小用荷载集度 q 表示,某点的荷载集度表示线荷载在该点的密集程度。

其常用单位为 N/m 或 kN/m。

可以证明:按任一平面曲线分布的线荷载,其合力的大小等于分布荷载图的面积,作用线通过荷载图形的形心,合力的指向与分布力的指向相同。

(1) 选取研究对象。取梁 AB 为研究对象。

(2) 画受力图。梁上作用的荷载 F、q 和支座反力 F_B 相互平行,故支座反力 F_A 必与各力平行,才能保证力系为平衡力系。这样荷载和支座反力组成平面平行力系,如图 2.13(b) 所示。

(3) 列平衡方程并求解。建立坐标系,如图 2.13(b) 所示。

由 $\sum M_A = 0$,即

$$F_B \times 4 - F \times 1 - q \times 2 \times 3 = 0$$

得

$$F_B = \frac{1}{4}(F \times 1 + q \times 2 \times 3)$$

$$= \frac{1}{4}(20 \times 1 + 10 \times 2 \times 3)\text{kN} = 20\text{ kN}(\uparrow)$$

由 $\sum M_B = 0$,即

$$-F_A \times 4 + F \times 3 + q \times 2 \times 1 = 0$$

得

$$F_A = \frac{1}{4}(F \times 3 + q \times 2 \times 1)$$

$$= \frac{1}{4}(20 \times 3 + 10 \times 2 \times 1)\text{kN} = 20\text{ kN}(\uparrow)$$

拓展与实训

职业能力训练

一、填空题

1. 作用于物体上的各力作用线都在同一平面内,而且都相交于一点的力系,称为_____。

2. 平面一般力系有_____个独立平衡方程,可求解_____个未知量。

3. 平面平行力系有_____个独立平衡方程,可求解_____个未知量。

二、单选题

1. 作用于物体上的各力作用线都在同一平面内,但不相交于一点,也不平行的力系,称为( )。

A. 平面汇交力系   B. 平面一般力系   C. 平面力偶系   D. 平面平行力系

2. 平面汇交力系有( )个独立的平衡方程。

A. 3   B. 2   C. 4   D. 1

3. 力偶对物体的转动效应和哪些因素有关( )。

A. 力偶的转向   B. 力偶矩的大小   C. 力偶的作用面   D. A、B、C 都有关

4. 平面一般力系的二力矩式平衡方程是一个投影方程和两个力矩方程,即任取两点 A、B 为矩心,另取 x 轴为投影轴,建立平衡方程,其限定条件是 A、B 的连线应(　　)。

　　A. 不平行于 x 轴　　B. 不垂直于 x 轴　　C. 平行于 x 轴　　D. 垂直于 x 轴

5. 平面平行力系的二力矩式平衡方程是两个力矩方程,即任取两点 A、B 为矩心建立平衡方程,在选取矩心时,A、B 的连线(　　)。

　　A. 不能与各力的作用线平行　　　　　B. 不能与各力的作用线垂直

　　C. 可以与各力的作用线平行　　　　　D. 可以与各力的作用线垂直

6. 平面一般力系的最后合成结果不可能是(　　)。

　　A. 一个力　　　　　　　　　　　　　B. 一个力偶

　　C. 平衡的情况　　　　　　　　　　　D. 一个力和一个力偶(力螺旋)

7. 一个平面一般力系向某一点(简化中心)简化所得主矩(　　)。

　　A. 一定与简化中心位置无关

　　B. 一定与简化中心位置有关

　　C. 有些情况下与简化中心位置有关,有些情况下与简化中心位置无关

8. 一个力系向某一点(简化中心)简化所得主矢(　　)。

　　A. 一定与简化中心位置无关

　　B. 一定与简化中心位置有关

　　C. 有些情况下与简化中心位置有关,有些情况下与简化中心位置无关

9. 平面一般力系的平衡方程的形式不可以是(　　)。

　　A. 一个投影方程＋两个力矩方程　　　B. 两个投影方程＋一个力矩方程

　　C. 三个投影方程　　　　　　　　　　D. 三个力矩方程

10. 求解刚体平衡问题时选列平衡方程的原则和技巧不包括(　　)。

　　A. 设投影轴垂直于其他未知力　　　　B. 设投影轴平行于其他未知力

　　C. 选其他未知力作用线的交点为力矩中心　　D. 尽量用一个方程求解一个未知量

三、简答题

1. 已知力在直角坐标轴上的投影,可以求这个力吗?怎样求?

2. 什么是力矩?影响力矩的因素有哪些?

3. 力偶有转动中心吗?力偶和力矩一样吗?相同和不同之处在哪里?

4. 力偶和力是一样的吗?力学的两大要素指什么?

5. 试从平面一般力系的平衡方程推出平面汇交力系、平面平行力系和平面力偶系的平衡方程。

四、计算题

1. 如图 2.14 所示,固定的圆环上作用着共面的三个力,已知 $F_1 = 10$ kN,$F_2 = 20$ kN,$F_3 = 25$ kN,三力均通过圆心 O。试求这三个力在 x 轴和 y 轴上的投影。

2. 已知力 $F = 400$ N,方向和作用点如图 2.15 所示。试求:

(1) 此力对 O 点的力矩。

(2) 若在 B 点加一水平力,使它对 O 点的力矩等于(1)的矩,试求这个水平力的大小。

(3) 要在 B 点加一最小的力,使它对 O 点的力矩等于(1)相同的矩,试求这个最小的力。

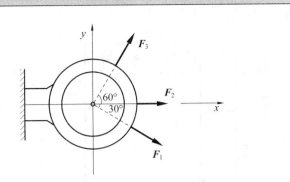

图 2.14 职业能力训练计算题 1 题图

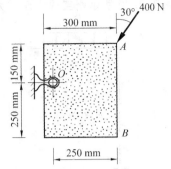

图 2.15 职业能力训练计算题 2 题图

3. 如图 2.16 所示,重量为 G 的物体挂在长 L 的绳索上,用水平力 F 将物体推到水平距离 x 处。已知 $G = 30 \text{ kN}, L = 13 \text{ m}, x = 5 \text{ m}$,试求所需水平推力 F 的大小。

4. 如图 2.17 所示,支架由杆 AB、AC 及滑轮组成,A、B、C 为铰链连接,在 A 点作用一作用力 G。试求杆 AB、AC 所受的力,并说明是拉力还是压力。

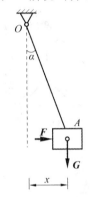

图 2.16 职业能力训练计算题 3 题图

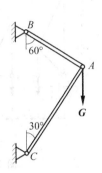

图 2.17 职业能力训练计算题 4 题图

5. 试求图 2.18 悬臂梁的支座反力。

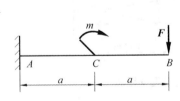

图 2.18 职业能力训练计算题 5 题图

6. 试求图 2.19 所示梁的支座反力。

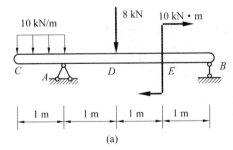

(a)

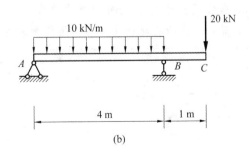

(b)

图 2.19 职业能力训练计算题 6 题图

7. 试求图 2.20 所示刚架的支座反力。

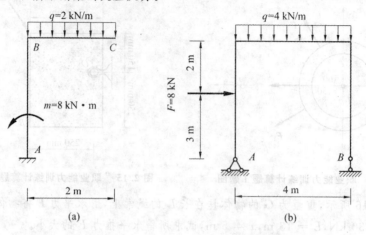

图 2.20　职业能力训练计算题 7 题图

8. 试求图 2.21 所示桁架的支座反力。

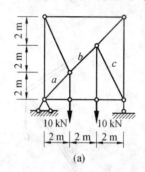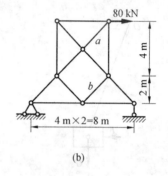

图 2.21　职业能力训练计算题 8 题图

9. 试求图 2.22 所示组合结构的支座反力。

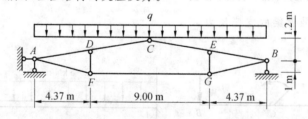

图 2.22　职业能力训练计算题 9 题图

工程模拟训练

1. 求你坐的凳子所承受的力的大小。

2. 当你担水时,求你的肩膀所承受的力。

3. 算一下你所在建筑物里某根梁所受的外力,及其所受的支座反力。

模块 2
工程结构承载设计

【模块概述】

工程结构承载设计就是在工程结构的可靠与经济、适用与美观之间,选择一种最佳的合理的平衡,使所建造的结构能满足各种预定功能要求。

本模块工程结构内力分析为主线,以不同类型的构件为实例。主要介绍轴向拉压杆、圆轴扭转、梁、压杆稳定等内力分析及其构件设计。

【学习目标】

1. 熟知工程构件内力分析的基本知识;

2. 了解平面图形的几何性质、材料在拉伸和压缩时的力学性能;

3. 掌握轴向杆件、扭转杆件、梁的内力计算方法及其强度条件及其应用,能熟练绘制轴力图、扭矩图及梁内力图;

4. 理解压杆稳定的概念、欧拉公式及其适用范围;

5. 掌握压杆稳定性计算。

【课时建议】

32～40 课时

看一下这些图片,在日常生活中,我们时常会看到翻到在地的物体。是什么原因出现了图上所示的现象?

生活中翻到在地的物体

单元3　工程结构内力分析

在进行工程结构设计时,为保证结构安全正常工作,要求各构件必须具有足够的强度和刚度。解决构件的强度和刚度问题,首先需要确定危险截面的内力,内力计算是结构设计的基础。

3.1　弹性变形体的静力分析

组成机械的零件和构成结构的元件,统称构件。制作构件所用的材料多种多样,其共同点是在受力后构件的形状和尺寸会产生改变,这种变化称为变形。在外力作用下会发生变形的固体称为变形体。理论力学讨论的刚体模型,实际上是变形很小时的理想模型。

若去掉外力后,物体完全恢复原有的形状和尺寸称为完全弹性体(或弹性体);部分恢复原状的称为部分弹性体;完全不能恢复原状的称为塑性体。材料力学所研究的构件均视作弹性体,其变形仅限于小变形(构件的变形量远小于原始尺寸)。对小变形构件可不考虑变形对构件尺寸的影响,仍按构件的原始尺寸进行分析计算,从而使分析计算得到很大的简化。本书只研究变形体在弹性状态下的小变形问题。

根据工程实践的要求,在对构件进行设计时要考虑强度、刚度、稳定性三方面的要求。

3.1.1　常见杆件的变形及工程实例

作用在杆件上的外力是多种多样的,所以,杆件的变形也是多种多样的。但分析后发现,杆件的基本变形形式有四种:轴向拉伸或轴向压缩、剪切、扭转和弯曲,如图3.1所示。

3.1.2　内力及其计算方法

为了研究杆件在外力作用下的变形,首先需要了解杆件内部的受力情况。

构件的材料是由许多质点组成的。构件不受外力作用时,材料内部质点之间保持一定的相互作用力,使构件具有固体形状。当构件受外力作用产生变形时,其内部质点之间相互位置改变,原有内力也发生变化。这种由外力作用而引起的受力构件内部质点之间相互作用力的改变量成为附加内力,简称内力。土木工程力学所研究的内力是由外力引起的附加内力,内力随外力的变化而变化,外力增大,内力也增大,外力撤销后,内力也随着消失。

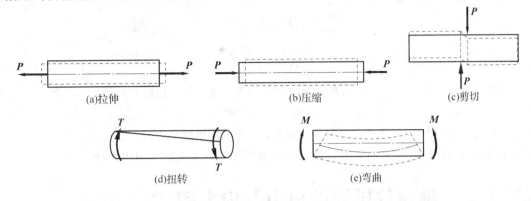

图 3.1　杆的基本变形

　　显然,构件中的内力是与构件的变形相联系的,内力总是与变形同时产生。构件中的内力随着变形的增加而加大,但对于确定的材料,内力的增加有一定的限度,超过这一限度,构件将发生破坏。因此,内力与构件的强度和刚度都有密切的联系。在研究构件的强度、刚度等问题时,必须知道构件在外力作用下某截面上的内力值。

　　构件的强度、刚度和稳定性与内力的大小及其在构件内的分布方式密切相关。所以,内力分析是解决构件强度、刚度和稳定性问题的基础。

　　与理论力学里通过取分离体对物体进行受力分析的方法类似,分析构件的内力需采用截面法。如图 3.2(a) 所示,截面 $m-m$ 假想地将该构件切开,即解除它们间的相互约束,相应的内力即显示出来。由连续性假设可知,内力是作用在切开面上的连续分布力,如图 3.2(b) 所示。利用任一部分的平衡条件,便可确定其主矢和主矩的大小和方向。

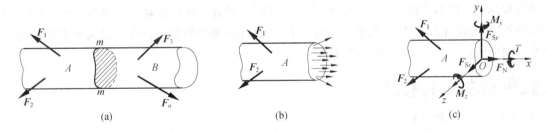

图 3.2　截面法

　　为研究方便起见,如图 3.2(c) 所示,以横截面形心 O 为坐标原点,以杆件轴线为 x 轴,横截面即为 Oyz 平面,建立右手系。将内力向点 O 简化,并将得到的主矢和主矩沿坐标轴分解,得到六个内力分量:主矢分量 N、Q_y 和 Q_z;主矩分量 T、M_y 和 M_z。

　　截面法求内力的步骤可归纳为:

　　(1) 截开:在欲求内力截面处,用一假想截面将构件一分为二。

　　(2) 代替:弃去任一部分,并将弃去部分对保留部分的作用以相应内力代替(即显示内力)。

　　(3) 平衡:根据保留部分的平衡条件,确定截面内力值。

　　【例 3.1】　一等直杆承受轴向荷载如图 3.3 所示,试求 $a-a$、$b-b$ 截面上的内力分量。

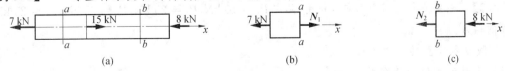

图 3.3　例 3.1 图

解 将杆沿截面$a-a$假想截开,并取截面左边为研究对象。显然,截面上只有轴力分量。设该截面上的轴力为N_1,假设为正,由平衡方程

$$\sum F_x = 0, N_1 - 7 = 0$$

得

$$N_1 = 7 \text{ kN}$$

同法,将杆沿截面$b-b$假想截开,取截面右边为研究对象,得该截面上的轴力N_2为

$$N_2 = -8 \text{ kN}$$

显然,无论选择切开后的哪一段作为研究对象,计算结果都相同。

在本模块以后各节中,将分别详细讨论几种基本变形杆件横截面上的内力计算。

3.2 轴向拉压杆的内力与内力图

工程中有很多构件,例如屋架中的杆,是等直杆,作用于杆上的外力的合力的作用线与杆的轴线重合。在这种受力情况下,杆的主要变形形式是轴向伸长或缩短。其力学模型如图 3.4 所示。

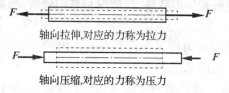

图 3.4 轴向拉压力学模型图

3.2.1 轴力的概念

轴向拉压杆的内力称轴力,用 N 表示。当杆件两端受到背离杆件的轴向外力作用时,产生沿轴线方向的伸长变形。杆件称为拉杆,所受外力为拉力。当杆件两端受到指向杆件的轴向外力作用时,产生沿轴线方向的缩短变形。杆件称为压杆,所受外力为压力。

3.2.2 轴力的计算方法

轴力的大小由截面法确定:

(1)截开:假想用 $m-m$ 截面将杆件分为 Ⅰ、Ⅱ 两部分,并取 Ⅰ 为研究对象。

(2)代替:将 Ⅱ 部分对 Ⅰ 部分的作用以截面上的分布内力代替。由于杆件平衡,所取 Ⅰ 部分也应保持平衡,故 $m-m$ 截面上与轴向外力 F 平衡的内力的合力也是轴向力,这种内力称为轴力,记为 N。

(3)平衡:根据共线力系的平衡条件:

$$\sum F_x = 0, N - F = 0$$

求得

$$N = F$$

规定轴力符号为:轴力为拉力时,N 取正值;反之,轴力为压力时,N 取负值。即轴力"拉为正,压为负"。

注意:在计算杆件内力时,将杆截开之前,不能用合力来代替力系的作用,也不能使用力的可传性原理以及力偶的可移性原理。因为使用这些方法会改变杆件各部分的内力及变形。

【例 3.2】 一等直杆受四个轴向力作用,其中 $P_1 = 10$ kN,$P_2 = 20$ kN,$P_3 = 35$ kN,$P_4 = 25$ kN,试求指定截面的轴力。

解 假设各截面轴力均为正。

取 $1-1$ 截面左侧为研究对象,由

$$\sum X = 0, N_1 - P_1 = 0$$

解得　　$N_1 = P_1 = 10$ kN（拉力）

取 2—2 截面左侧为研究对象，由

$$\sum X = 0, N_2 - P_1 - P_2 = 0$$

解得　　$N_2 = P_1 + P_2 = -10$ kN（压力）

取 3—3 截面右侧为研究对象，由

$$\sum X = 0, N_3 - P_4 = 0$$

解得　　$N_3 = P_4 = 25$ kN（拉力）

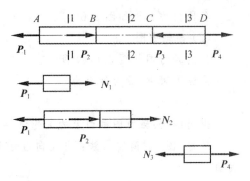

图 3.5　例 3.2 图

计算轴力时应注意：通常选取受力简单的部分为研究对象；计算杆件某一段轴力时，不能在外力作用点处截开；通常截面上的轴力先假设为正，当计算结果为正时，既说明假设方向正确，也说明轴力为拉力；所计算结果为负时，既说明与假设方向相反，也说明轴力为压力。

3.2.3　轴力图的绘制

为了形象地表明杆的轴力随横截面位置变化的规律，通常以平行于杆轴线的坐标（即 x 坐标）表示横截面的位置，以垂直于杆轴线的坐标（即 N 坐标）表示横截面上轴力的数值，按适当比例将轴力随横截面位置变化的情况画成图形，这种表明轴力随横截面位置变化规律的图称为轴力图。

轴力图的意义：反映出轴力与截面位置的变化关系，较直观。确定出最大轴力的数值及其所在横截面的位置，即确定危险截面位置，为强度计算提供依据。

轴力图的绘制方法：

（1）建立坐标系，x 轴平行轴线且等长，表示横截面位置。轴力垂直 x 轴，表示对应截面轴力的大小。

（2）选比例尺，画出图形——轴力图。正值的轴力画在 x 轴的上侧，负值的轴力画在 x 轴的下侧。

（3）在图形上注明数值、单位、正负及图名。

【例 3.3】　求图 3.6(a) 所示杆的轴力并画轴力图。

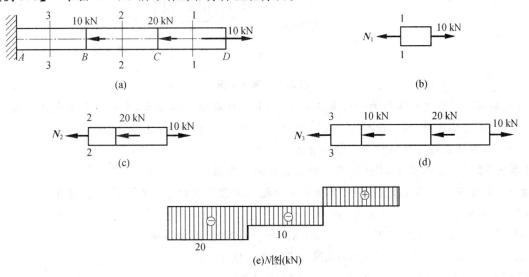

图 3.6　例 3.3 图

解　（1）计算各段轴力

CD 段：　　$N_1 = 10$ kN（拉力）

BC 段：　　$N_2 = (10 - 20)$ kN $= -10$ kN（压力）

AB 段：　　$N_3 = (10 - 20 - 10)$ kN $= -20$ kN（压力）

各段受力分析如图 3.6(b)、(c)、(d) 所示。

(2) 画轴力图

杆的轴力图如图 3.6(e) 所示。

由该图可见,最大轴力为

$$| N |_{max} = 20 \text{ kN}$$

得出结论:轴力图截面上的突变值 = 对应截面上的集中荷载。

轴力(图)的简便求法:自左向右遇到向左的 F,轴力 N 增量为正;遇到向右的 F,轴力 N 增量为负。

【例 3.4】 如图 3.7(a) 所示的杆,除 A 端和 D 端各有一集中力作用外,在 BC 段作用有沿杆长均匀分布的轴向外力,集度为 2 kN/m。作杆的轴力图。

解 用截面法不难求出 AB 段和 CD 段杆的轴力分别为 3 kN(拉力)和 1 kN(压力)。

BC 段杆的轴力,由平衡方程,可求得 x 截面的轴力为 $N(x) = 3 - 2x$。

在 BC 段内,$N(x)$ 沿杆长线性变化,当 $x = 0$,$N_{x=0} = 3$ kN;当 $x = 2$ m,$N_{x=2} = -1$ kN。

全杆的轴力图如图 3.7(c) 所示。

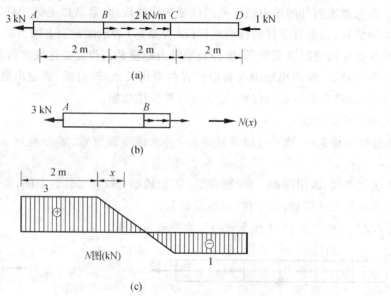

图 3.7 例 3.4 图

总结截面法求指定截面轴力的计算结果可知:某一横截面上的轴力,在数值上等于该截面一侧杆上所有轴向外力的代数和,在代数和中使杆件产生伸长变形的轴力带正号,使杆件产生压缩变形的轴力带负号。这种计算指定截面轴力的方法称为直接法。

【例 3.5】 试作如图 3.8(a) 所示等截面直杆的轴力图。

解 悬臂杆件可不求支座反力,直接从自由端依次取研究对象求各杆段截面轴力。

(1) 求各杆段轴力,如图 3.8(b) 所示

AB 段: $N_1 = (20 - 25 + 55 - 40) \text{ kN} = 10 \text{ kN}$(拉力)

BC 段: $N_2 = (20 - 25 + 55) \text{ kN} = 50 \text{ kN}$(拉力)

CD 段: $N_3 = (20 - 25) \text{ kN} = -5 \text{ kN}$(压力)

DE 段: $N_4 = 20 \text{ kN}$(拉力)

(2) 作轴力图,如图 3.8(c) 所示

由图可见

$$| N |_{max} = 50 \text{ kN}(在 BC 段)$$

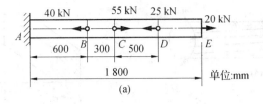

(a)

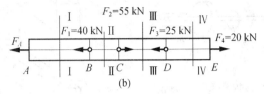

(b)

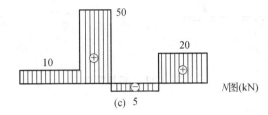

图 3.8　例 3.5 图

3.3　圆轴扭转的内力与内力图

　　扭转是杆件的基本变形形式之一。工程中有些杆件，因承受作用平面垂直于杆轴线的力偶作用，而发生扭转变形。通常将这种杆件称为轴(shaft)，如传动轴等。工程实践中，拧紧螺母的工具杆不仅产生扭转，而且产生剪切，如图 3.9 所示。连接汽轮机和发电机的传动轴将产生扭转，如图 3.10 所示。

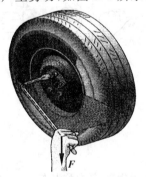

图 3.9　拧紧螺母的工具杆

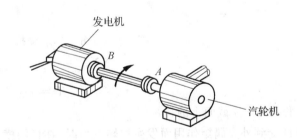

图 3.10　连接汽轮机和发电机的传动轴

　　受扭转变形杆件通常为轴类零件，其横截面大多是圆形的。所以本节主要介绍圆轴扭转。非圆截面杆受扭时，因不能用材料力学的理论求解，本节仅介绍用弹性力学研究的结果。产生扭转变形的杆件多为传动轴，房屋的雨篷梁也有扭转变形，如图 3.11 所示。

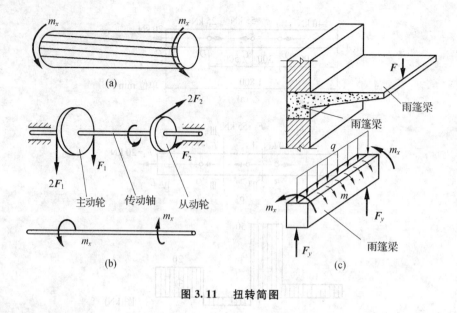

图 3.11　扭转简图

3.3.1　扭矩的概念

如图 3.12(a) 所示为一受扭杆,用截面法来求 $n-n$ 截面上的内力,取左段:作用于其上的外力仅有一力偶 m_A,因其平衡,则作用于 $n-n$ 截面上的内力必合成为一力偶。

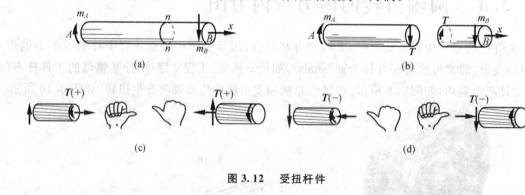

图 3.12　受扭杆件

由

$$\sum m_x = 0, T - m_A = 0$$

解得

$$T = m_A$$

T 称为 $n-n$ 截面上的扭矩。

杆件受到外力偶矩作用而发生扭转变形时,在杆的横截面上产生的内力称扭矩(T),单位为 N·m 或 kN·m。

符号规定:按右手螺旋法则将 T 表示为矢量,当矢量方向与截面外法线方向相同为正。

3.3.2　扭矩的计算方法

如果只在轴的两个端截面作用有外力偶矩,则沿轴线方向所有横截面上的扭矩都是相同的,都等于作用在轴上的外力偶矩。当在轴的长度方向上有两个以上的外力偶矩作用时,轴各段横截面上的扭矩将是不相等的,这时需用截面法确定各段横截面上的扭矩。

【例 3.6】　一传动轴如图 3.13 所示,转速 $n = 300$ r/min;主动轮输入的功率 $P_1 = 500$ kW,三个从动轮输出的功率分别为:$P_2 = 150$ kW,$P_3 = 150$ kW,$P_4 = 200$ kW。试求指定截面的扭矩。($m = 9\,550\,\dfrac{N}{n}$ N·m)

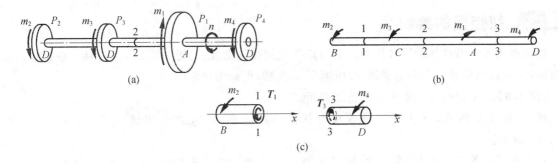

图 3.13　例 3.6 图

解　(1) 计算作用在各轮上的外力偶矩

$$m_1 = (9.55 \times 10^3 \times \frac{500}{300}) \text{N} \cdot \text{m} = 15.9 \times 10^3 \text{ N} \cdot \text{m} = 15.9 \text{ kN} \cdot \text{m}$$

$$m_2 = m_3 = (9.55 \times 10^3 \times \frac{150}{300}) \text{N} \cdot \text{m} = 4.78 \times 10^3 \text{ N} \cdot \text{m} = 4.78 \text{ kN} \cdot \text{m}$$

$$m_4 = (9.55 \times 10^3 \times \frac{200}{300}) \text{N} \cdot \text{m} = 6.37 \times 10^3 \text{ N} \cdot \text{m} = 6.37 \text{ kN} \cdot \text{m}$$

(2) 计算各段的扭矩

在 BC 段内：

由
$$\sum m_x = 0, T_1 + m_2 = 0$$

解得
$$T_1 = -m_2 = -4.78 \text{ kN} \cdot \text{m}$$

在 CA 段内：

由
$$\sum m_x = 0, T_2 + m_2 + m_3 = 0$$

解得 $T_2 = -m_2 - m_3 = -9.56 \text{ kN} \cdot \text{m}$，注意 T_2 假定的方向为负。

在 AD 段内：

由
$$\sum m_x = 0, T_3 - m_4 = 0$$

解得
$$T_3 = m_4 = 6.37 \text{ kN} \cdot \text{m}$$

由上述扭矩计算过程推得：任一截面上的扭矩值等于对应截面一侧所有外力偶矩的代数和，且外力偶矩应用右手螺旋定则背离该截面时为正，反之为负。即

$$T = \sum m$$

【**例 3.7**】　图 3.14(a) 所示的传动轴有四个轮子，作用轮上的外力偶矩分别为 $m_A = 3 \text{ kN} \cdot \text{m}$，$m_B = 7 \text{ kN} \cdot \text{m}$，$m_C = 2 \text{ kN} \cdot \text{m}$，$m_D = 2 \text{ kN} \cdot \text{m}$，试求指定截面的扭矩。

解　由 $T = \sum m$，得

取左段　$T_1 = -m_A = -3 \text{ kN} \cdot \text{m}$

取右段　$T_1 = -m_B + m_C + m_D = -3 \text{ kN} \cdot \text{m}$

取左段　$T_2 = -m_A + m_B = 4 \text{ kN} \cdot \text{m}$

取右段　$T_2 = m_C + m_D = 4 \text{ kN} \cdot \text{m}$

取左段　$T_3 = -m_A + m_B - m_C = 2 \text{ kN} \cdot \text{m}$

取右段　$T_3 = m_D = 2 \text{ kN} \cdot \text{m}$

由例子可见，轴的不同截面上有不同的扭矩，而对轴进行强度计算时，要以轴内最大的扭矩为计算依据，所以必须知道各个截面上的扭矩，以便确定出最大的扭矩值。这就需要画扭矩图来解决。

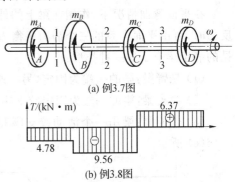

(a) 例3.7图

(b) 例3.8图

图 3.14　圆轴扭转

3.3.3 扭矩图的绘制

扭矩图为表示沿杆件轴线各横截面上扭矩变化规律的图线,与轴力图的画法相似,根据控制截面的扭矩,一般以圆轴轴线方向为横轴 x,扭矩 T 为纵轴,可画出扭矩图。

【例 3.8】 试作例 3.7 中传动轴的扭矩图。

解 建立坐标系,将上述所得各段的扭矩标在坐标系中,连接图线即可作出扭矩图,如图 3.14(b) 所示。

从上例扭矩图可以看出,在截面 A,C 处扭矩有突变,其突变值等于该处的集中外加力偶矩的数值。

3.4 梁弯曲的内力与内力图

当杆件受到垂直于杆轴线的外力(即横向力)作用,或受到位于杆轴平面内的外力偶作用时,杆的轴线将由直线弯成曲线。这种变形形式称为弯曲。以弯曲为主要变形的杆件,通常称为梁。

梁在工程实际和日常生活中有着广泛的应用。例如,桥式起重机的横梁如图 3.15(a)、(c) 所示,运动员跳跃作用下的跳水板如图 3.15(b)、(d),以及桥梁、房屋结构中的大梁、阳台梁和挑担用的扁担等,都是以弯曲为主要变形的杆件。

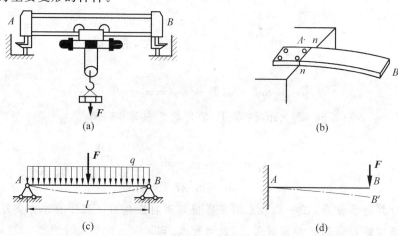

图 3.15 梁弯曲实例及受力简图

3.4.1 单跨静定梁的常见形式

在平面弯曲情况下,作用在梁上的外力(包括荷载和支反力)是一个平面力系。当梁上只有三个支反力时,可由平面力系的三个静力平衡方程将它们求出,这种梁称为静定梁。根据支承情况的不同,常见的静定梁有下述三种类型:

(1)悬臂梁:梁的一端为固定,另一端自由,如图 3.16(a) 所示。

(2)简支梁:梁的一端为固定铰支座,另一端为活动铰支座,如图 3.16(b) 所示。

(3)外伸梁:梁用一个活动铰支座和一个固定铰支座支承,梁的一端或两端伸出支座之外,如图 3.16(c) 所示。

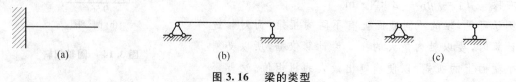

图 3.16 梁的类型

3.4.2　剪力与弯矩的概念

如图 3.17(a) 所示的简支梁,受集中荷载 P_1、P_2、P_3 的作用,为求距 A 端 x 处横截面 $m-m$ 上的内力,首先求出支座反力 R_A、R_B,然后用截面法沿截面 $m-m$ 假想地将梁一分为二,取如图 3.17(b) 所示的左半部分为研究对象。因为作用于其上的各力在垂直于梁轴方向的投影之和一般不为零,为使左段梁在垂直方向平衡,则在横截面上必然存在一个切于该横截面的合力 Q,称为剪力。它是与横截面相切的分布内力系的合力;同时左段梁上各力对截面形心 O 之矩的代数和一般不为零,为使该段梁不发生转动,在横截面上一定存在一个位于荷载平面内的内力偶,其力偶矩用 M 表示,称为弯矩。它是与横截面垂直的分布内力偶系的合力偶的力偶矩。由此可知,梁弯曲时横截面上一般存在两种内力。

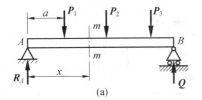 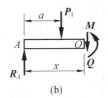 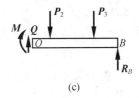

(a)　　　　　　　　(b)　　　　　　　　(c)

图 3.17　简支梁内力分析示意图

由

$$\sum F_y = O, R_A - P_1 - Q = 0$$

解得

$$Q = R_A - P_1$$

由

$$\sum M_O = 0, -R_A x + P_1(x-a) + m = 0$$

解得

$$m = R_A x - P_1(x-a)$$

无论是建立弯矩方程、剪力方程还是绘制弯矩图与剪力图,都必须对它们的正负号有明确的规定。规定弯矩、剪力正负号基本原则应保证梁的一个截面的两侧面的弯矩或剪力必须具有相同的正负号。

剪力与弯矩的符号规定如下:

剪力符号:当截面上的剪力使分离体做顺时针方向转动时为正;反之为负,如图 3.18 所示。

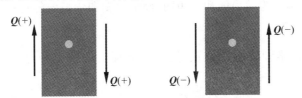

图 3.18　剪力符号规定

弯矩符号:当截面上的弯矩使分离体上部受压、下部受拉时为正;反之为负,如图 3.19 所示。

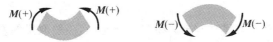

图 3.19　弯矩符号规定

【例 3.9】　试求图 3.20(a) 所示外伸梁指定截面的剪力和弯矩。

解　如图 3.20(b) 所示,求梁的支座反力。

由

$$\sum m_B = 0, -R_C a - P \times 2a - m_A = 0$$

解得

$$R_C = 3P$$

由

$$\sum F_y = 0, R_C - R_B - P = 0$$

解得

$$R_B = 2P$$

如图 3.20(c) 所示。

由 $\quad \sum F_y = 0, -Q_1 - R_B = 0$

解得 $\qquad Q_1 = -2P$

由 $\quad \sum M_{O1} = 0, M_1 + R_B(1.3a - a) - m_A = 0$

解得 $\quad M_1 = -R_B(1.3a - a) + m_A = 0.4Pa$

如图 3.20(d) 所示。

由 $\quad \sum F_y = 0, R_C - Q_2 - R_B = 0$

解得 $\qquad Q_2 = P$

由 $\quad \sum M_{O2} = 0, M_2 + R_B(2.5a - a) - R_C \times 0.5a = 0$

解得 $\quad M_2 = -R_B(2.5a - a) + m_A + R_C \times 0.5a$

$\qquad\quad = -0.5Pa$

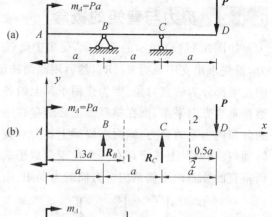

由上述剪力及弯矩计算过程推得：

任一截面上的剪力的数值等于对应截面一侧所有外力在垂直于梁轴线方向上的投影的代数和,且当外力对截面形心之矩为顺时针转向时外力的投影取正,反之取负。

任一截面上弯矩的数值等于对应截面一侧所有

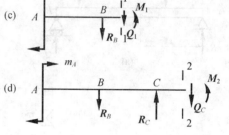

图 3.20　例 3.9 图

力对该截面形心的矩的代数和,若取左侧,则当外力对截面形心之矩为顺时针转向时取正,反之取负;若取右侧,则当外力对截面形心之矩为逆时针转向时取正,反之取负。即

$$Q = \sum P, \quad M = \sum m$$

3.4.3　梁弯曲内力图的绘制

一般情况下,梁横截面上的剪力和弯矩随截面位置不同而变化,将剪力和弯矩沿梁轴线的变化情况用图形表示出来,这种图形分别称为剪力图和弯矩图。画剪力图和弯矩图的基本方法有如下两种。

1. 剪力、弯矩方程法

若以横坐标 x 表示横截面在梁轴线上的位置,则各横截面上的剪力和弯矩可以表示为 x 的函数,即

$$Q = Q(x)$$
$$M = M(x)$$

上述函数表达式称为梁的剪力方程和弯矩方程。根据剪力方程和弯矩方程即可画出剪力图和弯矩图。

画剪力图和弯矩图时,首先要建立 $Q-x$ 和 $M-x$ 坐标。一般取梁的左端作为 x 坐标的原点,x 坐标向右为正,Q 坐标向上为正,M 以受拉侧为正。然后根据荷载情况分段列出 $Q(x)$ 和 $M(x)$ 方程。由截面法和平衡条件可知,在集中力、集中力偶和分布荷载的起止点处,剪力方程和弯矩方程可能发生变化,所以这些点均为剪力方程和弯矩方程的分段点。分段点截面也称控制截面。求出分段点处横截面上剪力和弯矩的数值(包括正负号),并将这些数值标在 $Q-x$、$M-x$ 坐标中相应位置处。分段点之间的图形可根据剪力方程和弯矩方程绘出。最后注明 $|Q|_{max}$ 和 $|M|_{max}$ 的数值。

【例 3.10】　如图 3.21(a) 所示的简支梁承受集度为 q 的均布荷载。试写出该梁的剪力方程与弯矩方程,并作剪力图与弯矩图。

解 （1）求支座反力

根据平衡条件可求得 A、B 处的支座反力为

$$R_A = R_B = \frac{1}{2}ql$$

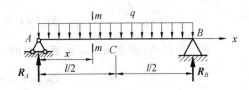

（2）建立剪力方程与弯矩方程

因沿梁的全长外力无变化，故剪力与弯矩均可用一个方程描述。

以 A 为原点建立 x 坐标轴，如图 3.21（a）所示。在坐标为 x 的截面 $m-m$ 处将梁截开，考察梁左段的平衡，如图 3.21（b）所示，梁的剪力方程和弯矩方程分别为

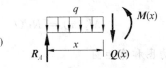

$$Q(x) = R_A - qx = \frac{1}{2}ql - qx \quad (0 \leqslant x \leqslant l) \quad (1)$$

$$M(x) = R_A x - \frac{1}{2}qx^2 = \frac{1}{2}qlx - \frac{1}{2}qx^2 \quad (0 \leqslant x \leqslant l)$$

$$(2)$$

（3）作剪力图和弯矩图

根据式（1），$Q(x)$ 为 x 的一次函数，剪力图为一斜直线。因此只要求得区间（$0 \leqslant x \leqslant l$）端点处的剪力值 $Q(0) = \frac{1}{2}ql$ 和 $Q(l) = -\frac{1}{2}ql$，在 $Q-x$ 坐标中标出相

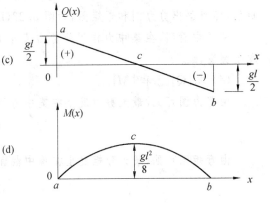

图 3.21　例 3.10 图

应的点 a、b，连接 a、b，即得该梁的剪力图，如图 3.21（c）所示。

根据式（2），$M(x)$ 为 x 的二次函数，弯矩图为一抛物线。为绘制这一曲线，至少需要三个点。取两个端截面（$x=0$）、（$x=l$）及跨中截面（$x=l/2$）作为控制截面。三个截面的弯矩值分别为 $M(0) = 0$，$M(l) = 0$ 和 $M(\frac{l}{2}) = \frac{1}{8}ql^2$。将它们标在 $M-x$ 坐标中，得 a、b、c 三个点，据此可大致绘出该梁的弯矩图，如图 3.21（d）所示。

（4）求 $|Q|_{max}$ 和 $|M|_{max}$

由图 3.21（c）可见，最大剪力发生在梁两端的截面处，其值为

$$|Q|_{max} = \frac{1}{2}ql$$

由图 3.21（d）可见，最大弯矩发生在跨中截面处，其值为

$$|M|_{max} = \frac{1}{8}ql^2$$

【例 3.11】 简支梁跨中受集中力 P 作用，如图 3.22（a）所示。试写出梁的剪力方程和弯矩方程，并作剪力图和弯矩图。

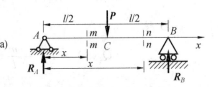

解 （1）求支座反力

$$R_A = R_B = \frac{P}{2}$$

（2）建立剪力方程与弯矩方程

因集中力两侧梁的内力发生变化，故需分两段建立剪力方程和弯矩方程。

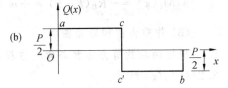

在 AC 段内，考察 $m-m$ 截面以左的梁段的平衡，得到这一段的内力方程为

$$Q_1(x) = R_A = \frac{P}{2} \quad (0 \leqslant x \leqslant \frac{l}{2})$$

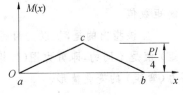

图 3.22　例 3.11 图

$$M_1(x) = R_A x = \frac{P}{2}x \quad (0 \leqslant x \leqslant \frac{l}{2})$$

在 CB 段内，考察 $n-n$ 截面以右的梁段的平衡，得到这一段的内力方程为

$$Q_2(x) = -R_B = -\frac{P}{2} \quad (\frac{l}{2} \leqslant x \leqslant l)$$

$$M_2(x) = R_B(l-x) = \frac{P}{2}(l-x) \quad (\frac{l}{2} \leqslant x \leqslant l)$$

（3）作剪力图和弯矩图

与上例相似，根据方程 $Q_1(x)$、$Q_2(x)$、$M_1(x)$、$M_2(x)$ 以及它们在相应区间端点上的剪力值和弯矩值，即可画出剪力图和弯矩图，如图 3.22(b)、(c) 所示。

从图中看到，在集中力作用处剪力发生突变，突变值等于集中力数值，同时在该处弯矩图的斜率发生突变。

（4）求 $|Q|_{max}$ 和 $|M|_{max}$

由剪力图可见，最大剪力发生在集中力两侧各截面处，其值为

$$|Q|_{max} = \frac{P}{2}$$

由弯矩图可见，最大弯矩发生在跨中截面处，其值为

$$|M|_{max} = \frac{P}{4}l$$

【例 3.12】 图 3.23(a) 所示简支梁在 C 点受集中力偶 m 作用。试建立梁的剪力方程和弯矩方程，并作剪力图和弯矩图。

解 （1）求支座反力

$$R_A = R_B = \frac{m}{l}$$

（2）建立剪力方程和弯矩方程

由于 C 处有集中力偶作用，故 AC 段与 CB 段应分别建立方程。

AC 段：

$$Q_1(x) = R_A = \frac{m}{l} \quad (0 \leqslant x \leqslant \frac{2l}{3})$$

$$M_1(x) = R_A x = \frac{m}{l}x \quad (0 \leqslant x \leqslant \frac{2l}{3})$$

CB 段：

$$Q_2(x) = R_B = \frac{m}{l} \quad (\frac{2l}{3} \leqslant x \leqslant l)$$

$$M_2(x) = -R_B(l-x) = -m + \frac{m}{l}x \quad (\frac{2l}{3} \leqslant x \leqslant l)$$

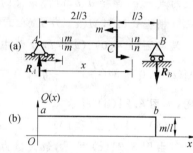

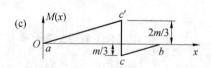

图 3.23　例 3.12 图

（3）作剪力图和弯矩图

根据两段的剪力方程与弯矩方程，求得区间端点的剪力、弯矩值，分别绘出剪力图和弯矩图，如图 3.23(b)、(c) 所示。

从图中可以看出，在集中力偶作用处剪力值无突变，但弯矩图在该处发生突变，突变值等于外力偶矩数值。

应该指出的是，从以上两例可以看出，在集中力（集中力偶）作用处，左、右两侧截面上的剪力（弯矩）值是不同的，即剪力图（弯矩图）发生突变。这种图形不能反映在集中力（集中力偶）作用处实际剪力（弯矩）的变化情形。

2. 微分关系法

考察图 3.24(a) 所示承受任意荷载的梁。从梁上受分布荷载的段内截取 $\mathrm{d}x$ 微段,其受力如图 3.24(b) 所示。作用在微段上的分布荷载可以认为是均布的,并设向上为正。微段两侧截面上的内力均设为正方向。若 x 截面上的内力为 $Q(x)$、$M(x)$,则 $x+\mathrm{d}x$ 截面上的内力为 $Q(x)+\mathrm{d}Q(x)$、$M(x)+\mathrm{d}M(x)$。因为梁整体是平衡的,$\mathrm{d}x$ 微段也应处于平衡。根据平衡条件 $\sum F_y = 0$ 和 $\sum M_O = 0$,得到

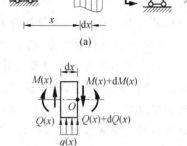

$$Q(x) + q(x)\mathrm{d}x - (Q(x) + \mathrm{d}Q(x)) = 0$$

$$M(x) + \mathrm{d}M(x) - M(x) - Q(x)\mathrm{d}x - q(x)\frac{\mathrm{d}x^2}{2} = 0$$

略去其中的高阶微量后得到

$$\frac{\mathrm{d}Q(x)}{\mathrm{d}x} = q(x) \tag{3.1}$$

$$\frac{\mathrm{d}M(x)}{\mathrm{d}x} = Q(x) \tag{3.2}$$

利用式(3.1)和(3.2)可进一步得

$$\frac{\mathrm{d}^2 M(x)}{\mathrm{d}x^2} = q(x) \tag{3.3}$$

图 3.24 微分关系

式(3.1)、(3.2) 和(3.3)是剪力、弯矩和分布荷载集度 q 之间的平衡微分关系,它表明:

(1) 剪力图上某处的斜率等于梁在该处的分布荷载集度 q。

(2) 弯矩图上某处的斜率等于梁在该处的剪力。

(3) 弯矩图上某处的斜率变化率等于梁在该处的分布荷载集度 q。

根据上述微分关系,由梁上荷载的变化即可推知剪力图和弯矩图的形状。例如:

(1) 若某段梁上无分布荷载,即 $q(x) = 0$,则该段梁的剪力 $Q(x)$ 为常量,剪力图为平行于 x 轴的直线;而弯矩 $M(x)$ 为 x 的一次函数,弯矩图为斜直线。

(2) 若某段梁上的分布荷载 $q(x) = q$(常量),则该段梁的剪力 $Q(x)$ 为 x 的一次函数,剪力图为斜直线;而 $M(x)$ 为 x 的二次函数,弯矩图为抛物线。在本书规定的 $M-x$ 坐标中,当 $q > 0$(q 向上)时,弯矩图为向下凸的曲线;当 $q < 0$(q 向下)时,弯矩图为向上凸的曲线。

(3) 若某截面的剪力 $Q(x) = 0$,根据 $\dfrac{\mathrm{d}M(x)}{\mathrm{d}x} = 0$,该截面的弯矩为极值。

利用以上各点,除可以校核已作出的剪力图和弯矩图是否正确外,还可以利用微分关系绘制剪力图和弯矩图,而不必再建立剪力方程和弯矩方程,其步骤如下:

(1) 求支座反力。

(2) 分段确定剪力图和弯矩图的形状。

(3) 求控制截面内力,根据微分关系绘剪力图和弯矩图。

(4) 确定 $|Q|_{\max}$ 和 $|M|_{\max}$。

【**例 3.13**】 外伸梁受力如图 3.25(a) 所示。试应用微分关系作该梁的剪力图和弯矩图。

解 (1) 求支座反力

$$R_A = \frac{1}{2}qa$$

$$R_B = \frac{5}{2}qa$$

（2）分段确定剪力图和弯矩图的形状

根据图 3.25(a) 所示梁的受力情况，需分两段绘制内力图。AB 段内，梁上作用有均布荷载 q，所以剪力图为斜直线，弯矩图为抛物线。且因 $q<0$，所以弯矩图为凸曲线。BC 段梁内，$q=0$，所以剪力图为水平线，弯矩图为斜直线。

（3）求控制截面内力，绘剪力图和弯矩图

确定了各段内力图的形状后，还需确定各段控制截面的内力值，才能确定各段图形的位置。例如，若图形为水平线，只需在该段中求出任一截面的内力值即可；若图形为斜直线，一般需求出该段两个端截面的内力值；若图形为抛物线，除求出两个端截面的内力值外，还需求出该段中某一截面处的内力值。本例题 AB 段梁内，因剪力在 d 点为零，所以弯矩在 d 点取得极值。利用剪力方程 $Q(x)=\dfrac{1}{2}qa-qx=0$，得 $x=\dfrac{a}{2}$，所以 d 点的弯矩 $M\left(\dfrac{a}{2}\right)=\dfrac{1}{8}qa^2$。若曲线段内，内力没有极值，则有时要求出该段中间截面的内力值。根据控制截面的内力值，画出剪力图和弯矩图，如图 3.25(b)、(c) 所示。

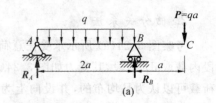

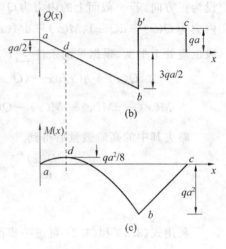

图 3.25　例 3.13 图

由图中可以看出，在支座 B 处由于作用有集中力 $R_B=\dfrac{5}{2}qa$，所以剪力图在该处发生突变，突变值等于 R_B，而弯矩图在该处的斜率发生突变。

（4）求 $|Q|_{max}$ 和 $|M|_{max}$

从剪力图上可以确定：

$$|Q|_{max}=\frac{3}{2}qa$$

发生在支座 B 的左截面。

从弯矩图上可以确定：

$$|M|_{max}=qa^2$$

发生在支座 B 处。

拓展与实训

职业能力训练

一、填空题

1. 均布荷载作用段上的剪力图曲线是一根＿＿＿＿＿＿＿线，弯矩图曲线是一根＿＿＿＿＿＿＿线。

2. 圆轴扭转时，横截面上各点只有剪应力，其作用线＿＿＿＿＿＿＿，同一半径的圆周上各点剪应力＿＿＿＿＿＿＿。

3. 梁在集中力作用处，剪力 Q＿＿＿＿＿＿＿，弯矩 M＿＿＿＿＿＿＿。

二、计算题

1. 作用于杆上的荷载如图 3.26 所示，画其轴图，并求 1—1、2—2、3—3 截面上的轴力。

2. 画出图 3.27 所示外伸梁的剪力图 (Q) 和弯矩图 (M)。

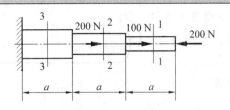

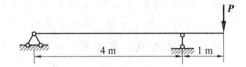

图 3.26 职业能力训练计算题 1 题图　　**图 3.27 职业能力训练计算题 2 题图**

3. 画出图 3.28 所示梁的剪力图、弯矩图,并求 $|Q|_{max}$、$|M|_{max}$。

4. 画出图 3.29 所示梁的剪力图、弯矩图。

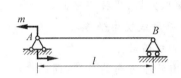

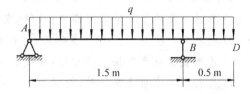

图 3.28 职业能力训练计算题 3 题图　　**图 3.29 职业能力训练计算题 4 题图**

5. 试用截面法计算图 3.30 所示杆件各段的轴力,并画轴力图。

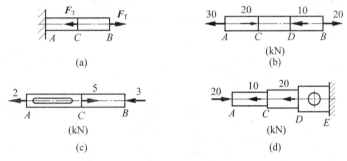

图 3.30 职业能力训练计算题 5 题图

✎ 工程模拟训练

1. 工程中通过对支座的简化后,将梁分为哪几种类型?

2. 工程中产生稳定问题的构件有哪些?

✎ 链接执考

1. 在下列关于轴向拉压杆轴力的说法中,错误的是(　　)。[2008 年高等教育自学考试工程力学(二):(单选题)]

　　A. 拉压杆的内力只有轴力　　　　　　　B. 轴力的作用线与杆轴线重合

　　C. 轴力是沿杆轴线作用的外力　　　　　D. 轴力与杆的横截面和材料均无关

2. 若梁上中间铰处无集中力偶作用,则中间铰左、右两截面处的(　　)。

　　A. 挠度相等,转角不等　　　　　　　　B. 挠度不等,转角相等

　　C. 挠度和转角都相等　　　　　　　　　D. 挠度和转角都不等

3. 杆件受大小相等、方向相反、作用线相距很近的横向力作用时,两力之间的截面将发生相对错动,这种变形称为(　　)。[2008 年高等教育自学考试工程力学(二):(填空题)]

4. 图 3.31 所示圆轴抗扭截面模量为 W_t,切变模量为 G,扭转变形后,圆轴表面 A 点处截取的单元体互相垂直的相邻边线改变了 γ 角.圆轴承受的扭矩 T 为（　　）.

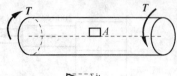

[2009 年一级结构工程师基础考试:(单选题)]

A. $T = G_\gamma W_t$ 　　　　B. $T = \dfrac{G_\gamma}{W_t}$

C. $T = \dfrac{\gamma}{G} W_t$ 　　　　D. $T = \dfrac{W_t}{G_\gamma}$

图 3.31　链接执考 1 题图

5. 下列结论中,正确的是（　　）.[2012 年一级结构工程师基础考试:(单选题)]

(1) 杆件变形的基本形式有四种:拉伸(或压缩)、剪切、扭转和弯曲.

(2) 当杆件产生轴向拉(压)变形时,横截面沿杆轴线发生平移.

(3) 当圆截面杆产生扭转变形时,横截面绕杆轴线转动.

(4) 当杆件产生弯曲变形时,横截面上各点均有铅垂方向的位移,同时横截面绕截面的对称轴转动.

A. (1) 　　　　　　　　　　B. (2)、(3)

C. (1)、(2)、(3) 　　　　　　D. 全对

单元 4 工程构件的设计

4.1 应力

前面已经提到,在外力作用下,杆件横截面上的内力是一个连续分布的力系。一般情形下,这个分布的内力系在横截面上各点处的强弱程度是不相等的。例如,一端固定、另一端自由的梁,读者不难分析出,在集中力作用下,各个横截面上的弯矩是不相等的:固定端处的横截面上弯矩最大,但在这个横截面上,内力并非处处相等,而是截面上、下两边上的数值最大,故破坏首先从这些点处开始。

怎么度量一点处内力的强弱程度呢?这就需要引进一个新的概念 —— 应力。

4.1.1 应力的概念

应力是受力杆件某一截面上一点处的内力集度。

设在某一受力构件的 $m-m$ 截面上,围绕 C 点取为面积 ΔA,如图 4.1(a) 所示,ΔA 上的内力的合力为 ΔF,这样,在 ΔA 上内力的平均集度定义为

$$p_{平均} = \frac{\Delta F}{\Delta A}$$

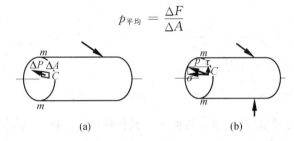

图 4.1 应力

一般情况下,$m-m$ 截面上的内力并不是均匀分布的,因此平均应力 $p_{平均}$ 随所取 ΔA 的大小而不同,当 $\Delta A \rightarrow 0$ 时,上式的极限值为

$$p = \lim_{\Delta A \rightarrow 0} \frac{\Delta F}{\Delta A} = \frac{\mathrm{d}F}{\mathrm{d}A} \tag{4.1}$$

即为 C 点的分布内力集度,称为 C 点处的总应力。p 是一个矢量,通常把应力 p 分解成垂直于截面的分量 σ 和相切与截面的分量 τ。由图 4.1(b) 中的关系可知

$$\sigma = p\sin \alpha, \tau = p\cos \alpha \tag{4.2}$$

式中 σ —— 正应力;

τ —— 剪应力。

在国际单位制中,应力的单位是帕斯卡,简称帕,以 Pa 表示,$1\ \mathrm{Pa} = 1\ \mathrm{N/m^2}$。由于帕斯卡这一单位甚小,工程常用 kPa(千帕)、MPa(兆帕)、GPa(吉帕)。$1\ \mathrm{kPa} = 10^3\ \mathrm{Pa}$,$1\ \mathrm{MPa} = 10^6\ \mathrm{Pa}$,$1\ \mathrm{GPa} = 10^9\ \mathrm{Pa}$。

4.1.2 应力的计算

本节仅介绍杆件拉压和梁弯曲应力的计算。

1. 杆件拉(压)时的应力

(1)横截面上的正应力

为观察杆的拉伸变形现象,在杆表面上作出如图 4.2(a) 所示的纵、横线。当杆端加上一对轴向拉力后,由图 4.2(a) 可见:杆上所有纵向线伸长相等,横线与纵线保持垂直且仍为直线。由此作出变形的

平面假设:杆件的横截面,变形后仍为垂直于杆轴的平面。于是杆件任意两个横截面间的所有纤维,变形后的伸长相等。又因材料为连续均匀的,所以杆件横截面上内力均布,且其方向垂直于横截面如图4.2(b)所示,即横截面上只有正应力 σ。于是横截面上的正应力为

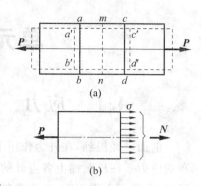

$$\sigma = \frac{N}{A} \tag{4.3}$$

式中　　N——轴向力;

　　　　A——横截面面积。

σ 的符号规定与轴力的符号一致,即拉应力 σ 为正,压应力 σ 为负。

注意:由于加力点附近区域的应力分布比较复杂,式(4.3)不再适用,其影响的长度不大于杆的横向尺寸。

图 4.2　横截面上的正应力

（2）斜截面上的应力

图 4.3(a)所示为一轴向拉杆,取左段如图4.3(b)所示,斜截面上的应力 $\boldsymbol{p}_\alpha$ 也是均布的,由平衡条件知斜截面上内力的合力 $N_\alpha = P = N$。设与横截面成 α 角的斜截面的面积为 A_α,横截面面积为 A,则 $A_\alpha = A \sec \alpha$,于是

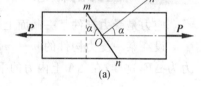

$$p_\alpha = \frac{N_\alpha}{A_\alpha} = \frac{N}{A \sec \alpha} \tag{4.4}$$

令 $p_\alpha = \tau_\alpha + \sigma_\alpha$(图4.3(c))。于是

$$\sigma_\alpha = p_\alpha \cos \alpha = \sigma \cos^2 \alpha, \quad \tau_\alpha = p_\alpha \sin \alpha = \frac{1}{2} \sigma \sin 2\alpha \tag{4.5}$$

其中角 α 及剪应力 τ_α 符号规定:自轴 x 转向斜截面外法线 n 为逆时针方向时 α 角为正,反之为负。剪应力 τ_α 对所取杆段上任一点的矩顺时针转向时,剪应力为正,反之为负。σ_α 及 α 符号规定相同。

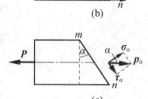

由式(4.5)可知,σ_α 及 τ_α 均是 α 角的函数,当 $\alpha = 0$ 时,即为横截面,$\sigma_{max} = \sigma$,$\tau_\alpha = 0$;当 $\alpha = 45°$ 时,$\sigma_\alpha = \frac{\sigma}{2}$,$\tau_{max} = \frac{\sigma}{2}$;当 $\alpha = 90°$ 时,即在平行与杆轴的纵向截面上无任何应力。

图 4.3　斜截面上的应力

2. 梁弯曲时的正应力

在一般情况下,梁的横截面上既有弯矩,又有剪力,如图4.4(a)所示梁的 AC 及 DB 段。此两段梁不仅有弯曲变形,而且还有剪切变形,这种平面弯曲称为横力弯曲或剪切弯曲。为使问题简化,先研究梁内仅有弯矩而无剪力的情况。如图4.4(a)所示梁的 CD 段,这种弯曲称为纯弯曲。

（1）纯弯曲变形现象与假设

为观察纯弯曲梁变形现象,在梁表面上作出如图4.5(a)所示的纵、横线,当梁端上加一力偶 M 后,由图4.5(b)可见:横向线虽然转过了一个角度,但仍为直线;位于凸边的纵向线伸长了,位于凹边的纵向线缩短了;纵向线变弯后仍与横向线垂直。由此作出纯弯曲变形的平面假设:梁变形后其横截面仍保持为平面,且仍与变形后的梁轴线垂直。同时还假设梁的各纵向纤维之间无挤压。即所有与轴线平行的纵向纤维均是轴向拉、压。如图4.5(c)所示,梁的下部纵向纤维伸长,而上部纵向纤维缩短,由变形的连续性可知,梁内肯定有一层长度不变的纤维层,称为中性层,中性层与横截面的交线称为中性轴,由于荷载作用于梁的纵向对称面内,梁的变形沿纵向对称,则中性轴垂直于横截面的对称轴,如图4.5(c)所示。梁弯曲变形时,其横截面绕中性轴旋转某一角度。

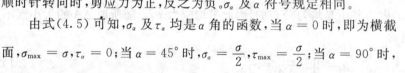

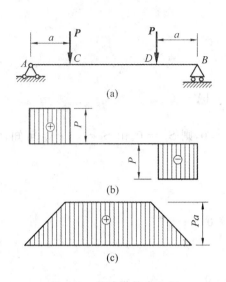

图 4.4　梁弯曲的内力图

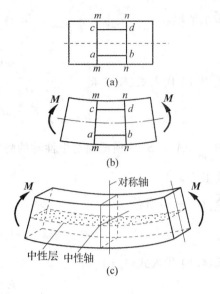

图 4.5　纯弯曲梁

（2）变形的几何关系

如图 4.6(a) 所示，从图 4.5(a) 所示梁中取出的长为 $\mathrm{d}x$ 的微段，变形后其两端相对转了 $\mathrm{d}\varphi$ 角。距中性层为 y 处的各纵向纤维变形，由图得

$$\widehat{ab} = (\rho + y)\mathrm{d}\varphi \tag{4.6}$$

式中　ρ——中性层上的纤维 $\widehat{O_1 O_2}$ 的曲率半径。

而 $\widehat{O_1 O_2} = \rho\mathrm{d}\varphi = \mathrm{d}x$，则纤维 $\widehat{ab}$ 的应变为

$$\varepsilon = \frac{\widehat{ab} - \mathrm{d}x}{\mathrm{d}x} = \frac{(\rho + y)\mathrm{d}\varphi - \rho\mathrm{d}\varphi}{\rho\mathrm{d}\varphi} = \frac{y}{\rho} \tag{4.7}$$

由式(4.7)可知，梁内任一层纵向纤维的线应变 ε 与其 y 的坐标成正比。

（3）物理关系

由于将纵向纤维假设为轴向拉压，当 $\sigma \leqslant \sigma_{\mathrm{p}}$ 时，则有

$$\sigma = E\varepsilon = E \cdot \frac{y}{\rho} \tag{4.8}$$

由式(4.8)可知，横截面上任一点的正应力与该纤维层的 y 坐标成正比，其分布规律如图 4.7 所示。

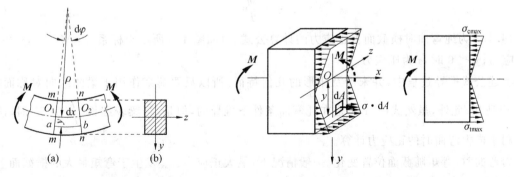

图 4.6　梁弯曲变形　　　　图 4.7　梁弯曲横截面正应力分布

（4）静力学关系

如图 4.7 所示，取截面的纵向对称轴为 y 轴，z 轴为中性轴，过轴 y、z 的交点沿纵向线取为 x 轴。横截面上坐标为 (y, z) 的微面积上的内力为 $\sigma \cdot \mathrm{d}A$。于是整个截面上所有内力组成一空间平行力系，由

$\sum F_x = 0$,有

$$\int \sigma \mathrm{d}A = 0 \tag{4.9}$$

将式(4.8)代入式(4.9)得

$$\int_A E \frac{y}{\rho} \mathrm{d}A = \frac{E}{\rho} \int_A y \mathrm{d}A = 0$$

式中$\int_A y \mathrm{d}A = S_z$为横截面对中性轴的静矩,而$\frac{E}{\rho} \neq 0$,则$S_z = 0$。由$S_z = A \cdot y_C$可知,中性轴$z$必过截面形心。

由$\sum m_y = 0$,有

$$\int \sigma \mathrm{d}A \cdot z = 0 \tag{4.10}$$

将式(4.8)代入式(4.10)得

$$\frac{E}{\rho} \int_A yz \mathrm{d}A = 0$$

式中$\int_A yz \mathrm{d}A = I_{yz}$为横截面对轴$y$、$z$的惯性积,因$y$轴为对称轴,且$z$轴又过形心,则轴$y$、$z$为横截面的形心主惯性轴,$I_{yz} = 0$成立。

由$\sum m_z = 0$,有

$$\int \sigma \mathrm{d}A \cdot y = 0 \tag{4.11}$$

将式(4.8)代入式(4.11),得

$$M = \frac{E}{\rho} \int_A y^2 \mathrm{d}A = 0$$

式中$\int_A y^2 \mathrm{d}A = I_z$为横截面对中性轴的惯性矩,则上式可写为

$$\frac{1}{\rho} = \frac{M}{EI_z} \tag{4.12}$$

其中$\frac{1}{\rho}$是梁轴线变形后的曲率。上式表明,当弯矩不变时,EI_z越大,曲率$\frac{1}{\rho}$越小,故EI_z称为梁的抗弯刚度。

将式(4.12)代入式(4.8),得

$$\sigma = \frac{My}{I_z} \tag{4.13}$$

式(4.13)为纯弯曲时横截面上正应力的计算公式。对如图4.5所示坐标系,当$M > 0$,$y > 0$时,σ为拉应力;$y < 0$时,σ为压应力。

在上述公式推导过程中,并未涉及矩形的几何特征。所以只要荷载作用于梁的纵向对称面内,式(4.13)就适用。此外,虽然式(4.13)是在纯弯曲条件下推导的,但是,当梁较细长($\frac{l}{h} > 5$)时,该公式同样适用于横力弯曲时的正应力计算。

横力弯曲时,弯矩随截面位置变化。一般情况下,最大正应力σ_{max}发生于弯矩最大的横截面上距中性轴最远处。于是由式(4.13)得

$$\sigma_{max} = \frac{M_{max} y_{max}}{I_z}$$

令$\frac{I_z}{y_{max}} = W_z$,则上式可写为

$$\sigma_{max} = \frac{M_{max}}{W_z} \qquad (4.14)$$

式中　W_z——截面对中性轴的抗弯截面模量,仅与截面的几何形状及尺寸有关。

若截面是高为 h,宽为 b 的矩形,则

$$W_z = \frac{I_z}{\frac{h}{2}} = \frac{\frac{bh^3}{12}}{\frac{h}{2}} = \frac{bh^2}{6}$$

若截面是直径为 d 的圆形,则

$$W_z = \frac{I_z}{\frac{d}{2}} = \frac{\frac{\pi d^4}{64}}{\frac{d}{2}} = \frac{\pi d^3}{32}$$

若截面是外径为 D、内径为 d 的空心圆形,则

$$W_z = \frac{I_z}{\frac{D}{2}} = \frac{\frac{\pi(D^4 - d^4)}{64}}{\frac{D}{2}} = \frac{\pi D^3}{32}\left[1 - \left(\frac{d}{D}\right)^4\right]$$

3. 梁横截面上的切应力

在工程中的梁,大多数并非发生纯弯曲,而是剪切弯曲。但由于其绝大多数为细长梁,并且在一般情况下,细长梁的强度取决于其正应力强度,而无须考虑其切应力强度。但在遇到梁的跨度较小或在支座附近作用有较大荷载;铆接或焊接的组合截面钢梁(如工字形截面的腹板厚度与高度之比较一般型钢截面的对应比值小);木梁等特殊情况,则必须考虑切应力强度。为此,将常见梁截面的切应力分布规律及其计算公式简介如下。

(1) 矩形截面梁

如图 4.8(a) 所示,若 $h > b$,假设横断面上任意点处的切应力均与剪力同向;且距中性轴等远的各点处的切应力大小相等,则横截面上任意点处的切应力按下述公式计算:

$$\tau = \frac{QS_z^*}{I_z b} \qquad (4.15)$$

式中　Q——横截面上的剪力;

　　　　S_z^*——矩中性轴为 y 的横线以外的部分横截面的面积(如图 4.8(a) 所示的阴影线面积)对中性轴的静矩;

　　　　I_z——横截面对中性轴的惯性矩;

　　　　b——矩形截面的宽度。

如图 4.8(a) 所示,计算 S_z^*:

$$S_z^* = b\left(\frac{h}{2} - y\right)\left[y + \frac{1}{2}\left(\frac{h}{2} - y\right)\right] = \frac{b}{2}\left(\frac{h^2}{4} - y^2\right)$$

将 S_z^* 代入式(4.15) 得

$$\tau = \frac{Q}{2I_z}\left(\frac{h^2}{4} - y^2\right)$$

由上式可知,矩形截面梁横截面上的切应力大小沿截面高度方向按二次抛物线规律变化(图 4.8(b)),且在横截面的上、下边缘处($y = \pm\frac{h}{2}$)的切应力为零,在中性轴上($y = 0$)的切应力值最大,即

$$\tau_{max} = \frac{Qh^2}{8I_z} = \frac{Qh^2}{8 \times bh^3/12} = \frac{3Q}{2bh} = \frac{3}{2}\frac{Q}{A} \qquad (4.16)$$

式中　A——矩形截面的面积,$A = bh$。

（2）工字形截面梁

如图 4.9（a）所示，工字形截面梁由腹板和翼缘组成。横截面上的切应力主要分布于腹板上（如 18 号工字钢腹板上切应力的合力约为 0.945Q）；翼缘部分的切应力分布比较复杂，数值很小，可以忽略。由于腹板是狭长矩形，则腹板上任一点的切应力可由式（4.15）计算。其切应力沿腹板高度方向的变化规律仍为二次抛物线（图 4.9（b））。中性轴上切应力值最大，其值为

$$\tau_{max} = \frac{QS_{zmax}^*}{I_z d} \tag{4.17}$$

式中　　d——腹板的厚度；

　　　　S_{zmax}^*——中性轴一侧的截面面积对中性轴的静矩；

　　　　I_z / S_{zmax}^*——可直接由型钢表查出。

（3）圆形截面梁的最大切应力

如图 4.10 所示，圆形截面上应力分布比较复杂，但其最大切应力仍在中性轴上各点处，由切应力互等定理可知，该圆形截面左右边缘上点的切应力方向不仅与其圆周相切，而且与剪力 Q 同向。若假设中性轴上各点切应力均布，便可借用式（4.15）来求 τ_{max} 的约值，此时，b 为圆的直径 d，而 S_z^* 则为半圆面积对中性轴的静矩 $\left[S_z^* = \left(\frac{\pi d^2}{8}\right) \cdot \frac{2d}{3\pi}\right]$。将 S_z^* 和 d 代入式（4.16）便得

$$\tau_{max} = \frac{QS_z^*}{I_z b} = \frac{Q \cdot \left(\frac{\pi d^2}{8}\right) \cdot \frac{2d}{3\pi}}{\frac{\pi d^4}{64} \cdot d} = \frac{4Q}{3A} \tag{4.18}$$

式中　　A——圆形截面的面积，$A = \frac{\pi}{4}d^2$。

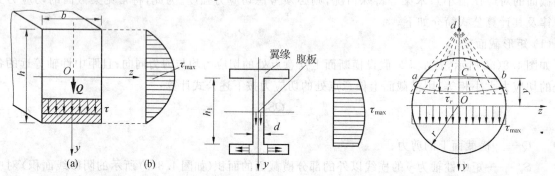

图 4.8　矩形截面剪应力分布　　　图 4.9　工字形截面剪应力分布　　　图 4.10　圆形截面剪应力分布

4.2　轴向拉压杆的设计

轴向拉伸和压缩杆件在生产实际中经常遇到，虽然杆件的外形各有差异，加载方式也不同，但一般对受轴向拉伸与压缩杆件的形状和受力情况进行简化，计算简图如图 4.11 所示。轴向拉伸是在轴向力作用下，杆件产生伸长变形，也简称拉伸；轴向压缩是在轴向力作用下，杆件产生缩短变形，也简称压缩。实例：如图 4.12 所示用于连接的螺栓；如图 4.13 所示桁架中的拉杆；如图 4.14 所示汽车式起重机的支腿；如图 4.15 所示巷道支护的立柱。

本节主要介绍杆件承受拉伸和压缩的基本问题，包括：应力、变形；材料在拉伸和压缩时的力学性能以及强度设计。本节的目的是使读者对弹性静力学有一个初步的、比较全面的了解。

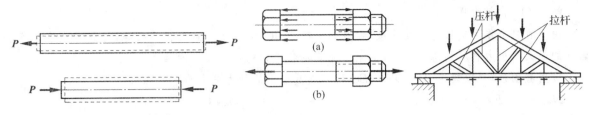

图 4.11　轴向拉伸与压缩　　　图 4.12　轴向拉伸构件　　　图 4.13　轴向拉伸构件

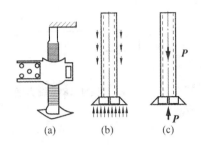

图 4.14　轴向压缩构件

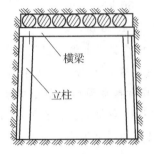

图 4.15　轴向压缩构件

4.2.1　轴向拉压杆应力计算

当外力沿着杆件的轴线作用时,其横截面上只有轴力一个内力分量。与轴力相对应,杆件横截面上将只有正应力。

在很多情形下,杆件在轴力作用下产生均匀的伸长或缩短变形,因此,根据材料均匀性的假定,杆件横截面上的应力均匀分布,如图 4.16 所示。这时横截面上的正应力为

$$\sigma = \frac{N}{A} \tag{4.19}$$

式中　　N—— 横截面上的轴力,由截面法求得;

　　　　A—— 横截面面积。

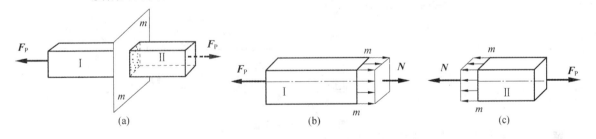

图 4.16　轴向荷载作用下杆横截面上的正应力

【例 4.1】　变截面直杆如图 4.17 所示,ADE 段为铜制,EBC 段为钢制;在 A、D、B、C 等四处承受轴向荷载。已知:$ADEB$ 段杆的横截面面积 $A_{AB} = 10 \times 10^2$ mm²,BC 段杆的横截面面积 $A_{BC} = 5 \times 10^2$ mm²;$F_P = 60$ kN;各段杆的长度如图所示,单位为 mm。试求:直杆横截面上的绝对值最大的正应力。

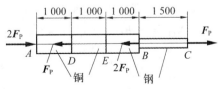

图 4.17　例 4.1 图

解 （1）作轴力图

由于直杆上作用有四个轴向荷载，而且 AB 段与 BC 段杆横截面面积不相等，为了确定直杆横截面上的最大正应力和杆的总变形量，必须首先确定各段杆的横截面上的轴力。

应用截面法，可以确定 AD、DEB、BC 段杆横截面上的轴力分别为

$$N_{AD} = -2F_P = -120 \text{ kN}$$

$$N_{DE} = N_{EB} = -F_P = -60 \text{ kN}$$

$$N_{BC} = F_P = 60 \text{ kN}$$

作轴力图如图 4.18 所示。

（2）计算直杆横截面上绝对值最大的正应力

横截面上绝对值最大的正应力将发生在轴力绝对值最大的横截面，或者横截面面积最小的横截面上。本例中，AD 段轴力最大；BC 段横截面面积最小。所以，最大正应力将发生在这两段杆的横截面上：

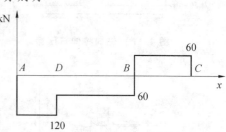

图 4.18 轴力图

$$\sigma(AD) = \frac{N_{AD}}{A_{AD}} = -\frac{120 \text{ kN} \times 10^3}{10 \times 10^2 \text{ mm}^2 \times 10^{-6}} = -120 \times 10^6 \text{ Pa} = -120 \text{ MPa}$$

$$\sigma(BC) = \frac{N_{BC}}{A_{BC}} = -\frac{60 \text{ kN} \times 10^3}{5 \times 10^2 \text{ mm}^2 \times 10^{-6}} = 120 \times 10^6 \text{ Pa} = 120 \text{ MPa}$$

【例 4.2】 三角架结构尺寸及受力如图 4.19(a) 所示。其中 $F_P = 22.2$ kN；钢杆 BD 的直径 $d = 25.4$ mm；钢梁 CD 的横截面面积 $A_2 = 2.32 \times 10^3$ mm²。试求：杆 BD 与 CD 的横截面上的正应力。

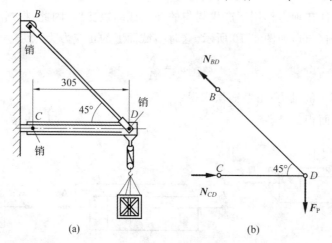

图 4.19 例 4.2 图

解 （1）受力分析，确定各杆的轴力

首先对组成三角架结构的构件作受力分析，如图 4.19(b) 所示，由于 B、C、D 三处均为销钉连接，故 BD 与 CD 均为二力构件。由平衡方程：

$$\sum F_x = 0, \sum F_y = 0$$

得

$$N_{BD} = \sqrt{2} F_P = \sqrt{2} \times 22.2 \text{ kN} = 31.40 \text{ kN}$$

$$N_{CD} = -F_P = -22.2 \text{ kN}$$

其中负号表示压力。

（2）计算各杆的应力

应用拉、压杆件横截面上的正应力公式，BD 杆与 CD 杆横截面上的正应力分别为

$$\sigma_x = \frac{N_{BD}}{\dfrac{\pi d_1^2}{4}} = 62.0 \text{ MPa}$$

$$\sigma_x = \frac{N_{CD}}{A_{CD}} = \frac{N_{CD}}{A_2} = -9.75 \text{ MPa}(压)$$

4.2.2 轴向拉压杆的强度设计及应用

所谓强度设计(strength design)是指将杆件中的最大应力限制在允许的范围内,以保证杆件正常工作,不仅不发生强度失效,而且还要具有一定的安全裕度。对于拉伸与压缩杆件,也就是杆件中的最大正应力满足:

$$\sigma_{\max} \leqslant [\sigma] \tag{4.20}$$

危险截面上的正应力称为最大正应力。这一表达式称为拉伸与压缩杆件的强度条件,又称为强度设计准则(criterion for strength design)。其中$[\sigma]$称为许用应力(allowable stress),与杆件的材料力学性能以及工程对杆件安全裕度的要求有关,由下式确定:

$$[\sigma] = \frac{\sigma^0}{n} \tag{4.21}$$

式中　σ^0——材料的极限应力或危险应力(critical stress),材料不失效(破坏)所能承受的应力,由材料的拉伸实验确定;

　　　n——安全因数,对于不同的机器或结构,在相应的设计规范中都有不同的规定。

材料丧失其正常工作能力时的应力值,称为危险应力或极限应力。而当构件的应力达到其屈服极限或强度极限时,将产生较大的塑性变形或发生断裂,便丧失了其正常工作能力。对于塑性材料,当其达到屈服而发生显著的塑性变形时,即丧失了正常的工作能力,所以通常取屈服极限作为极限应力;对于无明显屈服阶段的塑性材料,则取对应于塑性应变为 0.2% 时的应力为极限应力。对于脆性材料,由于材料在破坏前都不会产生明显的塑性变形,只有在断裂时才丧失正常工作能力,所以应取强度极限为极限应力。

保证构件安全工作的最大应力值称为许用应力,所以其低于极限应力。常将材料的极限应力除以大于 1 的安全系数作为其许用应力。

塑性材料:　　　　　　　　　$[\sigma] = \dfrac{\sigma_s}{n_s}$

脆性材料:　　　　　　　　　$[\sigma] = \dfrac{\sigma_b}{n_b}$

式中　n_s、n_b——塑性材料和脆性材料的安全系数。

安全系数是反映构件具有安全储备大小的一个系数。正确地选择安全系数是较复杂但又相当重要的,关系着构件的安全与经济两者间的矛盾能否解决。

一般在静载下,对塑性材料 n_s 可取 1.5～2.5,对脆性材料 n_b 可取 2.0～5.0。

设 $\sigma_{\max}$ 是发生在轴力最大处的应力(等直截面杆),则拉伸(压缩)强度条件为

$$\sigma_{\max} = \frac{N_{\max}}{A} \leqslant [\sigma] \tag{4.22}$$

根据上述强度条件可以解决以下三方面问题:

1. 强度校核

已知杆件的几何尺寸、受力大小以及许用应力,校核杆件或结构的强度是否安全,也就是验证是否符合设计准则。若满足式(4.22),则杆件或结构的强度是安全的;否则,是不安全的。

2. 尺寸设计

已知杆件的受力大小以及许用应力,根据设计准则,计算所需要的杆件横截面面积,进而设计出合理的横截面尺寸。

$$\sigma_{\max} \leqslant [\sigma] \Rightarrow \frac{N_{\max}}{A} \leqslant [\sigma] \Rightarrow A \geqslant \frac{N_{\max}}{[\sigma]}$$

式中 $N_{\max}$、A—— 产生最大正应力的横截面上的轴力和面积。

3. 确定许可荷载

根据设计准则,确定杆件或结构所能承受的最大轴力,进而求得所能承受的外加荷载。

【例 4.3】 如图 4.20(a)所示结构,承受荷载 $Q = 80$ kN。已知钢杆 AB 直径 $d = 30$ mm,许用应力 $[\sigma]_1 = 160$ MPa,木杆 AC 为矩形截面,宽 $b = 50$ mm,高 $h = 100$ mm,许用应力 $[\sigma]_2 = 8$ MPa。试校核该结构的强度。

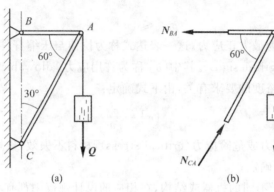

图 4.20 例 4.3 图

解 (1)由题知 AB、BC 杆均只受轴力作用,取 A 结点为研究对象,作受力如图 4.20(b)所示,列平衡方程求 AB、BC 杆轴力:

$$\sum F_y = 0, N_{CA} = Q/\sin 60° = 92.38 \text{ kN(受压)} \tag{1}$$

$$\sum F_x = 0, N_{BA} = N_{CA} \times \cos 60° = 46.19 \text{ kN(受拉)} \tag{2}$$

(2)由杆件强度条件 $\dfrac{N}{A} \leqslant [\sigma]$,确定 AB、BC 杆是否安全

$$\frac{N_{BA}}{A_{BA}} = \frac{46.19 \times 10^3 \times 4}{\pi d^2} = \frac{46.19 \times 10^3 \times 4}{\pi \times 30^2} \text{ MPa} = 65.3 \text{ MPa} < [\sigma]_1 = 160 \text{ MPa(安全)}$$

$$\frac{N_{CA}}{A_{CA}} = \frac{92.38 \times 10^3}{50 \times 100} = 18.47 \text{ MPa} > [\sigma]_2 = 8 \text{ MPa(不安全)}$$

因此结构不安全。

【例 4.4】 有一高度 $l = 24$ m 的方形截面等直块石柱,如图 4.21(a)所示,其顶部作用有轴向荷载 $P = 1\ 000$ kN。已知材料容重 $\gamma = 23$ kN/m³,许用应力 $[\sigma_c] = 1$ MPa,试设计此块石柱所需的截面尺寸。若将该等直柱设计成等分三段的阶梯柱,如图 4.32(d)所示,试设计每段石柱所需的截面尺寸。

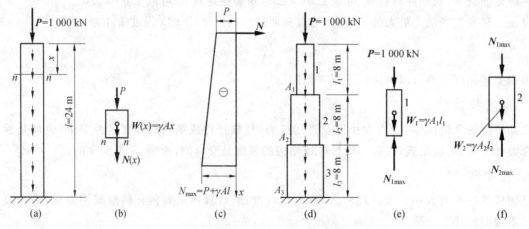

图 4.21 例 4.4 图

解 如图 4.21(b) 所示。由

$$\sum F_x = 0, N(x) + W(x) + P = 0$$

解得

$$N(x) = -[P + W(x)] = -(P + \gamma A x)$$

石柱的轴力图如图 4.21(c) 所示,最大轴力 N_{max} 出现在石柱的底面上,其值 $N_{max} = P + \gamma A l$。柱底截面上的应力需满足下述强度条件:

$$\sigma_{max} = \frac{N_{max}}{A} = \frac{P}{A} + \gamma l \leqslant [\sigma_c]$$

解得

$$A \geqslant \frac{P}{[\sigma_c] - \gamma l} = 2.23 \text{ m}^2$$

方形截面的边长为

$$a = \sqrt{A} \geqslant \sqrt{2.23} \text{ m} = 1.49 \text{ m}(取 a = 1.5 \text{ m})$$

图 4.21(d) 所示为阶梯形柱。如图 4.21(e) 所示,由 $A \geqslant \dfrac{P}{[\sigma_c] - \gamma l}$ 可求得第一段柱的横截面面积为

$$A_1 \geqslant \frac{P}{[\sigma_c] - \gamma l_1} = 1.23 \text{ m}^2$$

其对应的方形截面的边长为

$$a_1 = \sqrt{A_1} \geqslant \sqrt{1.23} \text{ m} = 1.11 \text{ m}$$

取 $a_1 = 1.1 \text{ m}$,则

$$A_1 = 1.21 \text{ m}^2$$

同理可求得第二段柱(图 4.21(f))的横截面面积为

$$A_2 \geqslant \frac{P + \gamma A_1 l_1}{[\sigma_c] - \gamma l_2} = 1.497 \text{ m}^2$$

其对应的方形截面的边长为

$$a_2 = \sqrt{A_2} \geqslant \sqrt{1.479} \text{ m} = 1.223 \text{ m}$$

取 $a_2 = 1.25 \text{ m}$,则

$$A_2 = 1.562 \text{ m}^2$$

第三段柱的横截面面积为

$$A_3 \geqslant \frac{P + \gamma A_1 l_1 + \gamma A_2 l_2}{[\sigma_c] - \gamma l_3} = 1.85 \text{ m}^2$$

其对应的方形截面的边长为

$$a_3 = \sqrt{A_3} \geqslant \sqrt{1.85} \text{ m} = 1.36 \text{ m}$$

取 $a_3 = 1.4 \text{ m}$,则

$$A_3 = 1.96 \text{ m}^2$$

等直柱的体积 $V_1 = Al = 53.5 \text{ m}^3$,阶梯柱的体积 $V_2 = (A_1 + A_2 + A_3)l/3 = 37.86 \text{ m}^3$,可见阶梯柱比等直柱节省了 15.64 m³ 的石块。

4.2.3 轴向拉压杆的变形及计算

1. 轴向变形

如图 4.22 所示,设等直杆的原长为 l,横截面面积为 A。在轴向力 **P** 作用下,长度由 l 变为 l_1。杆件在轴线方向的伸长,即轴向变形为

$$\Delta l = l_1 - l \tag{4.23}$$

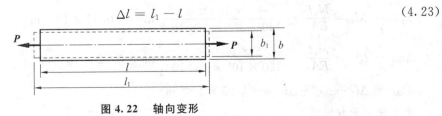

图 4.22 轴向变形

由于杆内各点轴向应力 σ 与轴向应变 ε 为均匀分布,所以一点轴向线应变即为杆件的伸长 Δl 除以原长 l:

$$\varepsilon = \frac{\Delta l}{l} \qquad (4.24)$$

由 $\sigma = E\varepsilon$ 得

$$\frac{N}{A} = E\frac{\Delta l}{l}$$

所以

$$\Delta l = \frac{Nl}{EA} = \frac{Pl}{EA} \qquad (4.25)$$

式中　　EA——材料弹性模量与拉压杆件横截面面积乘积,EA 越大,则变形越小,EA 将称为抗拉(压)刚度。

式(4.25)表示:当应力不超过比例极限时,杆件的伸长 Δl 与拉力 P 和杆件的原长度 l 成正比,与横截面面积 A 成反比。这是胡克定律的另一种表达形式。

2. 横向变形

若在图 4.22 中,设横截面为正方形变形前杆件的横向尺寸为 b,变形后相应尺寸变为 b_1,则横向变形为

$$\Delta b = b_1 - b$$

横向线应变可定义为

$$\varepsilon' = \frac{\Delta b}{b}$$

由实验证明,在弹性范围内:

$$\left|\frac{\varepsilon'}{\varepsilon}\right| = \mu \qquad (4.26)$$

式中　　μ——杆的横向线应变与轴向线应变代数值之比。由于 μ 为反映材料横向变形能力的材料弹性常数,为正值,所以,一般冠以负号 $\mu = -\dfrac{\varepsilon'}{\varepsilon}$,称为泊松比或横向变形系数。

ε' 与 ε 的关系为

$$\varepsilon' = -\mu\varepsilon$$

【例 4.5】　如图 4.23 所示为变截面杆,已知 BD 段横截面积 $A_1 = 2\ \text{cm}^2$,DA 段 $A_2 = 4\ \text{cm}^2$,$P_1 = 5\ \text{kN}$,$P_2 = 10\ \text{kN}$,材料的 $E = 120 \times 10^3\ \text{MPa}$。求 AB 杆的变形 Δl_{AB}。

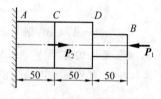

图 4.23　例 4.5 图

解　首先分别求得 BD、DC、CA 三段的轴力 N_1、N_2、N_3 为

$$N_1 = -5\ \text{kN}$$
$$N_2 = -5\ \text{kN}$$
$$N_3 = 5\ \text{kN}$$

$$\Delta l_{BD} = \Delta l_1 = \frac{N_1 l_1}{EA_1} = \frac{-5 \times 10^3 \times 0.5}{120 \times 10^9 \times 2 \times 10^{-4}}\ \text{m} = -1.05 \times 10^{-4}\ \text{m}$$

$$\Delta l_{DC} = \Delta l_2 = \frac{N_2 l_2}{EA_2} = \frac{-5 \times 10^3 \times 0.5}{120 \times 10^9 \times 4 \times 10^{-4}}\ \text{m} = -0.52 \times 10^{-4}\ \text{m}$$

$$\Delta l_{CA} = \Delta l_3 = \frac{N_3 l_3}{EA_3} = \frac{5 \times 10^3 \times 0.5}{120 \times 10^9 \times 4 \times 10^{-4}}\ \text{m} = 0.52 \times 10^{-4}\ \text{m}$$

$$\Delta l_{AB} = \Delta l_1 + \Delta l_2 + \Delta l_3 = -1.05 \times 10^{-4}\ \text{m}$$

负号说明此杆缩短。

变形与位移的关系:对于杆系结构,由于变形与结构约束条件有关,因而变形和位移之间还应满足一定的几何关系。

【例 4.6】 如图 4.24(a)所示为杆系结构,已知 BC 杆圆截面 $d = 20$ mm,BD 杆为 8 号槽钢,$[\sigma] = 160$ MPa,$E = 200$ GPa,$P = 60$ kN。求 B 点的位移。

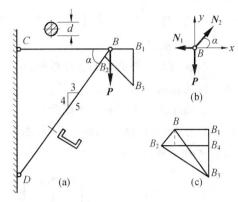

解 (1)计算轴力,取节点 B(图 4.24(b))

由 $\sum F_x = 0$,得

$$N_2 \cos \alpha - N_1 = 0$$

由 $\sum F_y = 0$,得

$$N_2 \sin \alpha - P = 0$$

所以

$$N_2 = 75 \text{ kN(压)}$$

$$N_1 = 45 \text{ kN(拉)}$$

图 4.24 例 4.6 图

(2)计算各杆变形

由 $\overline{BC} : \overline{CD} : \overline{BD} = 3 : 4 : 5$,得 $\overline{BD} = l_2 = 2$ m。

BC 杆圆截面的面积 $A_1 = 314 \times 10^{-6}$ m^2,BD 杆为 8 号槽钢,由型钢表查得截面面积 $A_2 = 1\ 020 \times 10^{-6}$ m^2,由胡克定律求得

$$\overline{BB_1} = \Delta l_1 = \frac{N_1 l_1}{EA_1} = \frac{45 \times 10^3 \times 1.2}{200 \times 10^9 \times 314 \times 10^{-6}} \text{ m} = 0.86 \times 10^{-3} \text{ m}$$

$$\overline{BB_2} = \Delta l_2 = \frac{N_2 l_2}{EA_2} = \frac{75 \times 10^3 \times 2}{200 \times 10^9 \times 1\ 020 \times 10^{-6}} \text{ m} = -0.732 \times 10^{-3} \text{ m}$$

(3)确定 B 点位移

已知 Δl_1 为拉伸变形,Δl_2 为压缩变形。设想将托架在节点 B 拆开,如图 4.24(a)所示,BC 杆伸长变形后变为 B_1C,BD 杆压缩变形后变为 B_2D。分别以 C 点和 D 点为圆心,$\overline{CB_1}$ 和 $\overline{DB_2}$ 为半径,作圆弧相交于 B_3。B_3 点即为托架变形后 B 点的位置。因为是小变形,B_1B_3 和 B_2B_3 是两段极其微小的短弧,因而可用分别垂直于 BC 和 BD 的直线线段来代替,这两段直线的交点即为 B_3。BB_3 即为 B 点的位移。

也可以用图解法求位移 $\overline{BB_3}$。这里用解析法来求位移 $\overline{BB_3}$。注意到 △BCD 三边的长度比为 3 : 4 : 5,由图 4.24(c)所示可以求出:

$$\overline{B_2B_4} = \Delta l_2 \times \frac{3}{5} + \Delta l_1$$

$$\overline{B_1B_3} = \overline{B_1B_4} + \overline{B_4B_3} = \overline{BB_2} \times \frac{4}{5} + \overline{B_2B_4} \times \frac{3}{4}$$

$$= \Delta l_2 \times \frac{4}{5} + \left(\Delta l_2 \times \frac{3}{5} + \Delta l_1\right) \times \frac{3}{4} = 1.56 \times 10^{-3} \text{ m}$$

B 点的水平位移为

$$\overline{BB_1} = \Delta l_1 = 0.86 \times 10^{-3} \text{ m}$$

最后求出位移为

$$\overline{BB_3} = \sqrt{(\overline{B_1B_3})^2 + (\overline{BB_1})^2} = 1.78 \times 10^{-3} \text{ m}$$

4.2.4 材料在拉压时的力学性能

材料承受外力作用时,在强度和变形方面表现出的性能称为材料的力学性能,这些性能是构件承载能力分析及选取材料的依据。

由实验得知,材料的力学性能不仅取决于其本身的成分,而且还取决于荷载的性质、温度和应力状态等。

1. 材料在常温、静载下拉伸的力学性能

(1) 低碳钢

低碳钢是一种典型的塑性材料,它不仅在工程实际中广泛使用,而且其在拉伸试验中所表现出的力学性能比较全面。

为便于比较不同材料的试验结果,首先按国家标准《金属拉力试验法》(GB 228—87)中规定的形状和尺寸,将材料做成标准试件,如图 4.25 所示。在试件等直部分的中段划取一段 l_0 作为标距长度。标距长度有两种,分别为 $l_0 = 10d_0$;$l_0 = 5d_0$。d_0 为试件的直径。

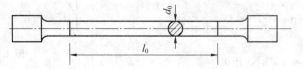

图 4.25 标准试件

将试件装夹在万能试验机上,随着拉力 P 的缓慢增加,标距段的伸长 Δl 作有规律的变化。若取一直角坐标系,横坐标表示变形 Δl,纵坐标表示拉力 P,则在试验机的自动绘图仪上便可绘出 $P - \Delta l$ 曲线,称为拉伸图。如图 4.26(a) 所示为低碳钢的拉伸图。

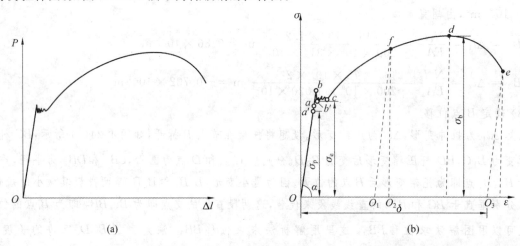

(a) (b)

图 4.26 低碳钢的拉伸图

由于 $P - \Delta l$ 曲线受试件的几何尺寸影响,所以其还不能直接反映材料的力学性能。为此,用应力 $\sigma = P/A_0$(A_0 为试件标距段原横截面面积) 来反映试件的受力情况;用 $\varepsilon = \Delta l/l_0$ 来反映标距段的变形情况。于是便得到如图 4.26(b) 所示的 $\sigma - \varepsilon$ 曲线,称为应力 - 应变图。

根据低碳钢的 $\sigma - \varepsilon$ 曲线的特点,对照其在实验过程中的变形特征,将其整个拉伸过程依次分为弹性、屈服、强化和颈缩四个阶段。

① 弹性阶段。曲线上 oa 段,此段内材料只产生弹性变形,若缓慢卸去荷载,变形完全消失。点 a 对应的应力值 σ_e 称为材料的弹性极限。虽然 $a'a$ 微段是弹性阶段的一部分,但其不是直线段。Oa' 是斜直线,$\sigma \propto \varepsilon$,而 $\tan \alpha = \sigma/\varepsilon$,令 $E = \tan \alpha$,则有 $\sigma = E\varepsilon$(拉、压虎克定律的数学表达式),式中 E 称为材料的弹性模量。点 a' 对应的应力值 σ_p 称为材料的比例极限。Q235 钢的 $\sigma_p \approx 200$ MPa,由于大部分材料的 $\sigma_p \approx \sigma_e$,所以将 σ_p 和 σ_e 统称为弹性极限。

② 屈服阶段。曲线上 bc 段为近于水平的锯齿形状线。这种应力变化很小,应变显著增大的现象称为材料的屈服或流动。bc 段最低点 b' 对应的应力值称为材料的屈服极限,是衡量材料强度的重要指标。若试件表面抛光,此时可观察到试件表面有许多与其轴线约成 45° 角的条纹,称为滑移线(金属晶

粒沿最大切应力面发生滑移而产生的)。屈服阶段不仅变形大,而且主要是塑性变形。

③ 强化阶段。曲线上的 cd 段可见,经过屈服阶段以后,应力又随应变增大而增加,这种现象称为材料的强化。曲线最高点 d 对应的应力值是材料所能承受的最大应力,称为强度极限。Q235 钢的强度极限为 $380 \sim 470$ MPa 是衡量材料强度的又一重要指标。

若在 cd 段内任一点 f 停止加载,并缓慢卸载,应力与应变关系将沿着与 Oa 近乎平行的直线 fO_1 回到点 O_1(图 4.26(b)),$O_1 O_2$ 为卸载后消失的应变,即弹性应变;$O O_1$ 为卸载后未消失的应变,即塑性应变。若卸载后立即加载,应力与应变关系基本上是沿着 $O_1 f$ 上升至点 f 后,再沿 fde 曲线变化。可见在重新加载时,点 f 以前材料的变形是弹性的,过点 f 后才开始出现塑性变形。这种在常温下,将材料预拉到强化阶段后卸载,然后立即再加载时,材料的比例极限提高而塑性降低的现象,称为冷作硬化。

冷作硬化提高了材料在弹性阶段内的承载能力,但同时降低了材料的塑性。例如,冷轧钢板或冷拔钢丝,由于冷作硬化,提高其强度的同时降低了材料的塑性,使继续轧制和拉拔困难,若要恢复其塑性,则要进行退火处理。

④ 颈缩阶段。过点 d 后,在试件的某一局部区域,其横截面急剧缩小,这种现象称为颈缩现象。由于颈缩部分横截面面积急剧减小,使试件继续伸长所需的拉力也随之迅速下降,直至试件被拉断。

工程上用于衡量材料塑性的指标有延伸率(δ)和断面伸缩率(ψ)。

a. 延伸率

$$\delta = \frac{l_1 - l_0}{l_0} \times 100\% \qquad (4.27)$$

式中　　l_1—— 试件拉断后标距的长度;

　　　　l_0—— 原标距长度。

b. 断面收缩率

$$\psi = \frac{A_0 - A_1}{A_0} \times 100\% \qquad (4.28)$$

式中　　A_0—— 试件原横截面面积;

　　　　A_1—— 试件断裂处的横截面面积。

δ 和 ψ 的数值越高,材料的塑性越大。一般 $\delta > 5\%$ 的材料称为塑性材料,如合金钢、铝合金、碳素钢和青铜等;$\delta < 5\%$ 的材料称为脆性材料,如灰铸铁、玻璃、陶瓷、混凝土和石料等。

(2)其他塑性材料

如图 4.27 所示是在相同条件下得到的锰钢、硬铝、退火球墨铸铁三种材料的 $\sigma - \varepsilon$ 曲线。由这些曲线可知,这些材料与低碳钢的相同点为断裂后都具有较大的塑性变形;不同点为这些材料都没有明显的屈服阶段,所以测不到 σ_s。为此,对这类材料,国家标准规定,取对应于试件产生 0.2% 的塑性应变时的应力值($\sigma_{0.2}$)作为名义屈服强度,如图 4.28 所示。

(3)铸铁

铸铁是一种典型的脆性材料,它受拉时从开始到断裂,变形都不显著,没有屈服阶段和颈缩现象,如图 4.29 所示是脆性材料灰口铸铁在拉伸时的 $\sigma - \varepsilon$ 曲线。灰口铸铁的 $\sigma - \varepsilon$ 曲线从很低的应力开始就不是直线,但由于直到拉断时试样的变形都非常小,且没有屈服阶段、强化阶段和局部变形阶段,因此在工程计算中,通常取总应变的 0.1% 时 $\sigma - \varepsilon$ 曲线的割线(如图 4.29 中所示的虚线)斜率来确定其弹性模量,称为割线弹性模量。由 $\sigma - \varepsilon$ 曲线可以看出,脆性材料只有一个强度指标,即拉断时的最大应力 —— 强度极限 σ_b。

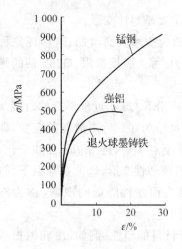

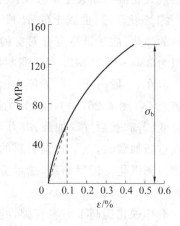

图 4.27　脆性材料的 $\sigma-\varepsilon$ 曲线　　　图 4.28　名义屈服强度　　　图 4.29　铸铁的拉伸

在土木建筑工程中,常用的混凝土和砖石等材料也是脆性材料,它们的 $\sigma-\varepsilon$ 曲线与铸铁相似,但是各具有不同的强度极限 σ_b 值。

2. 常温静载下压缩时的力学性能

(1) 低碳钢

如图 4.30 中所示的虚线和实线分别为低碳钢拉伸和压缩时的 $\sigma-\varepsilon$ 曲线,由图可知,在屈服阶段以前,此二曲线基本重合,所以低碳钢拉伸和压缩时的 E 值和 σ_s 值基本相同。过屈服阶段后,若继续增大荷载,试件将越压越扁,测不出其抗压强度。试样的两端面由于受到摩擦力的影响,因此变形后呈鼓状。而由于压缩时试样的压缩强度无法测定,所以,对于低碳钢,从拉伸试验的结果就可以了解其在压缩时的主要力学性能。

(2) 铸铁

图 4.31 为铸铁压缩时的 $\sigma-\varepsilon$ 曲线,由图可知,铸铁的压缩没有屈服现象,我们注意到:

① 由于材料组织结构内含缺陷较多,铸铁的抗压强度极限与其抗拉强度极限均有较大分散度,但抗压强度极限 σ_c 大大高于抗拉强度极限 σ_t,其关系大约为 $\sigma_c = (3 \sim 5)\sigma_t$;

② 显示出一定程度的塑性变形特征,致使短柱试样断裂前呈现圆鼓形;

③ 破坏时试件的断口沿与轴线大约成 $50° \sim 55°$ 倾角的斜截面发生错动而断开,其断口为灰暗色平断口。

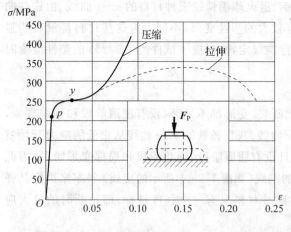

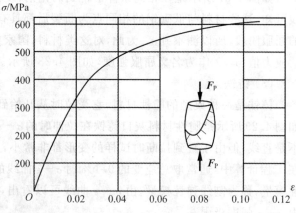

图 4.30　低碳钢压缩时应力—应变曲线图　　　图 4.31　铸铁的压缩

与铸铁在机械工程中广泛作为机械底座等承压部件相类似,作为另一类典型的脆性材料的混凝土、石料等则是建筑工程中重要的承压材料。

4.3 连接件的设计

产生剪切变形的杆件通常为拉压杆的连接件。如图 4.32 所示螺栓、销轴连接中的螺栓和销钉,均产生剪切变形。工程上常用的连接件以及被连接的构件在连接处的应力,都属于"加力点附近局部应力"。

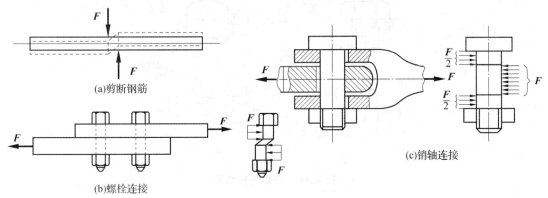

(a)剪断钢筋

(b)螺栓连接

(c)销轴连接

图 4.32 连接件的破坏

由于应力的局部性质,连接件横截面上或被连接构件在连接处的应力分布是很复杂的,很难作出精确的理论分析。因此,在工程设计中大都采取假定计算方法,一是假定应力分布规律,由此计算应力;二是根据实物或模拟试验,由前面所述应力公式计算,得到连接件破坏时的应力值;然后,再根据上述两方面得到的结果,建立设计准则,作为连接件设计的依据。

4.3.1 剪切问题的计算

首先要弄清有几个剪切面,如图 4.33 所示结构只有一个剪切面,而图 4.34 所示结构有两个剪切面。

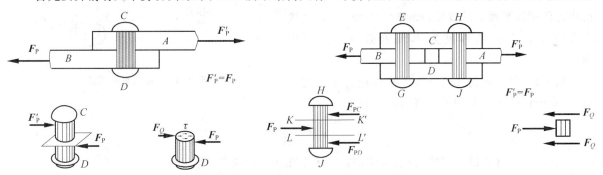

图 4.33 具有一个剪切面的构件   **图 4.34 具有两个剪切面的构件**

如图 4.35(a) 所示为连接螺栓,用截面法求 $m-m$ 截面上的内力,取下段,由 $\sum F_x = 0$,有

$$Q - P = 0$$

解得

$$Q = P$$

力 Q 切于剪切面 $m-m$,称为剪力。实用计算中,假设在剪切面上切应力是均匀分布的,若以 A 表示剪切面面积,则构件剪切面上的平均切应力为

$$\tau = \frac{Q}{A} \tag{4.29}$$

式中 Q——作用在剪切面上的剪力;

       A——剪切面面积。

剪切强度条件为

$$\tau = \frac{Q}{A} \leqslant [\tau] \tag{4.30}$$

剪切许用应力$[\tau]$,可从有关设计手册中查得。

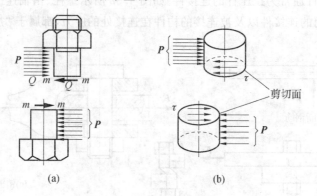

图 4.35　剪切与剪切面

4.3.2　挤压问题的计算

在承载的情形下,连接件与其所连接的构件相互接触并产生挤压,因而在二者接触面的局部区域产生较大的接触应力,称为挤压应力(bearing stress),用符号σ_c表示。挤压应力是垂直于接触面的正应力。这种挤压应力过大时,亦将在二者接触的局部区域产生过量的塑性变形,从而导致二者失效。

挤压接触面上的应力分布同样也是比较复杂的。因此在工程计算中,也是采用简化方法,即假定挤压应力在有效挤压面上均匀分布。有效挤压面简称挤压面(bearing surface),它是指挤压面面积在垂直于总挤压力作用线平面上的投影,如图 4.36 所示。若连接件直径为d,连接板厚度为δ,则有效挤压面面积为δd。

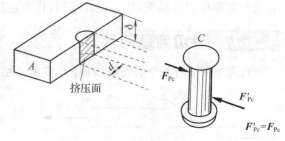

图 4.36　挤压与挤压面

实用计算中,假设在挤压面上挤压应力是均匀分布的。则构件挤压面上的平均挤压应力为

$$\sigma_c = \frac{F_{Pc}}{A} \tag{4.31}$$

式中:A为有效挤压面的面积;为作用在有效挤压面上的挤压力。

假定了挤压应力在有效挤压面上均匀分布之后,保证连接件可靠工作的挤压强度条件为

$$\sigma_c = \frac{F_{Pc}}{A} = \frac{F_{Pc}}{d \times \delta} \leqslant [\sigma_c] \tag{4.32}$$

式中　$[\sigma_c]$——材料的许用挤压应力。

【例 4.7】　电平车挂钩由插销连接,如图 4.37 所示。插销材料为 20 号钢,$[\tau] = 30$ MPa,$[\sigma_c] = 100$ MPa,直径$d = 20$ mm。挂钩及被连接的板件的厚度分别为$t = 8$ mm 和$1.5\,t = 12$ mm。牵引力$P = 15$ kN。试校核插销的剪切和挤压强度。

解　插销受力如图 4.37(b)所示。插销中段相对于上、下两段,沿$m-m$和$n-n$两个面向左错动。所以有两个剪切面,称为双剪切。

由　　　　　　　　　　$\sum X = 0, \quad 2Q - P = 0$

解得　　　　　　　　　　$Q = P/2$

$$\tau = \frac{Q}{A} = \frac{2P}{\pi d^2} = 23.9 \text{ MPa} < [\tau] = 30 \text{ MPa}$$

$$\sigma_c = \frac{F_{Pc}}{A} = \frac{P}{1.5td} = 62.5 \text{ MPa} < [\sigma_c] = 100 \text{ Mpa}$$

故满足剪切及挤压强度要求。

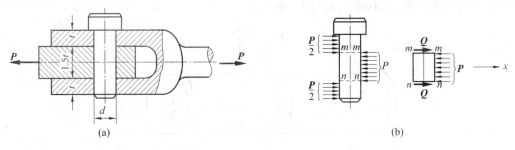

图 4.37　例 4.7 图

 # 4.4　扭转杆的设计

4.4.1　圆轴扭转杆的应力计算

为了便于讨论圆轴扭转应力，先通过薄壁圆筒来研究切应力与切应变两者之间的关系。

关于薄壁圆筒的应力分布情况，我们可进行扭转试验，图 4.38(a) 等厚度薄壁圆筒，未受扭时在表面上用圆周线和纵向线画成方格。扭转试验结果表明，在小变形条件下，截面 $A-B$ 和 $C-D$ 发生相对转动，造成方格两边相对错动(图 4.38(b))，但方格沿轴线的长度及圆筒的半径长度均不变。这表明，圆筒横截面和包含轴线的纵向截面上都没有正应力，横截面上只有切应力。因圆筒很薄，可近似认为切应力沿厚度均匀分布。

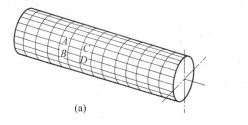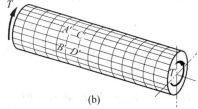

图 4.38　圆轴扭转

前面讨论了薄壁圆筒的应力分布情况，因圆筒很薄，可认为切应力沿厚度均匀分布。对于受扭转的实心截面圆轴来说，不能再认为切应力在截面上是均匀分布的了。以下从三个方面即变形几何关系、物理关系和静力关系，建立圆轴扭转时横截面上的应力计算公式。

1. 几何关系

如图 4.39(a) 所示受扭圆轴，与薄圆筒相似，如用一系列平行的纵线与圆周线将圆轴表面分成一个个小方格，可以观察到受扭后表面变形有以下规律：

(1) 各圆周线绕轴线相对转动一微小转角，但大小，形状及相互间距不变。

(2) 由于是小变形，各纵线平行地倾斜一个微小角度 γ，认为仍为直线；因而各小方格变形后成为菱形。

平面假设：变形前横截面为圆形平面，变形后仍为圆形平面，只是各截面绕轴线相对"刚性地"转了一个角度。

从图 4.39(a) 取出图 4.39(b) 所示微段 dx，其中两截面 pp、qq 相对转动了扭转角 $d\varphi$，纵线 ab 倾斜

小角度 γ 成为 ab'，而在半径 $\rho(\overline{Od})$ 处的纵线 cd 根据平面假设，转过 $d\varphi$ 后成为 cd'（其相应倾角为 γ_ρ，如图 4.39(c) 所示）由于是小变形，从图 4.39(c) 可知：$\widehat{dd'} = \gamma_\rho dx = \rho d\varphi$。于是

$$\gamma_\rho = \rho \frac{d\varphi}{dx} \tag{4.33}$$

对于半径为 R 的圆轴表面（图 4.39(b)），则为

$$\gamma = R \frac{d\varphi}{dx} \tag{4.34}$$

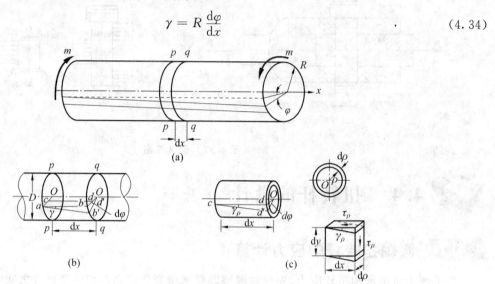

图 4.39　平面假设及变形几何关系

2. 物理关系

与受扭薄壁圆筒相同，在半径为 ρ 处截出厚为 $d\rho$ 的薄圆筒，用一对相距 dy 而相交于轴线的径向面取出小方块（正微六面体），如图 4.39(c) 所示，此为受纯剪切单元体。

由剪切胡克定理和式(4.33) 得

$$\tau_\rho = \gamma_\rho G = G\rho \frac{d\varphi}{dx} \tag{4.35}$$

这表明横截面上任意点的剪应力 τ_ρ 与该点到圆心的距离 ρ 成正比，即

$$\tau_\rho \propto \rho$$

当 $\rho = 0, \tau_\rho = 0$；当 $\rho = R, \tau_\rho$ 取最大值。

3. 静力平衡关系

在图 4.40 所示平衡对象的横截面内，有 $dA = 2\pi\rho \cdot d\rho$，扭矩 $T = \int_A \rho\tau_\rho dA$，由力偶矩平衡条件 $\sum m_O = 0$，得

$$T = m = \int_A \rho\tau_\rho dA = \int_A \rho^2 G \frac{d\varphi}{dx} dA = G \frac{d\varphi}{dx}\int_A \rho^2 dA$$

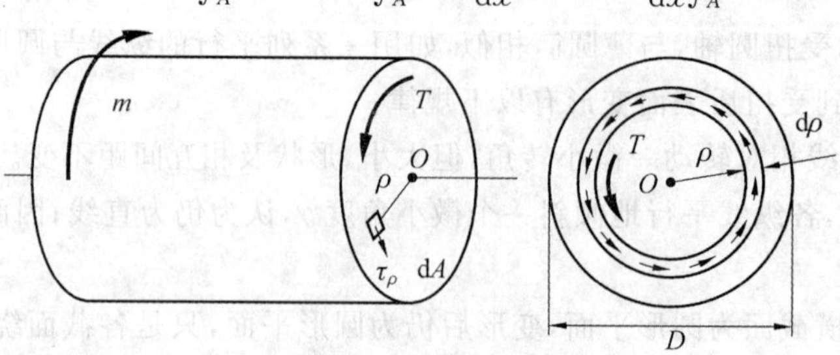

图 4.40　静力平衡关系

令
$$I_\rho = \int_A \rho^2 \, \mathrm{d}A \tag{4.36}$$

此处 $\mathrm{d}\varphi/\mathrm{d}x$ 为单位长度上的相对扭角，对同一横截面，它应为不变量。I 为几何性质量，只与圆截面的尺寸有关，称为极惯性矩，单位为 m^4 或 cm^4。

则
$$T = G\frac{\mathrm{d}\varphi}{\mathrm{d}x}I_\rho \quad \text{或} \quad \frac{\mathrm{d}\varphi}{\mathrm{d}x} = \frac{T}{GI_\rho} \tag{4.37}$$

式（4.37）代回式（4.35），得
$$\tau_\rho = \frac{T\rho}{I_\rho} \tag{4.38}$$

则在圆截面边缘上，ρ 为最大值 R 时，得最大剪应力为
$$\tau_{\max} = \frac{TR}{I_\rho} = \frac{T}{W_t} \tag{4.39}$$

此处
$$W_t = \frac{I_\rho}{R} \tag{4.40}$$

式中 W_t —— 抗扭截面系数，单位为 m^3 或 cm^3。

【知识拓展】

圆截面抗扭截面系数计算

（1）实心圆截面

在距圆心为 ρ 处取厚度为 $\mathrm{d}\rho$ 的环形面积为微面积，$\mathrm{d}A = 2\pi\rho \cdot \mathrm{d}\rho$

$$I_\rho = \int_A \rho^2 \, \mathrm{d}A = \int_0^{\frac{d}{2}} \rho^2 \cdot 2\pi\rho\mathrm{d}\rho = \frac{\pi d^4}{32}$$

$$W_t = \frac{I_\rho}{\rho_{\max}} = \frac{\dfrac{\pi d^4}{32}}{\dfrac{d}{2}} = \frac{\pi d^3}{16}$$

（2）空心圆截面

同理：$\mathrm{d}A = 2\pi\rho \cdot \mathrm{d}\rho$

$$I_\rho = \int_A \rho^2 \, \mathrm{d}A = \int_{\frac{d}{2}}^{\frac{D}{2}} \rho^2 \cdot 2\pi\rho\mathrm{d}\rho = \frac{\pi(D^4 - d^4)}{32} = \frac{\pi D^4}{32}(1 - \alpha^4)$$

$$\alpha = \frac{d}{D} \cdot W_t = \frac{I_\rho}{\rho_{\max}} = \frac{\dfrac{\pi(D^4 - d^4)}{32}}{\dfrac{D}{2}} = \frac{\pi D^3}{16}\left(1 - \frac{d^4}{D^4}\right)$$

4.4.2 扭转的强度设计及应用

圆轴扭转时，产生最大切应力的横截面，称为危险截面。考虑到轴横截面上切应力的分布，可知危险截面上的应力大小和该点到圆心的距离成正比。所以在横截面上存在危险点，即应力值最大的点。为保证圆轴具有足够的扭转强度，轴的危险点的工作应力不超过材料的许用切应力，故圆轴扭转的强度条件为

$$\tau_{\max} = \frac{T}{W_t} \leqslant [\tau] \tag{4.41}$$

注意到此处许用剪应力 $[\tau]$ 不同于剪切件计算中的剪切许用应力。它由危险剪应力 τ_0 除以安全系数 n 得到，与拉伸时相类似：

$$[\tau] = \frac{\tau_0}{n} = \begin{cases} \tau_s/n_s & \text{（塑性材料）} \\ \tau_b/n_b & \text{（脆性材料）} \end{cases}$$

τ_s 与 τ_b 由相应材料的扭转破坏试验获得，大量试验数据表明，它与相同材料的拉伸强度指标有如下统计关系：

塑性材料：
$$\tau_s = (0.5 \sim 0.6)\sigma_s$$

脆性材料：
$$\tau_b = (0.8 \sim 1.0)\sigma_b$$

应用强度条件解决问题的基本思路是先由扭矩图、截面尺寸确定危险点，然后考虑材料的力学性质、应用强度条件进行计算。扭转强度条件也可以解决三类问题：强度校核、截面设计和确定许用荷载。

【例 4.8】 某一传动轴所传递的功率 $P = 80 \text{ kW}$，其转速 $n = 582 \text{ r/min}$，直径 $d = 55 \text{ mm}$，材料的许用切应力 $[\tau] = 50 \text{ MPa}$，试校核该轴的强度。

解 （1）计算外力偶矩

$$M_e = 9.55 \times 10^6 \frac{P}{n} = \left(9.55 \times 10^6 \times \frac{80}{582}\right) \text{ N} \cdot \text{mm} = 1\ 312\ 700 \text{ N} \cdot \text{mm}$$

（2）计算扭矩

该轴可认为是在其两端面上受一对平衡的外力偶矩作用，由截面法得
$$M_T = M_e = 1\ 312\ 700 \text{ N} \cdot \text{mm}$$

（3）校核强度

$$\tau_{max} = \frac{M_T}{M_t} = \frac{1\ 312\ 700}{0.2 \times 55^3} \text{ MPa} = 39.5 \text{ MPa} < [\tau]$$

所以，传动轴的强度满足要求。

4.5 截面的几何性质

在实际工程中发现，同样的材料、截面面积，由于横截面的形状不同，构件的强度、刚度有明显不同，如一张纸（或作业本），两端放在铅笔上，明显弯曲，更不能承载东西了。但把同一张纸折成波浪状（像石棉瓦状），这时纸的两端再搁在铅笔上，不仅不弯曲，再放上一支铅笔，也不弯曲，可见，材料截面的几何形状对强度、刚度是有一定影响的，研究截面几何性质的目的就是解决如何用最少的材料，制造出能承担较大荷载的杆件的问题的。

4.5.1 形心和静矩

设平面图形，取 zOy 坐标系，如图 4.41 所示，取面积元 dA，坐标为 (z, y)，整个截面对 z、y 轴的静矩为：

$$S_z = \int_A y \, dA$$

$$S_y = \int_A z \, dA$$

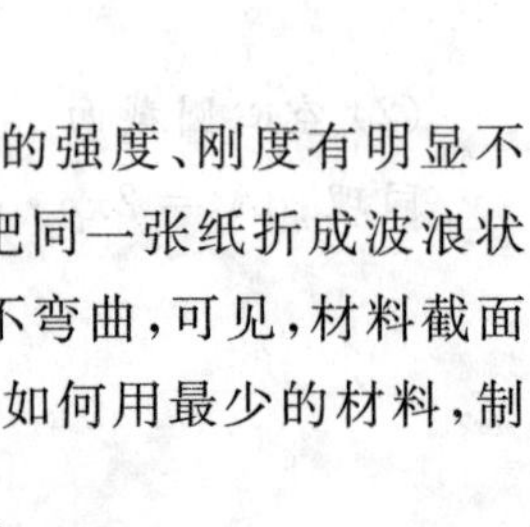

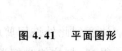

图 4.41　平面图形

若将理解为垂直于纸面的力，便是对 z 轴的力矩，则为对 z 轴的合力矩，故称为面积矩。

图形几何形状的中心称为形心，若将面积视为垂直于图形平面的力，则形心即为合力的作用点。

若形心坐标为 (z_C, y_C)，静矩也可写成：

$$S_z = \int_A y\,dA = Ay_C$$

$$S_y = \int_A z\,dA = Az_C$$

所以
$$z_C = S_y/A, y_C = S_z/A$$

对面积连续分布的(非组合图形)图形:

$$\begin{cases} z_C = \dfrac{S_y}{A} = \dfrac{\int_A z\,dA}{A} \\[3mm] y_C = \dfrac{S_z}{A} = \dfrac{\int_A y\,dA}{A} \end{cases}$$

对组合图形:

$$\begin{cases} z_C = \dfrac{\sum\limits_i z_{Ci} \cdot A_i}{\sum\limits_i A_i} \\[3mm] y_C = \dfrac{\sum\limits_i y_{Ci} \cdot A_i}{\sum\limits_i A_i} \end{cases} \qquad \begin{cases} S_y = \sum\limits_i z_{Ci} A_i \\[3mm] S_z = \sum\limits_i y_{Ci} A_i \end{cases}$$

这就是图形形心坐标与静矩之间的关系。

根据上述关于静矩的定义以及静矩与形心之间的关系可以看出:

(1) 静矩与坐标轴有关,同一平面图形对于不同的坐标轴有不同的静矩。对某些坐标轴静矩为正;对另外一些坐标轴静矩则可能为负;对于通过形心的坐标轴,图形对其静矩等于零。反之,若图形对某一轴的静矩为零,则该轴必通过图形的形心。静矩的量纲为[长度]³,单位为 m³。

(2) 如果已经计算出静矩,就可以确定形心的位置;反之,如果已知形心在某一坐标系中的位置,则可计算图形对于这一坐标系中坐标轴的静矩。

(3) 若截面图形有对称轴,则图形对于对称轴的静矩必为零,图形的形心一定在此对称轴上。

(4) 实际计算中,对于简单的、规则的图形,其形心位置可以直接判断,例如:矩形、正方形、圆形、正三角形等的形心位置是显而易见的。对于组合图形,则先将其分解为若干个简单图形(可以直接确定形心位置的图形);然后分别计算它们对于给定坐标轴的静矩,并求其代数和。

【例4.9】 求四分之一圆截面对 z、y 轴的形心位置

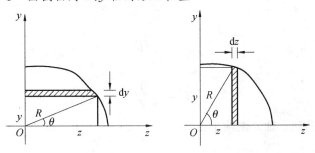

图 4.42   例 4.9 图

解 取如图 4.42 所示的坐标系,先求

$$S_z = \int_A y\,dA = \int y \cdot z \cdot dy = \int_0^{\pi/2} R^3 \sin\theta \cdot \cos^2\theta\,d\theta = \frac{R^3}{3}$$

$$y_C = \frac{S_z}{A} = \frac{R^3/3}{\pi R^2/4} = \frac{4R}{3\pi}$$

$$S_z = \int_A z \, dA = \int z \cdot y \cdot dz = \int R\cos\theta \cdot R\sin\theta \cdot (-R\sin\theta \, d\theta)$$

$$= -\int_o^{\frac{\pi}{2}} R^3 \cos\theta \sin^2\theta \, d\theta = -R^3 \left[\frac{1}{3}\sin^3\theta\right]_0^{\pi/2}$$

$$z_C = \frac{S_y}{A} = \frac{4R}{3\pi}$$

其中：

$$z = R\cos\theta$$

$$y = R\sin\theta$$

$$dy = R\cos\theta \, d\theta$$

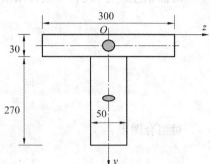

【例 4.10】 如图 4.43 所示，由两个矩形截面组合成的 T 形截面，y 轴为对称轴，$A_1 = 300 \text{ mm} \times 30 \text{ mm}$，$A_2 = 270 \text{ mm} \times 50 \text{ mm}$。求对 z、y 轴的静矩。

解 因为是组合图形，又关于轴对称，故有：

$$S_y = \sum_i z_{Ci} A_i = 0(\text{因为 } z_1 = z_2 = 0)$$

$$S_z = \sum_i y_{Ci} A_i = y_1 A_1 + y_2 A_2$$

$$= \left[15 \times 300 \times 30 + \left(\frac{270}{2} + 30\right) \times 270 \times 50\right] \text{mm}^2 = 23.625 \times 10^5 \text{ mm}^2$$

图 4.43 例 4.10 图

4.5.2 截面的惯性矩和惯性积

对任意形状截面图形如图 4.44 所示，则图形对 y、z 轴的惯性矩为

$$I_y = \int_A z^2 \, dA$$

$$I_z = \int_A y^2 \, dA$$

对 O 点的极惯性矩为

$$I_\rho = \int_A \rho^2 \, dA$$

对 y、z 轴的惯性积为

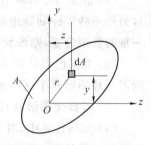

图 4.44 截面的惯性矩

$$I_{yz} = \int_A yz \, dA$$

定义：

$$i_y = \sqrt{\frac{I_y}{A}}$$

$$i_z = \sqrt{\frac{I_z}{A}}$$

分别为图形对于 y 轴和 z 轴的惯性半径。

根据以上定义可知：

(1) 图形的极惯性矩是对某一极点定义的，轴惯性矩是对某一坐标轴定义的，惯性积是对某一对坐标轴定义的。

(2) 极惯性矩、轴惯性矩、惯性积的量纲为[长度]⁴，单位为 m⁴。

(3) 极惯性矩、轴惯性矩其数值均为正；惯性积的数值可正可负，也可能为零，若一对坐标轴中有一轴为图形的对称轴，则图形对这一对坐标轴的惯性积必等于零；但图形对某一对坐标轴的惯性积为零，则这对坐标轴中不一定有图形的对称轴。

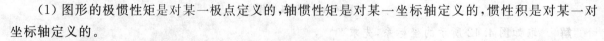

（4）极惯性矩的值恒等于以该点为原点的任一对坐标轴的轴惯性矩之和，即

$$I_\rho = I_y + I_z$$

（5）组合图形对某一点的极惯性矩或对某一轴的轴惯性矩，分别等于各组分图形对同一点的极惯性矩或对同一轴的轴惯性矩之和，即

$$I_\rho = \sum_{i=1}^{n} I_{\rho i}$$

$$I_y = \sum_{i=1}^{n} I_{yi}$$

$$I_z = \sum_{i=1}^{n} I_{zi}$$

组合图形对某一对坐标轴的惯性积，等于各组分图形对同一对坐标轴的惯性积之和，即

$$I_{yz} = \sum_{i=1}^{n} I_{yzi}$$

4.6 弯曲梁的设计

4.6.1 梁弯曲的强度条件及应用

1. 梁弯曲的强度条件

与拉、压杆的强度设计相类似，工程设计中，为了保证梁具有足够的安全裕度，梁的危险截面上的最大正应力必须小于许用应力，许用应力等于 σ_s 或 σ_b 除以一个大于 1 的安全因数。于是，有

$$\sigma_{max} = \frac{M_{max}}{W_z} \leqslant \frac{\sigma_s}{n_s} = [\sigma], \sigma_{max} \leqslant \frac{\sigma_b}{n_b} = [\sigma]$$

式中　$[\sigma]$——弯曲许用应力；

　　　n_s、n_b——对应于屈服强度和强度极限的安全因数。

上述两式就是基于最大正应力的梁弯曲强度计算准则，又称为弯曲强度条件。根据上述强度条件，同样可以解决三类强度问题：强度校核、截面尺寸设计、确定许用荷载。

2. 梁弯曲强度的计算步骤

根据梁的弯曲强度设计准则，进行弯曲强度计算的一般步骤为：

（1）根据梁约束性质，分析梁的受力，确定约束力。

（2）画出梁的弯矩图，根据弯矩图，确定可能的危险截面。

（3）根据应力分布和材料的拉伸与压缩强度性能是否相等，确定可能的危险点：对于拉、压强度相同的材料（如低碳钢等），最大拉应力作用点与最大压应力作用点具有相同的危险性，通常不加以区分；对于拉、压强度性能不同的材料（如铸铁等脆性材料），最大拉应力作用点和最大压应力作用点都有可能是危险点。

（4）应用强度条件进行强度计算：对于拉伸和压缩强度不相等的材料，强度条件可以改写为：

$$\sigma_{max}^+ \leqslant [\sigma]^+$$

$$\sigma_{max}^- \leqslant [\sigma]^-$$

式中　$[\sigma]^+$——拉伸许用应力，$[\sigma]^+ = \frac{\sigma_b^+}{n_b}$；

　　　$[\sigma]^-$——压缩许用应力，$[\sigma]^- = \frac{\sigma_b^-}{n_b}$。

【**例4.11**】 简支矩形截面木梁如图4.45所示，$L = 5$ m，承受均布荷载$q = 3.6$ kN/m，木材顺纹许用应力$[\sigma] = 10$ MPa，梁截面的高宽比$h/b = 2$，试选择梁的截面尺寸。

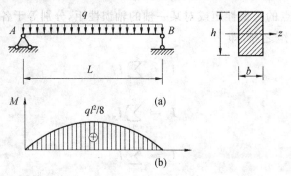

图4.45 例4.11图

解 画出梁的弯矩图如图4.45(b)所示，最大弯矩在梁中点。

$$M_{max} = \frac{ql^2}{8} = \frac{3.6 \times 10^3 \times 5^2}{8} \text{ N} \cdot \text{m} = 11.25 \times 10^3 \text{ N} \cdot \text{m}$$

由 $\sigma_{max} = \dfrac{M_{max}}{W_z} \leqslant [\sigma]$，得

$$W_z \geqslant \frac{M_{max}}{[\sigma]} = \frac{11.25 \times 10^3}{10 \times 10^6} \text{ m}^3 = 1.125 \times 10^{-3} \text{ m}^3$$

矩形截面弯曲截面系数为

$$W_z = \frac{bh^2}{6} = \frac{b \times (2b)^2}{6} = \frac{2b^3}{3}$$

故

$$b \geqslant \sqrt[3]{\frac{3 \times 1.125 \cdot 10^{-3}}{2}} \text{ m} = 0.119 \text{ m}$$

由此可知：

$$h = 2b = 0.238 \text{ m}$$

最后取$h = 240$ mm，$b = 120$ mm。

【**例4.12**】 如图4.46所示的矩形截面外伸梁，$b = 100$ mm，$h = 200$ mm，$P_1 = 10$ kN，$P_2 = 20$ kN，$[\sigma] = 10$ MPa，试校核此梁的强度。

解 （1）作梁的弯矩图，如图4.46(b)所示
由梁的弯矩图可得

$$|M|_{max} = 20 \text{ kN} \cdot \text{m}$$

（2）强度校核

$$W_z = \frac{bh^2}{6} = \frac{0.1 \times 0.2^2}{6} \text{ m}^3 = 6.67 \times 10^{-4} \text{ m}^3$$

$$\sigma_{max} = \frac{M_{max}}{W_z} = \frac{20 \times 10^3}{6.67 \times 10^{-4}} \text{ MPa} = 30 \text{ MPa}$$

$$\sigma_{max} > [\sigma]$$

即：此梁的强度不够。

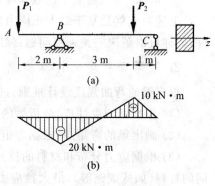

图4.46 例4.12图

4.6.2 梁弯曲的刚度条件及应用

梁平面弯曲时其变形特点是：梁轴线既不伸长也不缩短，其轴线在纵向对称面内弯曲成一条平面曲线，而且处处与梁的横截面垂直，而横截面在纵向对称面内相对于原有位置转动了一个角度（图4.47）。显然，梁变形后轴线的形状以及截面偏转的角度是十分重要的，实际上它们是衡量梁刚度好坏的重要指标。

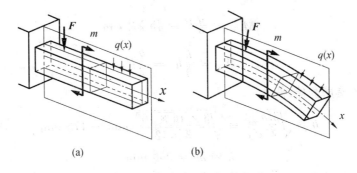

图 4.47　梁弯曲变形

计算梁的变形的主要目的是为了判别梁的刚度是否足够以及进行梁的设计。工程中梁的刚度主要由梁的最大挠度和最大转角来限定，即满足弯曲刚度条件：

$$\begin{cases} w_{max} \leqslant [w] \\ \theta_{max} \leqslant [\theta] \end{cases}$$

式中　　w_{max}、θ_{max}——梁中的最大挠度和最大转角，$w_{max} = |w(x)|_{max}$，$\theta_{max} = |\theta(x)|_{max}$；

　　　　$[w]$、$[\theta]$——许可挠度和许可转角，它们由工程实际情况确定。

上述两个刚度条件中，挠度的刚度条件是主要的刚度条件，而转角的刚度条件是次要的刚度条件。

与拉伸压缩及扭转类似，梁的刚度条件有下面三个方面的应用。

1. 校核刚度

给定了梁的荷载、约束、材料、长度以及截面的几何尺寸等，还给定了梁的许可挠度和许可转角。计算梁的最大挠度和最大转角，判断其是否满足梁的刚度条件，满足则梁在刚度方面是安全的，不满足则不安全。

很多时候工程中的梁只要求满足挠度刚度条件即可，而梁的最大转角由于很小，一般情况下不需要校核。

2. 计算许可荷载

给定了梁的约束、材料、长度以及截面的几何尺寸等，根据梁的挠度刚度条件式可确定梁的荷载的上限值。如果还要求转角刚度条件满足的话，再确定出梁的另一个荷载的上限值，两个荷载上限值中最小的那个就是梁的许可荷载。

3. 计算许可截面尺寸

给定了梁的荷载、约束、材料以及长度等，根据梁的挠度刚度条件可确定梁的截面尺寸的下限值。如果还要求转角刚度条件满足的话，确定出梁的另一个截面尺寸的下限值，两个截面尺寸下限值中最大的那个就是梁的许可截面尺寸。

【例 4.13】　如图 4.48 所示的一矩形截面悬臂梁，$q = 10$ kN/m，$l = 3$ m，梁的许用挠度 $[w] = 1/250$，材料的许用应力 $[\sigma] = 12$ MPa，材料的弹性模量 $E = 2 \times 10^4$ MPa，截面尺寸比 $h/b = 2$。试确定截面尺寸 b、h。

解　该梁既要满足强度条件，又要满足刚度条件，这时可分别按强度条件和刚度条件来设计截面尺寸，取其较大者。

（1）按强度条件 $\sigma_{max} = \dfrac{M_{max}}{W_z} \leqslant [\sigma]$ 设计截面尺寸。最大弯矩、抗弯截面系数分别为

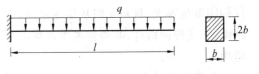

图 4.48　例 4.13 图

$$M_{max} = \frac{q}{2}l^2 = 45 \text{ kN} \cdot \text{m}$$

$$W_z = \frac{b}{6}h^2 = \frac{2}{3}b^3$$

把 M 及 W_z 代入强度条件,得

$$b \geqslant \sqrt[3]{\frac{3M_{max}}{2[\sigma]}} = \sqrt[3]{\frac{3 \times 45 \times 10^6}{2 \times 12}} \text{ mm} = 178 \text{ mm}$$

$$h = 2b = 356 \text{ mm}$$

(2)按刚度条件 $w_{max} \leqslant [w]$ 设计截面尺寸。查表得

$$w_{max} = \frac{ql^3}{8EI_z}$$

又

$$I_z = \frac{b}{12}h^3 = \frac{2}{3}b^4$$

把 w_{max} 及 I_z 代入刚度条件,得

$$b \geqslant \sqrt[4]{\frac{3ql^3}{16[w]E}} = \sqrt[4]{\frac{3 \times 10 \times 3\ 000^3 \times 250}{16 \times 2 \times 10^4}} \text{ mm} = 159 \text{ mm}$$

$$h = 2b = 318 \text{ mm}$$

(3)所要求的截面尺寸按大者选取,即 $h = 356$ mm,$b = 178$ mm。另外,工程上截面尺寸应符合模数要求,取整数即 $h = 360$ mm,$b = 180$ mm

4.7　组合变形强度计算

4.7.1　基本概念

在前面几章中,研究了构件在发生轴向拉伸(压缩)、剪切、扭转、弯曲等基本变形时的强度和刚度问题。在工程实际中,有很多构件在荷载作用下往往发生两种或两种以上的基本变形。若有其中一种变形是主要的,其余变形所引起的应力(或变形)很小,则构件可按主要的基本变形进行计算。若几种变形所对应的应力(或变形)属于同一数量级,则构件的变形为组合变形。

4.7.2　工程实例

例如,如图4.49所示吊钩的 AB 段,在力 $\boldsymbol{P}$ 作用下,将同时产生拉伸与弯曲两种基本变形;机械中的齿轮传动轴(图4.50)在外力作用下,将同时发生扭转变形及在水平平面和垂直平面内的弯曲变形;斜屋架上的工字钢檩条(图4.51(a)),可以作为简支梁来计算(图4.51(b)),因为 q 的作用线并不通过工字截面的任一根形心主惯性轴(图4.51(c)),则引起沿两个方向的平面弯曲,这种情况称为斜弯曲。

求解组合变形问题的基本方法是叠加法,即首先将组合变形分解为几个基本变形,然后分别考虑构件在每一种基本变形情况下的应力和变形。最后利用叠加原理,综合考虑各基本变形的组合情况,以确定构件的危险截面、危险点的位置及危险点的应力状态,并据此进行强度计算。实验证明,只要构件的刚度足够大,材料又服从胡克定律,则由上述叠加法所得的计算结果是足够精确的。反之,对于小刚度、大变形的构件,必须要考虑各基本变形之间的相互影响,例如大挠度的压弯杆,叠加原理就不能适用。

下面分别讨论在工程中经常遇到的斜弯曲和偏心拉压两种组合变形。

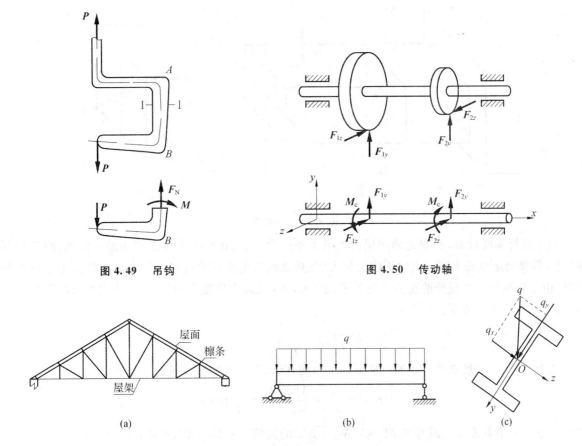

图 4.49 吊钩　　　　　　　　　　图 4.50 传动轴

图 4.51 斜屋架上的工字钢檩条

4.7.3 斜弯曲

前面已经讨论了梁在平面弯曲时的应力和变形计算。在平面弯曲问题中,外力作用在截面的形心主轴与梁的轴线组成的纵向对称面内,梁的轴线变形后将变为一条平面曲线,且仍在外力作用面内。在工程实际中,有时会遇到外力不作用在形心主轴所在的纵向对称面内,如上节提到的屋面檩条的受力情况(图 4.51)。在这种情况下,杆件可考虑为在两相互垂直的纵向对称面内同时发生平面弯曲。实验及理论研究指出,此时梁的挠曲线不再在外力作用平面内,这种弯曲称为斜弯曲。

现在以矩形截面悬臂梁为例(图 4.52(a)),分析斜弯曲时应力和变形的计算。这时梁在 F_1 和 F_2 作用下,分别在水平纵向对称面(Oxz 平面)和铅垂纵向对称面(Oxy 平面)内发生对称弯曲。在梁的任意横截面 $m-m$ 上,由 F_1 和 F_2 引起的弯矩值依次为

$$M_y = F_1 x, M_z = F_2 (x - a)$$

在横截面 $m—m$ 上的某点 $C(y,z)$ 处由弯矩 M_y 和 M_z 引起的正应力分别为

$$\sigma' = \frac{M_y}{I_y} z, \sigma'' = -\frac{M_z}{I_z} y$$

根据叠加原理,σ' 和 σ'' 的代数和即为 C 点的正应力,即

$$\sigma' + \sigma'' = \frac{M_y}{I_y} z - \frac{M_z}{I_z} y \tag{4.42}$$

式中　　I_y、I_z——横截面对 y 轴和 z 轴的惯性矩;

　　　　M_y、M_z——截面上位于水平和铅垂对称平面内的弯矩,且其力矩矢量分别与 y 轴和 z 轴的正向一致(图 4.52(b))。

在具体计算中,也可以先不考虑弯矩 M_y、M_z 和坐标 y、z 的正负号,以其绝对值代入,然后根据梁在 F_1 和 F_2 分别作用下的变形情况,来判断式(4.42)右边两项的正负号。

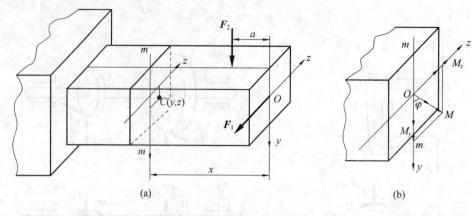

图 4.52　斜弯曲

为了进行强度计算,必须先确定梁内的最大正应力。最大正应力发生在弯矩最大的截面(危险截面)上,但要确定截面上哪一点的正应力最大(就是要找出危险点的位置),应先确定截面上中性轴的位置。由于中性轴上各点处的正应力均为零,令(y_0, z_0)代表中性轴上的任一点,将它的坐标值代入式(4.42),即可得中性方程:

$$\frac{M_y}{I_y}z_0 - \frac{M_z}{I_z}y_0 = 0 \qquad (4.43)$$

从上式可知,中性轴是一条通过横截面形心的直线,令中性轴与 y 轴的夹角为 α,则

$$\tan \alpha = \frac{z_0}{y_0} = \frac{M_z}{M_y} \cdot \frac{I_y}{I_z} = \frac{I_y}{I_z}\tan \varphi$$

式中　φ——横截面上合成弯矩 $M = \sqrt{M_y^2 + M_z^2}$ 的矢量与 y 轴的夹角(图 4.52(b))。

一般情况下,由于截面的 $I_y \neq I_z$,因而中性轴与合成弯矩 M 所在的平面并不垂直。而截面的挠度垂直于中性轴(图 4.53(a)),所以挠曲线将不在合成弯矩所在的平面内,这与平面弯曲不同。对于正方形、圆形等截面以及某些特殊组合截面,其中 $I_y = I_z$,就是所有形心轴都是主惯性轴,故 $\alpha = \varphi$,因而正应力可用合成弯矩 M 进行计算。但是,梁各横截面上的合成弯矩 M 所在平面的方位一般并不相同,

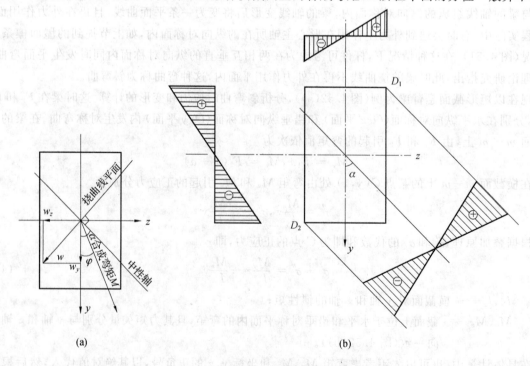

图 4.53　斜弯曲时横截面上的应力情况

所以,虽然每一截面的挠度都发生在该截面的合成弯矩所在平面内,梁的挠曲线一般仍是一条空间曲线。可是,梁的挠曲线方程仍应分别按两垂直平面内的弯矩来计算,不能直接用合成弯矩进行计算。

确定中性轴的位置后,就可看出截面上离中性轴最远的点是正应力 σ 值最大的点。一般只要作与中性轴平行且与横截面周边相切的线,切点就是最大正应力的点。如图 4.53(b) 所示的矩形截面梁,显然右上角 D_1 与左下角 D_2 有最大正应力值,将这些点的坐标 (y_1, z_1) 或 (y_2, z_2) 代入式(4.42),可得最大拉应力 $\sigma_{t,max}$ 和最大压应力 $\sigma_{c,max}$。

在确定了梁的危险截面和危险点的位置,并算出危险点处的最大正应力后,由于危险点处于单轴应力状态,于是,可将最大正应力与材料的许用正应力相比较来建立强度条件,进行强度计算。

【例 4.14】 一长 2 m 的矩形截面木制悬臂梁,弹性模量 $E = 1.0 \times 10^4$ MPa,梁上作用有两个集中荷载 $F_1 = 1.3$ kN 和 $F_2 = 2.5$ kN,如图 4.54(a) 所示,设截面 $b = 0.6h$,$[\sigma] = 10$ MPa。试选择梁的截面尺寸,并计算自由端的挠度。

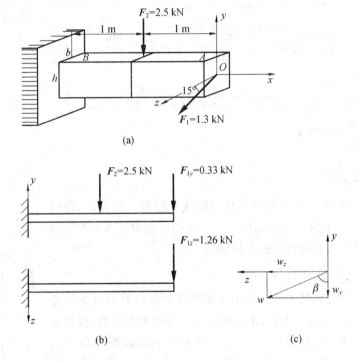

图 4.54 例 4.14 图

解 (1)选择梁的截面尺寸

将自由端的作用荷载 F_1 分解

$$F_{1y} = F_1 \sin 15° = 0.336 \text{ kN}$$

$$F_{1z} = F_1 \cos 15° = 1.256 \text{ kN}$$

此梁的斜弯曲可分解为在 xy 平面内及 xz 平面内的两个平面弯曲,如图 4.54(c) 所示。由图 4.54 可知 M_z 和 M_y 在固定端的截面上达到最大值,故危险截面上的弯矩为

$$M_z = (2.5 \times 1 + 0.336 \times 2) \text{ kN} \cdot \text{m} = 3.172 \text{ kN} \cdot \text{m}$$

$$M_y = (1.256 \times 2) \text{ kN} \cdot \text{m} = 2.215 \text{ kN} \cdot \text{m}$$

$$W_z = \frac{1}{6}bh^2 = \frac{1}{6} \times 0.6h \cdot h^2 = 0.1h^3$$

$$W_y = \frac{1}{6}hb^2 = \frac{1}{6} \times h \cdot (0.6)h^2 = 0.06h^3$$

上式中 M_z 与 M_y 只取绝对值,且截面上的最大拉压应力相等,故

$$\sigma_{max} = \frac{M_z}{W_z} + \frac{M_y}{W_y} = \frac{3.172 \times 10^6}{0.1h^3} + \frac{2.512 \times 10^6}{0.06h^3} = \frac{73.587 \times 10^6}{h^3} \leqslant [\sigma]$$

即
$$h \geqslant \sqrt[3]{\frac{73.587 \times 10^6}{10}} \text{ mm} = 194.5 \text{ mm}$$

可取 $h = 200 \text{ mm}, b = 120 \text{ mm}$。

（2）计算自由端的挠度

分别计算 w_y 与 w_z，如图 4.54(c) 所示，则

$$w_y = -\frac{F_{1y}l^3}{3EI_z} - \frac{F_2\left(\frac{l}{2}\right)^2}{6EI_z}\left(3l - \frac{l}{2}\right)$$

$$= -\frac{0.336 \times 10^3 \times 2^3 + \frac{1}{2} \times 2.5 \times 10^3 \times 1^3 \times (3 \times 2 - 1)}{3 \times 1.0 \times 10^4 \times 10^6 \times \frac{1}{12} \times 0.12 \times 0.2^3} \text{ m}$$

$$= -3.72 \times 10^{-3} \text{ m} = -3.72 \text{ mm}$$

$$w_z = \frac{F_{1z}l^3}{3EI_y} = \frac{1.256 \times 10^3 \times 2^3}{3 \times 1.0 \times 10^4 \times 10^6 \times \frac{1}{12} \times 0.2 \times 0.12^3} \text{ m}$$

$$= 0.011\,6 \text{ m} = 11.6 \text{ mm}$$

$$w = \sqrt{w_z^2 + w_y^2} = \sqrt{(-3.72)^2 + (11.6)^2} \text{ mm} = 12.18 \text{ mm}$$

$$\beta = \arctan\left(\frac{11.6}{3.7}\right) = 72.45°$$

4.7.4 偏心拉压

作用在直杆上的外力，当其作用线与杆的轴线平行但不重合时，将引起偏心拉伸或偏心压缩。钻床的立柱（图 4.55(a)）和厂房中支承吊车梁的柱子（图 4.55(b)）即为偏心拉伸和偏心压缩。

1. 偏心拉（压）的应力计算

现以横截面具有两对称轴的等直杆承受距离截面形心为 e（称为偏心距）的偏心拉力 F（图 4.56(a)）为例，来说明偏心拉杆的强度计算。设偏心力 F 作用在端面上的 K 点，其坐标为(e_y, e_z)。将力 F 向截面形心 O 点简化，把原来的偏心力 F 转化为轴向拉力 F；作用在 xz 平面内的弯曲力偶矩 $M_{ey} = F \cdot e_z$；作用在 xy 平面内的弯曲力偶矩 $M_{ez} = F \cdot e_y$。

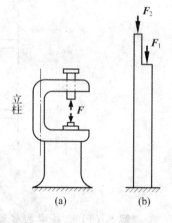

图 4.55 偏心拉（压）实例

在这些荷载作用下（图 4.56(b)），杆件的变形是轴向拉伸和两个纯弯曲的组合。当杆的弯曲刚度较大时，同样可按叠加原理求解。在所有横截面上的内力——轴力和弯矩均保持不变，即

$$F_N = F, M_y = M_{ey} = F \cdot e_z, M_z = M_{ez} = F \cdot e_y$$

叠加上述三内力所引起的正应力，即得任意横截面 m—m 上某点 $B(y, z)$ 的应力计算式：

$$\sigma = \frac{F}{A} + \frac{M_y z}{I_y} + \frac{M_z y}{I_z} = \frac{F}{A} + \frac{Fe_z z}{I_y} + \frac{Fe_y y}{I_z} \tag{4.44}$$

式中　A——横截面面积；

I_y、I_z——横截面对 y 轴和 z 轴的惯性矩。

利用惯性矩与惯性半径的关系，有

$$I_y = A \cdot i_y^2, I_z = A \cdot i_z^2$$

于是式（4.44）可改写为

$$\sigma = \frac{F}{A}\left(1 + \frac{e_z z}{i_y^2} + \frac{e_y y}{i_z^2}\right) \tag{4.45}$$

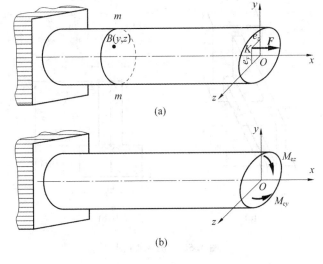

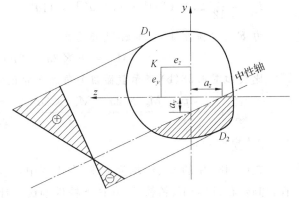

图 4.56　偏心拉伸的应力分析

式(4.45)是一个平面方程,这表明正应力在横截面上按线性规律变化,而应力平面与横截面相交的直线(沿该直线 $\sigma=0$)就是中性轴(如图4.57所示)。将中性轴上任一点 $C(z_0,y_0)$ 代入式(4.45),即得中性轴方程为

$$1+\frac{e_z z_0}{i_y^2}+\frac{e_y y_0}{i_z^2}=0 \tag{4.46}$$

显然,中性轴是一条不通过截面形心的直线,它在 y、z 轴上的截距 a_y 和 a_z 分别可以从式(4.46)计算出来。在上式中,令 $z_0=0$,相应的 y_0 即为 a_y,而令 $y_0=0$,相应的 z_0 即为 a_z。由此求得

$$a_y=-\frac{i_z^2}{e_y},a_z=-\frac{i_y^2}{e_z} \tag{4.47}$$

式(4.47)表明,中性轴截距 a_y、a_z 和偏心距 e_y、e_z 符号相反,所以中性轴与外力作用点 K 位于截面形心 O 的两侧,如图4.57所示。中性轴把截面分为两部分,一部分受拉应力,另一部分受压应力。

确定了中性轴的位置后,可作两条平行于中性

图 4.57　中性轴及应力分布

轴且与截面周边相切的直线,切点 D_1 与 D_2 分别是截面上最大拉应力与最大压应力的点,分别将 $D_1(z_1,y_1)$ 与 $D_2(z_2,y_2)$ 的坐标代入式(4.44),即可求得最大拉应力和最大压应力的值:

$$\left.\begin{array}{l}\sigma_{D_1}=\dfrac{F}{A}+\dfrac{Fe_z z_1}{I_y}+\dfrac{Fe_y y_1}{I_z}\\[3mm]\sigma_{D_2}=\dfrac{F}{A}+\dfrac{Fe_z z_2}{I_y}+\dfrac{Fe_y y_2}{I_z}\end{array}\right\} \tag{4.48}$$

由于危险点处于单轴应力状态,因此,在求得最大正应力后,就可根据材料的许用应力 $[\sigma]$ 来建立强度条件。

应该注意,对于周边具有棱角的截面,如矩形、箱形、工字形等,其危险点必定在截面的棱角处,并可根据杆件的变形来确定,无需确定中性轴的位置。

【例 4.15】　试求如图 4.58(a)所示杆内的最大正应力。力 F 与杆的轴线平行。

解　横截面如图 4.58(b)所示,其面积为

$$A=4a\times 2a+4a\times a=12a^2$$

形心 C 的坐标为

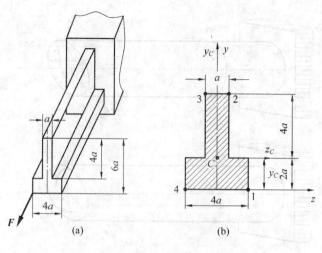

图 4.58　例 4.15 图

$$y_C = \frac{a \times 4a \times 4a + 4a \times 2a \times a}{a \times 4a + 4a \times 2a} = 2a$$

$$z_C = 0$$

形心主惯性矩为

$$I_{z_C} = \frac{a \times (4a)^3}{12} + a \times 4a \times (2a)^2 + \frac{4a \times (2a)^3}{12} + 2a \times 4a \times a^2 = 32a^4$$

$$I_{y_C} = \frac{1}{12}\left[2a \times (4a)^3 + 4a \times a^3\right] = 11a^4$$

力 F 对主惯性轴 y_C 和 z_C 之矩为

$$M_{y_C} = F \times 2a = 2Fa, \quad M_{z_C} = F \times 2a = 2Fa$$

比较如图 4.58(b) 所示截面四个角点上的正应力可知,角点 4 上的正应力最大,即

$$\sigma_4 = \frac{F}{A} + \frac{M_{z_C} \times 2a}{I_{z_C}} + \frac{M_{y_C} \times 2a}{I_{y_C}} = \frac{F}{12a^2} + \frac{2Fa \times 2a}{32a^4} + \frac{2Fa \times 2a}{11a^4} = 0.572\frac{F}{a^2}$$

2. 截面核心

式(4.48) 中的 y_2、z_2 均为负值。在工程中,有不少材料抗拉性能差,但抗压性能好且价格比较便宜,如砖、石、混凝土、铸铁等。在这类构件的设计计算中,往往认为其拉伸强度为零。这就要求构件在偏心压力作用下,其横截面上不出现拉应力,由式(4.47) 可知,对于给定的截面,e_y、e_z 值越小,a_y、a_z 值就越大,即外力作用点离形心越近,中性轴距形心就越远。因此,当外力作用点位于截面形心附近的一个区域内时,就可保证中性轴不与横截面相交,这个区域称为截面核心。当外力作用在截面核心的边界上时,与此相对应的中性轴就正好与截面的周边相切(图 4.59)。利用这一关系就可确定截面核心的边界。

为确定任意形状截面(图 4.59)的截面核心边界,可将与截面周边相切的任一直线 ① 看作是中性轴,其在 y、z 两个形心主惯性轴上的截距分别为 a_{y1} 和 a_{z1}。由式(4.47)确定与该中性轴对应的外力作用点 1,即截面核心边界上一个点的坐标(e_{y1},e_{z1}):

$$e_{y1} = -\frac{i_z^2}{a_{y1}}, \quad e_{z1} = -\frac{i_y^2}{a_{z1}}$$

同样,分别将与截面周边相切的直线 ②,③,… 等看作是中性轴,并按上述方法求得与其对应的截面核心边界上点 2,3,… 的坐标。连接这些点所得到的一条封闭曲线,即为所求

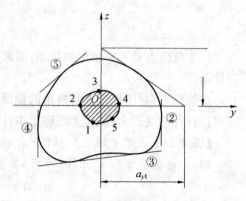

图 4.59　截面核心

截面核心的边界,而该边界曲线所包围的带阴影线的面积,即为截面核心(图 4.59),下面举例说明截面核心的具体作法。

【例 4.16】 一矩形截面如图 4.60 所示,已知两边长度分别为 b 和 h,求作截面核心。

解 先作与矩形四边重合的中性轴①、②、③ 和 ④,利用式(4.47)得

$$e_y = -\frac{i_z^2}{a_y}, e_z' = -\frac{i_z^2}{a_z}$$

其中

$$i_y^2 = \frac{I_y}{A} = \frac{\frac{bh^3}{12}}{bh} = \frac{h^2}{12}, i_z^2 = \frac{I_z}{A} = \frac{\frac{hb^3}{12}}{bh} = \frac{b^2}{12}$$

a_y 和 a_z 为中性轴的截距,e_y 和 e_z 为相应的外力作用点的坐标。

对中性轴①,有 $a_y = \dfrac{b}{2}, a_z = \infty$,代入式(4.47),得

$$e_{y1} = -\frac{i_z^2}{a_y} = -\frac{\frac{b^2}{12}}{\frac{b}{2}} = -\frac{b}{6}, e_{z1} = -\frac{i_y^2}{a_z} = -\frac{\frac{h^2}{12}}{\infty} = 0$$

即相应的外力作用点为图 4.60 上的点 1。

对中性轴②,有 $a_y = \infty, a_z = -\dfrac{h}{2}$,代入式(4.47),得

$$e_{y2} = -\frac{i_z^2}{a_y} = -\frac{\frac{b^2}{12}}{\infty} = 0$$

$$e_{z2} = -\frac{i_y^2}{a_z} = -\frac{\frac{h^2}{12}}{-\frac{h}{2}} = \frac{h}{6}$$

即相应的外力作用点为图 4.60 上的点 2。

同理,可得相应于中性轴③和④的外力作用点的位置如图上的点 3 和点 4。

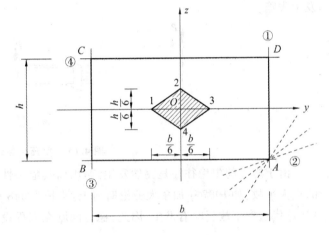

图 4.60 例 4.16 图

至于由点 1 到点 2,外力作用点的移动规律如何,我们可以从中性轴①开始,绕截面点 A 作一系列中性轴(图中虚线),一直转到中性轴②,求出这些中性轴所对应的外力作用点的位置,就可得到外力作用点从点 1 到点 2 的移动轨迹。根据中性轴方程式(4.47),设 e_y 和 e_z 为常数,y_0 和 z_0 为流动坐标,中性轴的轨迹是一条直线。反之,若设 y_0 和 z_0 为常数,e_y 和 e_z 为流动坐标,则力作用点的轨迹也是一条直线。现在,过角点 A 的所有中性轴有一个公共点,其坐标($b/2, h/2$)为常数,相当于中性轴方程(4.46)中的 y_0 和 z_0,而需求的外力作用点的轨迹,则相当于流动坐标 e_y 和 e_z。于是可知,截面上从点 1 到点 2 的轨迹是一条直线。同理可知,当中性轴由②绕角点 B 转到③,由③绕角点 C 转到④时,外力作用点由点 2 到点 3,由点 3 到点 4 的轨迹,都是直线。最后得到一个菱形(图中的阴影区)。即矩形截面的截面核心为一菱形,其对角线的长度为截面边长的 1/3。

对于具有棱角的截面,均可按上述方法确定截面核心。对于周边有凹进部分的截面(例如槽形或工字形截面等),在确定截面核心的边界时,应该注意不能取与凹进部分的周边相切的直线作为中性轴,因为这种直线显然与横截面相交。

4.8 压杆稳定的工程概念

结构稳定性是结构设计中必须考虑的重要问题之一。本书作为在结构稳定计算和结构极限荷载计算方面继续深入学习、研究的基础,仅基于线性理论和理想弹塑性应力－应变关系介绍的一些最基本的知识。

4.8.1 基本概念

构件除了强度、刚度失效外,还可能发生稳定失效。例如,受轴向压力的细长杆,当压力超过一定数值时,压杆会由原来的直线平衡形式突然变弯(图4.61(a)),致使结构丧失承载能力;又如,狭长截面梁在横向荷载作用下,将发生平面弯曲,但当荷载超过一定数值时,梁的平衡形式将突然变为弯曲和扭转(图4.61(b));受均匀压力的薄圆环,当压力超过一定数值时,圆环将不能保持圆对称的平衡形式,而突然变为非圆对称的平衡形式(图4.61(c))。上述各种关于平衡形式的突然变化,统称为稳定失效,简称为失稳或屈曲。工程中的柱、桁架中的压杆、薄壳结构及薄壁容器等,在有压力存在时,都可能发生失稳。

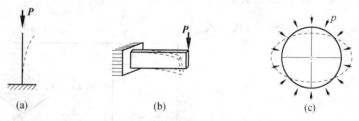

图4.61　受压构件的失稳现象

由于构件的失稳往往是突然发生的,因而其危害性也较大。历史上曾多次发生因构件失稳而引起的重大事故。如1907年加拿大劳伦斯河上,跨长为548 m的奎拜克大桥,因压杆失稳,导致整座大桥倒塌,近代这类事故仍时有发生。因此,稳定问题在工程设计中占有重要地位。

4.8.2 压杆稳定问题的分类

不是所有受压杆件都会发生屈曲,也不是所有发生屈曲的压杆都是弹性的。理论分析与试验结果都表明,根据不同的失效形式,受压杆件可以分为三种类型,它们的临界状态和临界荷载各不相同。

1. 细长杆——发生弹性屈曲

当外加荷载 $F_P < F_{Pcr}$ 时,不发生屈曲;当 $F_P > F_{Pcr}$ 时,发生弹性屈曲:当荷载除去后,杆仍能由弯形平衡状态恢复到初始直线平衡状态。细长杆承受压缩荷载时,荷载与侧向屈曲位移之间的关系如图4.62(a)所示。

2. 中长杆——发生弹塑性屈曲

当外加荷载 $F_P > F_{Pcr}$ 时,中长杆也会发生屈曲,但不再是弹性的,这是因为这时压杆上的某些部分已经出现塑性变形。中长杆承受压缩荷载时,荷载与侧向屈曲位移之间的关系如图4.62(b)所示。

3. 粗短杆——不发生屈曲,而发生屈服

粗短杆承受压缩荷载时,荷载与轴向变形关系曲线如图4.62(c)所示。

显然,三种压杆的失效形式不同,临界荷载当然也各不相同。

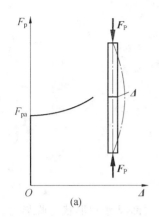 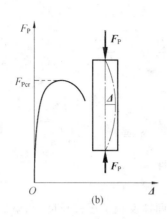 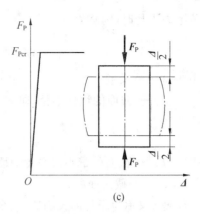

图 4.62　三类压杆不同的临界状态

4.8.3　压杆临界力的概念

受压直杆如图 4.63(a) 所示下端固定、上端自由的中心受压直杆,当压力 P 小于某一临界值 P_{cr} 时,杆件的直线平衡形式是稳定的。此时,杆件若受到某种微小干扰,它将偏离直线平衡位置,产生微弯(图 4.63(b));当干扰撤除后,杆件又回到原来的直线平衡位置(图 4.63(c))。但当压力 P 超过临界值 P_{cr} 时,撤除干扰后,杆件不再回到直线平衡位置,而在弯曲形式下保持平衡(图 4.63(d)),这表明原有的直线平衡形式是不稳定的。使中心受压直杆的直线平衡形式,由稳定平衡转变为不稳定平衡时所受的轴向压力,称为临界荷载,或简称为临界力,用 P_{cr} 表示。

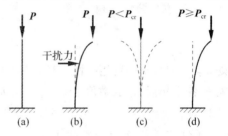

图 4.63　压杆的平衡形式与临界力的关系

为了保证压杆安全可靠地工作,必须使压杆处于直线平衡形式,因而压杆是以临界力作为其极限承载能力。可见,临界力的确定是非常重要的。

4.8.4　欧拉公式及其适用范围

通过试验得知,临界力 P_{cr} 的大小与压杆的抗弯刚度成正比,与杆的长度成反比,而且与杆两端的支承情况有关,杆端约束越强,临界力就越大。在材料服从虎克定律和小变形条件下,可推导出细长压杆临界力的计算公式 —— 欧拉公式:

$$P_{cr} = \frac{\pi^2 EI}{(\mu l)^2} \tag{4.49}$$

式中　　E—— 材料的弹性模量;

　　　　l—— 杆的长度,μl 称为计算长度;

　　　　I—— 杆件截面的最小惯性矩;

　　　　μ—— 长度系数,长度系数 μ 与压杆两端的约束条件有关。

两端铰支:　　　　　　　　　　$\mu = 1$

一端固定、一端自由:　　　　　$\mu = 2$

两端固定:　　　　　　　　　　$\mu = 0.5$

一端固定、一端铰支:　　　　　$\mu \approx 0.7$

需要指出的是,欧拉公式的推导中应用了弹性小挠度微分方程,因此公式只适用于弹性稳定问题。另为了判断压杆失稳时是否处于弹性范围,以及超出弹性范围后临界力的计算问题,必须引入临界应力及柔度的概念。

压杆在临界力作用下,其在直线平衡位置时横截面上的应力称为临界应力,用 σ_{cr} 表示。压杆在弹

性范围内失稳时,则临界应力为

$$\sigma_{cr} = \frac{P_{cr}}{A} = \frac{\pi^2 EI}{(\mu l)^2 A} = \frac{\pi^2 Ei^2}{(\mu l)^2} = \frac{\pi^2 E}{\lambda^2} \tag{4.50}$$

式中　λ——柔度;

　　　i——截面的惯性半径,即

$$\lambda = \frac{\mu l}{i}, i = \sqrt{\frac{I}{A}} \tag{4.51}$$

式中　I——截面的最小形心主轴惯性矩;

　　　A——截面面积。

柔度 λ 又称为压杆的长细比。它全面地反映了压杆长度、约束条件、截面尺寸和形状对临界力的影响。柔度 λ 在稳定计算中是个非常重要的量,根据 λ 所处的范围,可以把压杆分为三类:

(1)细长杆($\lambda \geqslant \lambda_p$)

当临界应力小于或等于材料的比例极限 σ_p 时,即

$$\sigma_{cr} = \frac{\pi^2 E}{\lambda^2} \leqslant \sigma_p$$

压杆发生弹性失稳。若令

$$\lambda_p = \sqrt{\frac{\pi^2 E}{\sigma_p}} \tag{4.52}$$

则 $\lambda \geqslant \lambda_p$ 时,压杆发生弹性失稳。这类压杆又称为大柔度杆。对于不同的材料,因弹性模量 E 和比例极限 σ_p 各不相同,λ_p 的数值亦不相同。例如 A3 钢,$E = 210$ GPa,$\sigma_p = 200$ MPa,用式(4.52)可算得 $\lambda_p = 102$。

(2)中长杆($\lambda_s \leqslant \lambda \leqslant \lambda_p$)

这类杆又称中柔度杆。这类压杆失稳时,横截面上的应力已超过比例极限,故属于弹塑性稳定问题。对于中长杆,一般采用经验公式计算其临界应力,如直线公式:

$$\sigma_{cr} = a - b\lambda \tag{4.53}$$

式中　a、b——与材料性能有关的常数。

当 $\sigma_{cr} = \sigma_s$ 时,其相应的柔度 λ_s 为中长杆柔度的下限,据式(4.53)不难求得

$$\lambda_s = \frac{a - \sigma_s}{b}$$

例如 A3 钢,$\sigma_s = 235$ MPa,$a = 304$ MPa,$b = 1.12$ MPa,代入上式算得 $\lambda_s = 61.6$。

(3)粗短杆($\lambda \leqslant \lambda_s$)

这类杆又称为小柔度杆。这类压杆将发生强度失效,而不是失稳。故

$$\sigma_{cr} = \sigma_s$$

上述三类压杆临界应力与 λ 的关系,可画出 σ_{cr}—λ 曲线如图 4.64 所示。该图称为压杆的临界应力图。

需要指出的是,对于中长杆和粗短杆,不同的工程设计中,可能采用不同的经验公式计算临界应力,如抛物线公式 $\sigma_{cr} = a_1 - b_1\lambda^2$(也是和材料有关的常数)等,可查阅相关的设计规范,见表 4.1。

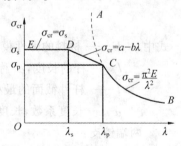

图 4.64　压杆的临界应力图

表 4.1　常用材料的 a、b 和 λ_p 值

材料	a/MPa	b/MPa	λ_p
A3 钢 $\sigma_s = 235$ MPa	304	1.12	102
优质碳钢 $\sigma_s = 306$ MPa	461	2.568	95
铸铁	332.2	1.454	70
木材	28.7	0.190	80

【例 4.17】　A3 钢制成的矩形截面杆的受力及两端约束情形如图 4.65 所示,其中图 4.65 为正视图,图 4.66 为俯视图。在 A、B 两处用螺栓夹紧。已知 $l = 2.0$ m,$b = 40$ mm,$h = 60$ mm,材料的弹性模量 $E = 210$ GPa,求此杆的临界荷载。

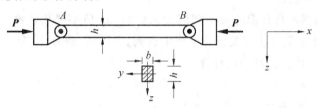

图 4.65　例 4.17 正视图

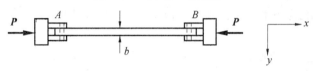

图 4.66　例 4.17 俯视图

解　杆 AB 在正视图 $x - z$ 平面内失稳时,A、B 两处可以自由转动,相当于铰链约束。在俯视图 $x - y$ 平面内失稳时,A、B 两处不能自由转动,可简化为固定端约束。

在 $x - z$ 平面内:

$$I_z = \frac{1}{12}bh^3 = 7.2 \times 10^5 \text{ mm}^4$$

$$i_z = \sqrt{\frac{I_z}{A}} = \sqrt{\frac{7.2 \times 10^5}{40 \times 60}} \text{ mm} = 17.32 \text{ mm}$$

$$\mu = 1, \lambda_z = \frac{\mu l}{i_z} = \frac{1 \times 2\,000}{17.32} = 115$$

A3 钢的 $\lambda_p = 102$,$\lambda > \lambda_p$,属于弹性稳定问题。

$$P_{cr} = \frac{\pi^2 EI}{(\mu l)^2} = \frac{\pi^2 \times 2.1 \times 10^5 \times 7.2 \times 10^5}{(2 \times 10^3)^2} \text{ kN} = 373 \text{ kN}$$

在 $x - y$ 平面内:

$$I_z = \frac{1}{12}bh^3 = 3.2 \times 10^5 \text{ mm}^4$$

$$i_z = \sqrt{\frac{I_z}{A}} = \sqrt{\frac{3.2 \times 10^5}{40 \times 60}} \text{ mm} = 11.55 \text{ mm}$$

$$\mu = 0.5, \lambda_z = \frac{\mu l}{i_z} = \frac{0.5 \times 2\,000}{11.55} = 86.6$$

A3 钢的 $\lambda_s = 61.6$,$\lambda_s \leqslant \lambda \leqslant \lambda_p$,属于弹塑性稳定问题。

由表 4.1 查得:$a = 304$ MPa,$b = 1.12$ MPa,则

$$\sigma_{cr} = a - b\lambda = (304 - 1.12 \times 86.6) \text{ MPa} = 207 \text{ MPa}$$

故此杆的临界荷载为 373 kN。

4.8.5 压杆的稳定计算

工程上通常采用下列两种方法进行压杆的稳定计算。

1. 安全系数法

为了保证压杆不失稳,并具有一定的安全裕度,因此压杆的稳定条件可表示为

$$n = \frac{P_{cr}}{P} \geqslant n_{st} \tag{4.54}$$

式中　P——压杆的工作荷载;

　　　P_{cr}——压杆的临界荷载;

　　　n_{st}——稳定安全系数。

由于压杆存在初曲率和荷载偏心等不利因素的影响。n_{st} 值一般比强度安全系数要大些,并且 n_{st} 越大,n_{st} 值也越大。具体取值可从有关设计手册中查到。在机械、动力、冶金等工业部门,由于荷载情况复杂,一般都采用安全系数法进行稳定计算。

【例 4.18】　千斤顶如图 4.67(a)所示,丝杠长度 $l = 375$ mm,内径 $d = 40$ mm,材料是 A3 钢,最大起重量 $P = 80$ kN,规定稳定安全系数 $n_{st} = 3$。试校核丝杠的稳定性。

解　(1)丝杠可简化为下端固定上端自由的压杆(图 4.67(b)),故长度系数 $\mu = 2$

由式(4.51)计算丝杠的柔度,因为

$$i = \sqrt{\frac{I}{A}} = \frac{d}{4}$$

所以

$$\lambda = \frac{\mu l}{i} = \frac{\mu l}{\frac{d}{4}} = \frac{2 \times 375}{\frac{40}{4}} = 75$$

(2)计算临界力并校核稳定性。A3 钢的 $\lambda_p = 102$,$\lambda_s = 61.6$,而 $\lambda_s \leqslant \lambda \leqslant \lambda_p$,可知丝杠是中柔度压杆,采用直线经验公式计算其临界荷载。由表 4.1 查得 $a = 304$ MPa,$b = 1.12$ MPa,故丝杠的临界荷载为

$$P_{cr} = \sigma_{cr}A = (a - b\lambda)\frac{\pi}{4}d^2$$

$$= \left[(304 - 1.12 \times 75) \times \frac{\pi}{4}40^2 \right] \text{N}$$

$$= 277 \text{ kN}$$

由式(4.54)校核丝杠的稳定性:

$$n = \frac{P_{cr}}{P} = \frac{277}{80} = 3.46 > n_{st} = 3$$

所以此千斤顶丝杠是稳定的。

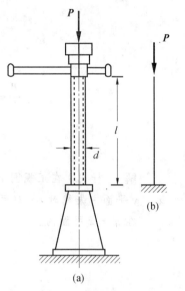

图 4.67　例 4.18 图

2. 稳定系数法

压杆的稳定条件有时用应力的形式表达为

$$\sigma = \frac{P}{A} \leqslant [\sigma]_{st} \tag{4.55}$$

式中　P——压杆的工作荷载;

　　　A——横截面面积;

　　　$[\sigma]_{st}$——稳定许用应力。

$[\sigma]_{\mathrm{st}} = \dfrac{\sigma_{\mathrm{cr}}}{n_{\mathrm{st}}}$，它总是小于强度许用应力$[\sigma]$。于是式(4.55)又可表达为

$$\sigma = \frac{P}{A} \leqslant \varphi[\sigma] \tag{4.56}$$

式中　φ——稳定系数，它由下式确定：

$$\varphi = \frac{[\sigma]_{\mathrm{st}}}{[\sigma]} = \frac{\sigma_{\mathrm{cr}}}{n_{\mathrm{st}}} \cdot \frac{n}{\sigma_{\mathrm{u}}} = \frac{\sigma_{\mathrm{cr}}}{\sigma_{\mathrm{u}}} \cdot \frac{n}{n_{\mathrm{st}}} < 1$$

式中　σ_{u}——强度计算中的危险应力。

由临界应力图(图4.83)可以看出，$\sigma_{\mathrm{cr}} < \sigma_{\mathrm{u}}$，且$n < n_{\mathrm{st}}$，故$\varphi$为小于1的系数，$\varphi$也是柔度$\lambda$的函数。表4.2所列为几种常用工程材料的$\varphi-\lambda$对应数值。对于柔度为表中两相邻$\lambda$值之间的$\varphi$，可由直线内插法求得。由于考虑了杆件的初曲率和荷载偏心的影响，即使对于粗短杆，仍应在许用应力中考虑稳定系数φ。在土建工程中，一般按稳定系数法进行稳定计算。

还应指出，在压杆计算中，有时会遇到压杆局部有截面被削弱的情况，如杆上有开孔、切槽等。由于压杆的临界荷载是从研究整个压杆的弯曲变形来决定的，局部截面的削弱对整体变形影响较小，故稳定计算中仍用原有的截面几何量。但强度计算是根据危险点的应力进行的，故必须对削弱了的截面进行强度校核，即

$$\varphi = \frac{P}{A_{\mathrm{n}}} \leqslant [\sigma] \tag{4.57}$$

式中　A_{n}——横截面的净面积。

表 4.2　压杆的稳定系数

$\lambda = \dfrac{\mu l}{i}$	φ			
	3 号钢	16Mn 钢	铸　铁	木　材
0	1.000	1.000	1.00	1.00
10	0.995	0.993	0.97	0.99
20	0.981	0.973	0.91	0.97
30	0.958	0.940	0.81	0.93
40	0.927	0.895	0.69	0.87
50	0.888	0.840	0.57	0.80
60	0.842	0.776	0.44	0.71
70	0.789	0.705	0.34	0.60
80	0.731	0.627	0.26	0.48
90	0.669	0.546	0.20	0.38
100	0.604	0.462	0.16	0.31
110	0.536	0.384	—	0.26
120	0.466	0.325	—	0.22
130	0.401	0.279	—	0.18
140	0.349	0.242	—	0.16
150	0.306	0.213	—	0.14
160	0.272	0.188	—	0.12
170	0.243	0.168	—	0.11
180	0.218	0.151	—	0.10
190	0.197	0.136	—	0.09
200	0.180	0.124	—	0.08

【例4.19】 柱由两个 No.20a 的槽钢组成。柱长 $l=6$ m,下端固定上端铰支(图4.68(a))。材料是 A3 钢,$[\sigma]=160$ MPa。(1)两个槽钢紧靠在一起(连结为一整体)(图4.68(b));(2)两槽钢拉开距离 a,使 $I_y=I_z$。分别求两种情况下柱的许用荷载 $[P]$。

解 (1)两槽钢紧靠的情况

由型钢表查得

$$A=(2\times28.83\times10^2)\text{ mm}^2=5.766\times10^3\text{ mm}^2$$

$$i_{\min}=i_y=\sqrt{\frac{I_y}{A}}=\sqrt{\frac{4.88\times10^6}{5.766\times10^3}}\text{ mm}=29.1\text{ mm}$$

$$\lambda_y=\frac{\mu l}{i_y}=\frac{0.7\times6\times10^3}{29.1}=144$$

由表4.2查得

$$\lambda=140,\varphi=0.349;\lambda=150,\varphi=0.306$$

用直线内插法求得

$$\lambda=144$$

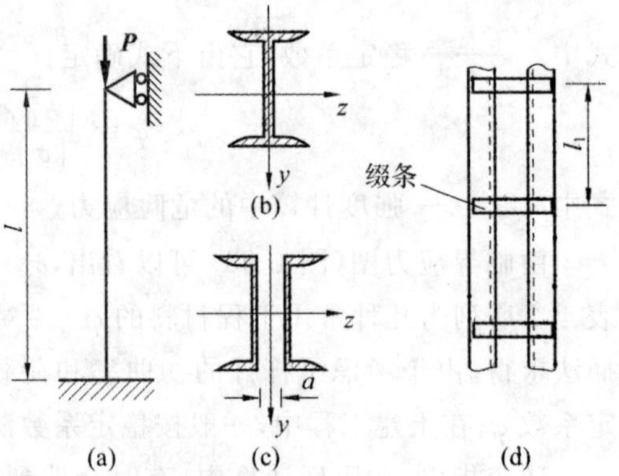

图4.68　例4.19题图

$$\varphi=0.349-\frac{4}{10}\times(0.349-0.306)=0.332$$

于是压杆的许用荷载为

$$[P_1]=\varphi[\sigma]A=(0.332\times160\times5.766\times10^3)\text{ N}=306\text{ kN}$$

(2)$I_y=I_z$ 的情况

$$i_y=\sqrt{\frac{3.56\times10^7}{5.766\times10^3}}\text{ mm}=78.6\text{ mm}$$

$$\lambda_y=\frac{\mu l}{i_y}=\frac{0.7\times6\times10^3}{78.6}=53.4$$

由表4.2查得

$$\lambda=50,\varphi=0.888;\lambda=60,\varphi=0.842$$

用直线内插法求得

$$\lambda=53.4$$

$$\varphi=0.888-\frac{3.4}{10}\times(0.888-0.842)=0.872$$

压杆的许用荷载为

$$[P_2]=\varphi[\sigma]A=(0.872\times160\times5.766\times10^3)\text{ N}=804\text{ kN}$$

将两种情况进行比较,$[P_2]$ 是 $[P_1]$ 的 2.6 倍。可见当压杆的两个方向约束情况相同时,应使截面的两个形心主矩相等,但此时应注意压杆的连接构造问题。首先,为保证 $I_y=I_z$,两个槽钢拉开的间距 a 应足够大,如本例,因单个槽钢的最小形心主矩 $I_{\min}=128\times10^4$ mm,根据:

$$2\times[128\times10^4+28.83\times10^3\times(20.1+\frac{a}{2})^2]=2\times1\,780\times10^4$$

可求得 $a\geqslant111.2$ mm。

其次,为保证每个槽钢不发生局部失稳,沿柱长每隔 l_1 的长度内应有连接板(缀条)(图4.68(d))。因两连接板间的每个槽钢通常看作两端铰支,而单个槽钢的惯性半径为

$$i_{\min}=21.1\text{ mm}$$

故

$$l_1\leqslant i_{\min}\lambda_y=(21.1\times53.4)\text{ mm}=1\,127\text{ mm}$$

压杆的稳定性取决于临界荷载的大小。由临界应力图可知,当柔度 λ 减小时,则临界应力提高,而 $\lambda=\frac{\mu l}{i}$,所以提高压杆承载能力的措施主要是尽量减小压杆的长度,选用合理的截面形状,增加支承的

刚性以及合理选用材料。现分述如下：

(1) 减小压杆的长度

减小压杆的长度，可使降低，从而提高了压杆的临界荷载。工程中，为了减小柱子的长度，通常在柱子的中间设置一定形式的撑杆，它们与其他构件连接在一起后，对柱子形成支点，限制了柱子的弯曲变形，起到减小柱长的作用。对于细长杆，若在柱子中设置一个支点，则长度减小一半，而承载能力可增加到原来的 4 倍。

(2) 选择合理的截面形状

压杆的承载能力取决于最小的惯性矩 I，当压杆各个方向的约束条件相同时，使截面对两个形心主轴的惯性矩尽可能大，而且相等，是压杆合理截面的基本原则。因此，薄壁圆管(图 4.69(a))、正方形薄壁箱形截面(图 4.69(b))是理想截面，它们各个方向的惯性矩相同，且惯性矩比同等面积的实心杆大得多。但这种薄壁杆的壁厚不能过薄，否则会出现局部失稳现象。对于型钢截面(工字钢、槽钢、角钢等)，由于它们的两个形心主轴惯性矩相差较大，为了提高这类型钢截面压杆的承载能力，工程实际中常用几个型钢，通过缀板组成一个组合截面，如图 4.69(c)、(d) 所示。并选用合适的距离 a，使 $I_y = I_z$，这样可大大提高压杆的承载能力。但设计这种组合截面杆时，应注意控制两缀板之间的长度 l_1，以保证单个型钢的局部稳定性。

 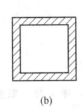  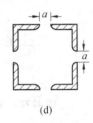

(a)　　　　　　(b)　　　　　　(c)　　　　　　(d)

图 4.69　压杆的合理截面形式

(3) 增加支承的刚性

对于大柔度的细长杆，一端铰支另一端固定压杆的临界荷载比两端铰支的大一倍。因此，杆端越不易转动，杆端的刚性越大，长度系数就越小，图 4.70 所示压杆，若增大杆右端止推轴承的长度 a，就加强了约束的刚性。

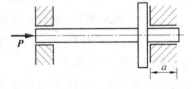

图 4.70　增加支承刚度的措施

(4) 合理选用材料

对于大柔度杆，临界应力与材料的弹性模量 E 成正比。因此钢压杆比铜、铸铁或铝制压杆的临界荷载高。但各种钢材的 E 基本相同，所以对大柔度杆选用优质钢材比低碳钢并无多大差别。对中柔度杆，由临界应力图可以看到，材料的屈服极限 σ_s 和比例极限 σ_p 越高，则临界应力就越大。这时选用优质钢材会提高压杆的承载能力。至于小柔度杆，本来就是强度问题，优质钢材的强度高，其承载能力的提高是显然的。

最后尚需指出，对于压杆，除了可以采取上述几方面的措施以提高其承载能力外，在可能的条件下，还可以从结构方面采取相应的措施。例如，将结构中的压杆转换成拉杆，这样，就可以从根本上避免失稳问题，以图 4.71 所示的托架为例，在不影响结构使用的条件下，若图 4.71(a) 所示结构改换成图 4.71(b) 所示结构，则 AB 杆由承受压力变为承受拉力，从而避免了压杆的失稳问题。

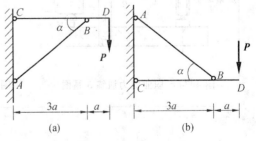

图 4.71　压杆转换成拉杆

拓展与实训

职业能力训练

1. 矩形截面梁如图 4.72 所示,已知截面的宽高比为 $b:h = 2:3$, $l = 1$ m, $q = 10$ kN/m,木材的许用应力 $[\sigma] = 10$ MPa,许用剪应力 $[\tau] = 2$ MPa,试选择截面尺寸 b、h。

2. 如图 4.73 所示等截面直杆由钢杆 ABC 与铜杆 CD 在 C 处黏接而成。直杆各部分的直径均为 $d = 36$ mm,受力如图所示。若不考虑杆的自重,试求 AC 段和 AD 段杆的轴向变形量 Δl_{AC} 和 Δl_{AD}。

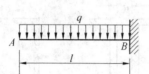

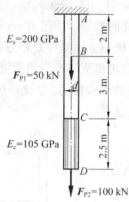

图 4.72 职业能力训练 1 题图   图 4.73 职业能力训练 2 题图

3. 螺旋压紧装置如图 4.74 所示。现已知工件所受的压紧力为 $F = 4$ kN。装置中旋紧螺栓螺纹的内径 $d_1 = 13.8$ mm;固定螺栓内径 $d_2 = 17.3$ mm。两根螺栓材料相同,其许用应力 $[\sigma] = 53.0$ MPa。试校核各螺栓的强度是否安全。

4. 如图 4.75 所示结构中 BC 和 AC 都是圆截面直杆,直径均为 $d = 20$ mm,材料都是 Q235 钢,其许用应力 $[\sigma] = 157$ MP。试求该结构的许用荷载。

5. 如图 4.76 所示小车上作用着力 $F_P = 15$ kN,它可以在悬架的 AC 梁上移动,设小车对 AC 梁的作用可简化为集中力。斜杆 AB 的横截面为圆形(直径 $d = 20$ mm),钢质,许用应力 $[\sigma] = 160$ MPa。试校核 AB 杆是否安全。

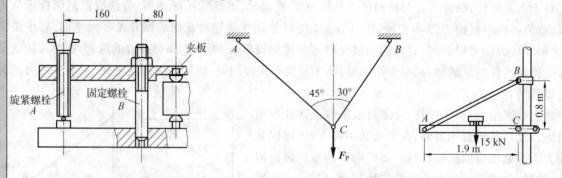

图 4.74 职业能力训练 3 题图   图 4.75 职业能力训练 4 题图   图 4.76 职业能力训练 5 题图

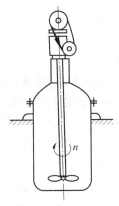

6. 变截面轴受力如图 4.77 所示,图中尺寸单位为 mm。若已知 $M_{e1} = 1\,765\ \text{N} \cdot \text{m}$,$M_{e2} = 1\,171\ \text{N} \cdot \text{m}$,材料的切变模量 $G = 80.4\ \text{GPa}$。求:(1)轴内最大剪应力,并指出其作用位置;(2)轴内最大相对扭转角 φ_{max}。

7. 如图 4.78 所示,化工反应器的搅拌轴由功率 $P = 6\ \text{kW}$ 的电动机带动,转速 $n = 0.5\ \text{r/min}$,轴由外径 $D = 89\ \text{mm}$、壁厚 $t = 10\ \text{mm}$ 的钢管制成,材料的许用剪应力 $[\tau] = 50\ \text{MPa}$。试校核轴的扭转强度。

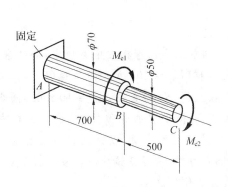

图 4.77　职业能力训练 6 题图　　　　图 4.78　职业能力训练 7 题图

8. 圆截面外伸梁,其外伸部分是空心的,梁的受力与尺寸如图 4.79 所示。图中尺寸单位为 mm。已知 $F_P = 10\ \text{kN}$,$q = 5\ \text{kN/m}$,许用应力 $[\sigma] = 140\ \text{MPa}$,试校核梁的强度。

9. 轴受力如图 4.80 所示,已知 $F_P = 1.6\ \text{kN}$,$d = 32\ \text{mm}$,$E = 200\ \text{GPa}$。若要求加力点的挠度不大于许用挠度 $[w] = 0.05\ \text{mm}$,试校核该轴是否满足刚度要求。

10. 今有两根材料、横截面尺寸及支承情况均相同的压杆,仅知长压杆的长度是短压杆的长度的两倍。试问在什么条件下短压杆临界力是长压杆临界力的 4 倍?为什么?

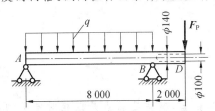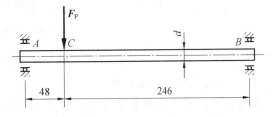

图 4.79　职业能力训练 8 题图　　　　图 4.80　职业能力训练 9 题图

11. 提高钢制细长压杆承载能力有如下方法,试判断哪一种是最正确的(　　)。

　　A. 减小杆长,减小长度系数,使压杆沿横截面两形心主轴方向的长细比相等

　　B. 增加横截面面积,减小杆长

　　C. 增加惯性矩,减小杆长

　　D. 采用高强度钢

工程模拟训练

模拟训练 1:拉伸实验

拉伸试验是测定在静荷载作用下材料力学性能的一个最基本、最重要的试验。通过拉伸试验中得到的屈服强度、抗拉强度、延伸率、截面收缩率等力学性能指标,是工程中强度和刚度计算的主要依据,也为工程设计中各种材料的选择提供了数据。在本次拉伸试验中,我们选择低碳钢与铸铁作为塑性材料和脆性材料的代表,分别进行试验。

一、试验目的

1. 测定低碳钢材料拉伸时的屈服极限 σ_s、强度极限 σ_b、延伸率 δ 和截面收缩率 ψ。

2. 测定铸铁材料拉伸时的强度极限 σ_b。

3. 观察两种材料拉伸过程中的各种现象、拉断后的断口情况,分析二者的力学性能。

二、试验设备

1. WE－300 型、WE－600 型液压式万能材料试验机;

2. 试样打点机;

3. 游标卡尺。

三、拉伸试样

根据不同的材料和要求,对试样的形状、尺寸和加工在国家标准中有规定,必须遵照执行。在拉伸试验中,试样按试件长度不同可划分为长试样($L_0 = 10d_0$)和短试样($L_0 = 5d_0$)。本次材料拉伸试验采用 $L_0 = 10d_0$(L_0 为标距即工作段长度,d_0 为直径,$d_0 = 10$ mm)圆形截面试样,如图 4.81 所示。为确保材料处于单向拉伸状态以衡量它的各种性能,拉伸试样有工作部分、过渡部分和夹持部分。其中工作部分即标距处必须表面光滑,以保证材料表面的单向应力状态;过渡部分必须有适当的台肩和圆角,以降低应力集中,保证该处不会变形或断裂;试样两端的夹持部分是装入试验机夹头中的,起传递拉力的作用。

试验前,需对低碳钢试样打标距,用试样打点机或手工的方法在试样工作段确定 $L_0 = 100$ mm 的标记。由于塑性材料径缩局部及其影响区的塑性变形在断后延伸率中占很大比重,显然同种材料的断后延伸率不仅取决于材质,而且取决于试样的标距。试样越短,局部变形所占比例越大,δ 也就越大。为便于相互比较,试样的长度应当标准化。

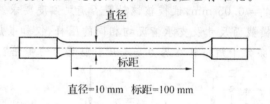

直径=10 mm 标距=100 mm

图 4.81 拉伸试样

四、液压式万能材料试验机

液压式万能材料试验机可以完成拉伸、压缩、弯曲等试验,其主要特点是以相对紧凑的结构产生较大的工作荷载。它主要由加力装置、测力装置组成,如图 4.82 所示。

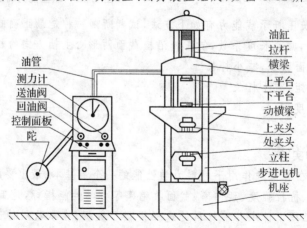

图 4.82 液压式万能材料试验机结构简图

1. 构造原理

加力装置由机座、立柱、横梁构成固定框架,由动横梁、拉杆、上横梁构成活动框架,在两个框架的横梁之间安置了一个由油缸与活塞组成的油压千斤顶,加载时,来自高压油泵的高压油经过送油阀、油管进入工作油缸,向上举起活塞和活动框架,活动平台上升,在活动平台下方形成拉伸区,上方为压缩区。控制送油阀的大小可以控制加力速率。试验完成后,开启回油阀可将油缸内的油放回油箱。此外,试验前装夹试样时,动横梁调至 5～10 mm,装夹上夹头,在开动下夹头的电机调整下夹头位置,但切忌用此电机给试样加载。

测力装置采用摆砣式重力平衡测力装置,测力度盘表示为相应的工作荷载。试验机一般配有 A、B、C 三个砣以便获得不同的量程,单用 A 砣对应最小量程,$A+B$ 砣对应中间量程,$A+B+C$ 砣对应最大量程,试验前必须合理选定摆砣配置,使得试样的特征力(屈服力、最大力)在所选量程的 30%～80% 范围内。

2. 液压式万能材料试验机操作规程

(1) 开启总电源。

(2) 估算所测材料破坏时的最大荷载,选择测力度盘。

(3) 按开试验机操作面板上的电源开关、油泵开关,通电 10 分钟,使油路通畅。

(4) 打开送油阀,动横梁上升 5～10 mm 后关闭送油阀。

(5) 调节主动指针、从动指针均在零点上。

(6) 安装试样:拉伸试样先装上夹头后装下夹头;压缩试样放于下平台的中央。

(7) 开启送油阀,缓慢送油,读出特征力。

(8) 试样破坏后关闭送油阀,取下试样。

(9) 开启回油阀,动横梁回复到零位后关闭回油阀。

(10) 关闭油泵与电源,关闭总电源。

(11) 清理实验现场。

五、试验方法

1. 试验前的准备工作

接到试样后,核对试样是否与要测试的材料相符,然后检查外观是否符合要求。对低碳钢材料打标距。

2. 试样的测量

试验前用游标卡尺测量低碳钢、铸铁材料的直径 d_0。工程中,对于长试样,测量时取试件的两端及中间三处两个相互垂直的方向各测一次,记录于实验报告的表格中。

3. 启动与调整试验机

试验前,试验机须预热半小时。试验时,按电源开关,然后再按油泵开关,使试验机启动。根据经验,在试验机上选择合适的测力度盘,调节测力指针与从动指针,使两指针与零位冲齐,最后调整好自动绘图仪。

4. 安装试样

将动横梁由零位上升 5～10 mm,把试样拿到试验机的主机前,打开试验机上夹头装夹试样的一端,然后一直拉住下夹头,按住立柱上的上行按钮,直到试样的另一端处于下夹头中间位置,放松按钮后再放松下夹头。夹好试样后分别反复提拉上、下夹头,使试样对中并夹紧。

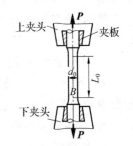

图 4.83 拉伸试样的装夹

5. 进行试验

装夹完试样后，按照试验机操作规程操作。打开送油阀，使试验机测力计的主动指针带动从动指针缓慢均速转动。表盘上读出从动指针所指的屈服荷载 P_s、最大荷载 P_b，将其记录在表中。

低碳钢拉伸过程：

（1）弹性阶段：包括正比例阶段，其正切值 $\tan\alpha$ 为 E 弹性模量，此阶段任意一点处卸载，试样能沿着原来的曲线恢复到零点的状态。

（2）屈服阶段：荷载不增加而变形急剧增大，材料失去抵抗变形的能力，产生屈服。对于未经过加工的低碳钢材料来说，屈服强度是其应用时的强度极限。

（3）强化阶段：继续加载，材料继续产生变形，这一阶段，低碳钢材料重新恢复了抵抗变形的能力，实际的生产中，对低碳钢加工，使其达到强化阶段，可使材料的强度极限提高，达到节约材料的目的。

（4）局部颈缩阶段：低碳钢产生明显的颈缩现象，断口处有热量产生。

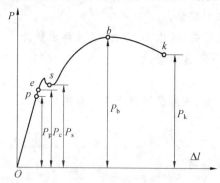

图 4.84 低碳钢拉伸图

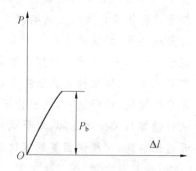

图 4.85 铸铁拉伸图

铸铁的拉伸过程：变形很小时被拉断。

6. 试验后的测量和断口的观察

低碳钢材料拉断后，须计算其延伸率和截面收缩率，因此要测量断后标距长度和断口（颈缩）处直径。

分析拉伸试样的断口，对于评价材料的质量是很重要的，而且还有助于判断材料的塑性、强度及其综合性能。观察低碳钢铸铁两种材料的断口，并分析原因。

低碳钢：断后有较大的宏观塑性变形，断口呈灰暗色纤维状，不完全杯锥状，周边为 $45°$ 的剪切唇——塑性较好。

铸铁：断口与正应力方向垂直，没有颈缩现象，长度没有变化，断口齐平为闪光的结晶状组织——脆性。

7. 试验后力学性能比较

对不同材料力学性能的比较，我们主要从拉伸过程中材料表现出的不同现象和试样拉断后断裂的现象进行比较。同学们在试验过程中要仔细观察。

六、低碳钢与铸铁强度指标与塑性指标的计算

1. 低碳钢材料

屈服极限：$\sigma_s = \dfrac{P_s}{A_0}$（MPa），$1\ \text{MPa} = 1\ \text{N/mm}^2$

强度极限：$\sigma_b = \dfrac{P_b}{A_0}$(MPa)

延伸率：$\delta = \dfrac{(L_1 - L_0)}{L_0} \times 100\%$

截面收缩率：$\psi = \dfrac{(A_1 - A_0)}{A_0} \times 100\% = \dfrac{(d_0^2 - d_1^2)}{d_0^2} \times 100\%$

2. 铸铁材料

强度极限：$\sigma_b = \dfrac{P_b}{A_0}$(MPa)

模拟训练 2：压缩实验

在实际工程中有些构件承受压力，而材料由于受力形式的不同，其表现的机械性能也不同，因此除了通过拉伸试验了解金属材料的拉伸性能外，有时还要做压缩试验来了解金属材料的压缩性能。一般对于铸铁、水泥、砖、石头等主要承受压力的脆性材料才进行压缩试验，而对塑性金属或合金进行压缩试验的主要目的是为了材料研究。例如，灰铸铁在拉伸和压缩时的极限不同，因此工程上就利用铸铁压缩强度较高这一特点来制造机床底座、床身、汽缸、泵体等。

一、压缩试验目的

(1) 测定在压缩时低碳钢的屈服极限 σ_s，铸铁的强度极限 σ_b。

(2) 观察两种材料的破坏现象，并比较这两种材料受压时的特性。

二、试验设备

(1) WE－300 型、WE－600 型液压式万能材料试验机；

(2) 游标卡尺。

三、压缩试样

本次压缩试验用矩形试样如图 4.86 所示。试样两端须经研磨平整，互相平行，且端面须垂直于轴线。试样尺寸 $\dfrac{H}{D}$ 对压缩变形量和变形抗力均有很大影响。为使结果能互相比较，必须采取相同的 $\dfrac{H}{D}$ 值。此外试样端部的摩擦力不仅影响试验结果，而且改变破断形式，应尽量减少。本次试验试样规格 $H:D = 5:3$。

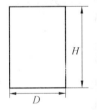

图 4.86　压缩试样

四、试验方法与步骤

1. 试验前的准备工作

接到试样后，核对压缩试样是否与要测试的材料相符，然后检查外观是否符合要求。工程中，对于短试样用游标卡尺正交测量两次，将数据记入表中。

2. 启动与调整试验机

试验前，试验机须预热半小时。根据经验，在试验机上选择合适的测力度盘，调节测力指针与从动指针，使二指针与零位冲齐。

3. 安装试样

将压缩试样放入试验机下平台的中心，多角度调正，使压缩时试样不产生歪斜。打开送油阀，使下平台缓慢上移，待试样上端与上平台快接触时关闭送油阀，最后调整好自动绘图仪。

4. 进行试验

打开送油阀，使试验机测力计的主动指针带动从动指针缓慢均速转动。试样逐渐压扁，待记录好低碳钢材料屈服荷载后，继续开送油阀直至压成圆鼓形，观察其变形。

对铸铁材料加载时，要眼睛盯住主动指针加载，破坏时，记录最大荷载，迅速关闭送油阀，打开回油阀，取出试样观察其变形。

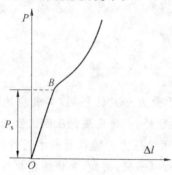

图 4.87　低碳钢压缩图

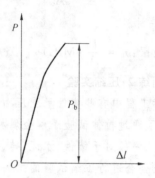

图 4.88　铸铁压缩图

五、试验后材料破坏情况

观察低碳钢铸铁两种材料的破坏变形情况，分析原因：

低碳钢：试样逐渐被压扁，形成圆鼓状。这种材料延展性很好，不会被压断，压缩时产生很大的变形，上下两端面受摩擦力的牵制变形小，而中间受其影响逐渐减弱。

铸铁：压缩时变形很小，承受很大的力之后在大约 45°方向产生剪切断裂，说明铸铁材料受压时其抗剪能力小于抗压能力。

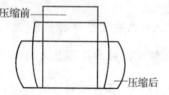

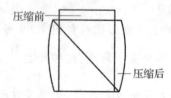

图 4.89　低碳钢、铸铁压缩后变形图

六、强度指标的计算

（1）低碳钢材料

屈服极限：$\sigma_s = \dfrac{P_s}{A_0}$(MPa)，$1\ \text{MPa} = 1\ \text{N/mm}^2$

（2）铸铁材料

强度极限：$\sigma_b = \dfrac{P_b}{A_0}$(MPa)

链接执考

1. 设矩形截面对其一对称轴 z 的惯性矩为 I_z，则当长宽分别为原来的 2 倍时，该矩形截面对 z 的惯性矩将变为（　　　）。[2008 年高等教育自学考试工程力学（二）：（单选题）]

A. $2I_z$　　　　　　B. $4I_z$　　　　　　C. $8I_z$　　　　　　D. $16I_z$

2. 对于承受任意荷载的杆件(并不一定是轴向拉伸与压缩),下列结论正确的是(　　)。[2012 年一级结构工程师基础考试:(单选题)]

(1) 杆件的某个横截面上,若各点的正应力均为零,则弯矩必为零。

(2) 杆件的某个横截面上,若各点的正应力为零,则轴力必为零。

(3) 杆件的某个横截面上,若轴力 $N = 0$,则该截面上各点的正应力也必为零。

A. (1)　　　　　　　B. (2)　　　　　　　C. (1)、(2)　　　　　　　D. (2)、(3)

3. 矩形截面挖去一个边长为 a 的正方形,如图 4.90 所示,该截面对 z 轴的惯性矩 I_z 为(　　)。[2011 年一级结构工程师基础考试:(单选题)]

A. $I_z = \dfrac{bh^3}{12} - \dfrac{a^4}{12}$

B. $I_z = \dfrac{bh^3}{12} - \dfrac{13a^4}{12}$

C. $I_z = \dfrac{bh^3}{12} - \dfrac{a^4}{3}$

D. $I_z = \dfrac{bh^3}{12} - \dfrac{7a^4}{12}$

4. 图 4.91 所示 T 形截面杆,一端固定一端自由,自由端的集中力 F 作用在截面的左下角点,并与杆的轴线平行。该杆发生的变形为(　　)。[2012 年一级结构工程师基础考试:(单选题)]

A. 绕 y 和 z 轴的双向弯曲

B. 轴向拉伸和绕 y、z 轴的双向弯曲

C. 轴向拉伸和绕 z 轴弯曲

D. 轴向拉伸和绕 y 轴弯曲

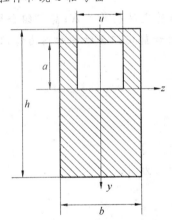

图 4.90　矩形截面

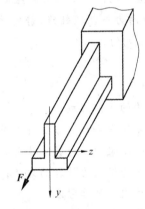

图 4.91　T 形截面杆

模块 3

静定结构的力学分析

【模块概述】

静定结构作为静力学的主要研究对象及工程中广泛应用的结构形式之一,其力学特性的研究分析,无论在力学课程的学习过程中还是在结构的强度、刚度分析中都具有重要的现实意义。另外也为超静定结构的力学计算打下基础。

本模块主要涵盖了几何不变体系的组成规律与静定结构的关系;静定组合梁和静定平面刚架的内力特性;三铰拱的内力与合理轴线;静定平面桁架和静定组合结构的内力特性;以及图乘法的原理和利用图乘法求解结构的位移。

【学习目标】

1. 能够分析结构的几何组成;
2. 掌握多跨静定梁内力计算方法并熟练绘制内力图;
3. 掌握静定平面刚架内力计算方法并熟练绘制内力图;
4. 掌握静定平面桁架内力计算的方法;
5. 了解组合结构内力计算方法;
6. 了解引起结构位移的原因及位移计算的目的;
7. 了解变形体的虚功原理及虚设单位荷载法推导结构位移计算的一般公式;
8. 掌握图乘法求静定结构位移的方法。

【课时建议】

14～18课时

从汶川地震后德阳市汉王镇东汽中学的 4 层教学楼图片,我们可以清楚地看出钢筋混凝土中保留下来后的残迹,从图片我们可以看出这是个桁架结构,由于设计的不合理,在地震到来时抵挡不了地震的冲击,使结构间隙增大,楼板脱落倒塌。

这是桁架设计不合理导致的坍塌,那么通过这个例子我们不禁要问什么是桁架结构?它哪里设计的不合理了?生活中除了这种桁架结构,还有其他什么的结构?其他的结构都有什么特点等。

地震后的德阳市汉王镇东汽中学教学楼

单元 5　平面杆件的几何组成分析

5.1　几何组成分析基本概念

5.1.1 几何不变体系和几何可变体系

图 5.1(a) 所示为由两根竖杆和一根横杆绑扎组成的支架。假定竖直杆在地里的埋深很浅,那么支点 C 和 D 可视为铰支座,结点 A 和 B 也可视为铰结点,图 5.1(b) 为其计算简图。显然这个支架是不牢固的,在外力作用下很容易倾倒,如图中虚线所示。但是,如果我们加上一根斜撑,就得到图 5.1(c) 所示支架,这样就变成一个牢固的体系了。在讨论体系的几何构造时,如果不考虑体系因荷载作用而引起的变形,或者这种变形比起体系本身的尺寸小得多,就忽略体系各杆件的弹性变形,把它们视为刚性杆件。这是几何组成分析的前提。这样,杆件体系可以分为两类:

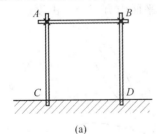
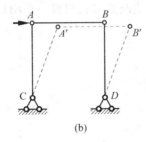
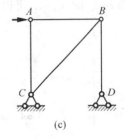

图 5.1　几何组成体系

1. 几何不变体系

在不考虑材料应变的条件下,任意荷载作用后位置和形状均能保持不变的体系。

2. 几何可变体系

在不考虑材料应变的条件下,即使不大的荷载作用,也会产生机械运动而不能保持其原有形状和位置的体系。

在土建工程中只有几何不变体系才能作为结构使用。

5.1.2 几何组成分析的目的

（1）保证结构具有可靠的机构组成，避免工程中出现可变结构，造成共工程事故；

（2）了解结构各部分之间的构造关系，改善和提高结构的性能；

（3）用以区分静定结构和超静定结构，从而采用不同的计算方法。

本章只讨论平面杆系结构的几何组成分析。

5.1.3 刚片、自由度、约束的概念

1. 刚片

在进行在进行体系的几何组成分析时，一个几何不变体系可以看作一个刚片，刚片是指在平面内可以看成刚体的物体。它的几何形状和大小都不改变。我们可以将一根梁、一根链杆或体系中的某一几何不变部分看作是一个刚片。如图 5.2(a) 所示的外伸梁中 AC 为一个刚片，支承结构的地基也可看作是一个刚片。在如图 5.2(b) 中三根杆件组成的铰接三角形 ABC，即可视为一个刚片。而图 5.2(c) 所示体系不是刚片，因为它的几何形状是可变的。

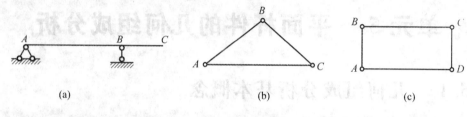

图 5.2　刚片

2. 自由度

体系的自由度是指体系运动时，用以确定体系在平面内的位置所需要的独立坐标数目。换句话说，一个体系有几个独立的运动方式，我们就说这个体系有几个自由度。

例如，平面内的一个动点，无论其运动到什么位置，如图 5.3(a) 的点 A，由 A 移动到 A' 时，它的位置只由两个坐标 x、y 来确定就足够了，因此我们说平面内的一个点有 2 个自由度。

图 5.3(b) 所示为平面内一个刚片（即平面刚体），由原来的位置 AB 改变到 $A'B'$ 位置。这时刚片的位置可由它上面的一点 A 的坐标 x、y 和任一直线 AB 的倾角来确定。因此一个刚片在平面内有三种独立的运动方式（即 x、y、φ 可以独立地改变），我们说一个刚片在平面内有三个自由度。

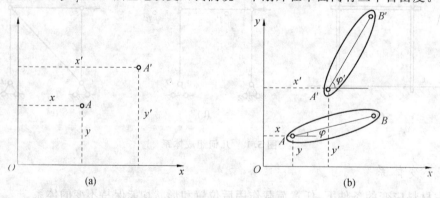

图 5.3　自由度

3. 约束

物体的自由度，将因加入限制运动的装置而减少。凡能减少体系自由度的装置称为约束。能减少一个自由度的装置，称为一个约束。常用的约束有链杆、支座、结点等，不同的约束对自由度的影响是

不同的。

(1) 链杆的约束作用

如图 5.4(a) 所示,用一根链杆 AC 把刚片与地基相连后,刚片上的 A 点就不能沿链杆方向移动,只能绕 C 点转动,而刚片本身还可绕 A 点转动。此时,由链杆 AC 绕 C 点的转动角度 φ_1,以及直线 AB 的倾角 φ_2 就能确定该刚片的位置。刚片原来有 3 个自由度,加了一根链杆后,刚片的自由度等于 2 比原来减少了 1 个。所以,一个链杆能减少一个自由度,相当于一个约束。

链杆也可以是曲杆或折杆,如图 5.4(b)、(c) 所示,两铰间距不变,起到虚线所示直杆的约束作用。

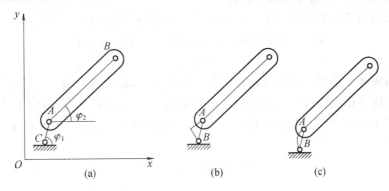

图 5.4 约束

(2) 支座的约束作用

支座是结构与基础间的联系,也是基础对结构的一种约束。图 5.5(a) 为可动铰支座,它与一根链杆作用相同,相当于一个约束;图 5.5(b) 为固定铰支座,它与两根链杆的作用相同,相当于两个约束;图 5.5(c) 为定向支座,它与两根链杆的作用相同,也相当于两个约束;图 5.5(d) 为固定支座,它的约束作用与三根链杆的作用相同,相当于三个约束。

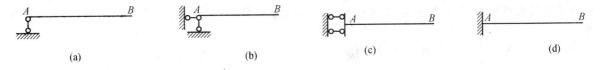

图 5.5 支座

(3) 结点的约束作用

单铰:用一个铰 B 把两个刚片连接起来如图 5.6(a) 所示,这种连接两个刚片的铰称为单铰。刚片 Ⅰ 的位置确定后,刚片 Ⅱ 上 B 点的位置也随之确定,因此只需确定刚片 Ⅱ 上任意一条直线 BC 的倾角就可以确定其位置。未用单铰 B 连接前,两个刚片共有 6 个自由度,加单铰后,体系只有 4 个自由度,比原来减少了两个自由度。所以一个单铰能减少两个自由度,相当于两个约束。

复铰:图 5.6(b) 为三个刚片用一个铰 A 相连,我们将这种连接三个或三个以上刚片的铰称为复铰。复铰的作用可用折算成单铰的办法来分析。若刚片 Ⅰ 的位置已确定,则刚片 Ⅱ 和 Ⅲ 只能绕 A 点转动,刚片 Ⅱ 和 Ⅲ 各减少两个自由度,这样,连接三个刚片的复铰相当于两个单铰。以此类推,连接 $n(n \geqslant 3)$ 个刚片的复铰相当于 $(n-1)$ 个单铰。

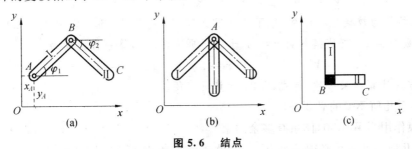

图 5.6 结点

刚结点:图5.6(c)为两刚片 AB 和 BC 在 B 点连接为一个整体,结点 B 为刚结点。两个刚片原来有6个自由度,刚性连接成整体后只有三个自由度,减少了三个自由度。因此,一个刚结点能减少三个自由度,相当于三个约束。

4. 体系自由度的计算

由计算的方法求得体系的自由度,称为计算自由度。运用几何不变体系组成规则分析得出的体系自由度称为实际自由度,这两者通常是一致的。若约束布置不合理,也会出现两者不一致的情况,这在后面会讲到。本节研究计算自由度的求解方法。

一个体系可以由若干个刚片通过增加约束而组成,该体系的自由度 W 的计算可定义为

$$W = 各部件的自由度总和 - 全部约束数目$$

(1)刚片法

以刚片作为组成体系的基本部件进行自由度计算的方法,称为刚片法。一个平面体系通常是若干个刚片彼此用铰相连并用支座链杆与基础相连而组成的。设其刚片数为 m(基础不计入),单铰数目为 n,支座链杆的数目为 r,则各部件的自由度总和为 $3m$,全部约束数为 $2n+r$,由此得到刚片法计算体系自由度的公式为

$$W = 3m - 2n - r \tag{5.1}$$

(2)铰结点法

完全由两端铰接的杆件所组成的体系,称为铰接链杆体系。这类体系的计算自由度,除可用式(5.1)计算外,还可用下面更简便的公式来计算。设 J 表示结点数,b 表示杆件数,r 为支座链杆数。则铰结点法计算体系自由度的公式为

$$W = 2J - b - r \tag{5.2}$$

【例5.1】 求图5.7所示体系的自由度 W。

解 体系由 AC、CD、DB 及 EF 四个刚片组成。E、C、D、F 均为单铰,A、B 处均为固定铰支座,分别相当于两根链杆,故刚片数 $m=4$,单铰数 $n=4$,支座链杆数 $r=4$。于是根据式(5.1),体系自由度为

$$W = 3m - 2n - r = 3 \times 4 - 2 \times 4 - 4 = 0$$

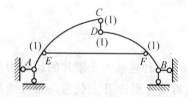

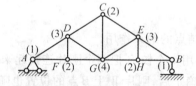

图5.7 例5.1图　　　　　　　　　图5.8 例5.2图

【例5.2】 求图5.8所示体系的自由度 W。

解 方法Ⅰ:刚片数 $m=13$;复铰 D 处由四个刚片连接而成,相当于三个单铰,复铰 A 处由两个刚片连接而成,为一个单铰,其余各点的这算单铰数均在括号内示出,总单铰数 $n=18$;B 处为可动铰支座,相当于一根链杆,支座链杆数 $r=3$。

$$W = 3m - 2n - r = 3 \times 13 - 2 \times 18 - 3 = 0$$

方法Ⅱ:此结构为铰接链杆体系,除了可以用式(5.1)计算外,还可以用式(5.2)进行计算。节点数 $J=8$,杆件数 $b=13$,支座链杆数 $r=3$。于是根据式(5.2),体系自由度为

$$W = 2J - b - r = 2 \times 8 - 13 - 3 = 0$$

可见两种方法计算结果一致,但式(5.2)计算更简便。

(3)平面体系几何不变的必要条件

结点的约束作用当 $W < 0$,体系有多余约束。

因此,一个几何不变体系必须满足 $W \leqslant 0$(就体系本身 $W \leqslant 3$)的条件。

5.2 几何不变体系的组成规则

由上节内容知,由公式计算得自由度 $W \leqslant 0$(或 $W \leqslant 3$)并不能保证体系一定是几何不变的。为了判别体系是否几何不变,还需进一步研究几何不变体系的组成规则。为此,本节先介绍虚铰的概念,然后介绍几何不变体系的组成规则。

5.2.1 虚铰(瞬铰)

如图 5.9 所示,两刚片用两根链杆相连。假定刚片 Ⅱ 不动,刚片 Ⅰ 运动时,链杆 AB 将绕 A 点转动,因而 B 点将沿与 AB 杆垂直的方向运动;同理 D 点将沿 CD 杆垂直的方向运动。显然,整个刚片 Ⅰ 将绕 AB 与 CD 两杆延长线的交点 O 转动,O 点称为刚片 Ⅰ 和 Ⅱ 的相对转动瞬心。此情形就相当于将刚片 Ⅰ 和 Ⅱ 在 O 点用一个铰相连一样。因此,连接两个刚片的两根链杆的作用相当于在其交点处的一个单铰,不过这个铰的位置是随着链杆的转动而改变的,这种铰称为虚铰(或瞬铰)。图 5.10 所示为虚铰的三种特殊情况。当链杆布置为如图 5.10(a)所示时,虚铰成为实铰。当链杆布置如图 5.10(b)所示时,虚铰位置在两链杆的相交处。当链杆布置如图 5.10(c)所示时,虚铰的位置可以认为在无穷远处,刚片 Ⅰ 的瞬时运动成为平动。

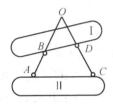

图 5.9 虚铰

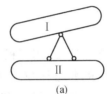 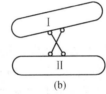 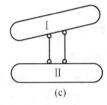

(a) (b) (c)

图 5.10 虚铰的三种特殊情况

5.2.2 基本组成规则

1. 三刚片规则

三个刚片用不在同一直线上的三个单铰两两相连,组成的体系是几何不变的。

图 5.11 所示铰接三角形,用不在同一直线上的三个单铰 A、B、C 两两相连。如假定刚片 Ⅰ 不动,则刚片 Ⅱ 只能绕铰 A 转动,即刚片 Ⅱ 上的 C 点在以 A 为圆心、以 AC 为半径的圆弧上运动。刚片 Ⅲ 只能绕铰 B 转动,其上的 C 点只能在以 B 为圆心、以 BC 为半径的圆弧上运动。但是刚片 Ⅱ、Ⅲ 又用铰 C 相连,C 点不可能同时沿两个方向不同的圆弧运动,因而只能在两个圆弧的交点处固定不动。可见各刚片之间不可能发生任何相对运动。因此,这样的体系是几何不变的。

例如图 5.12 所示的三角钢架,左右两半刚架可分别视为刚片 Ⅱ、Ⅲ,地基视为刚片 Ⅰ,三个刚片用不在同一直线上的三个单铰两两相连,因此三角刚架为几何不变体系。

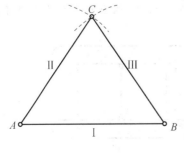 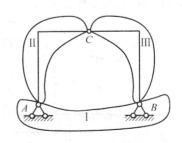

图 5.11 三刚片规则 图 5.12 三角刚架

对于图 5.13 所示体系,三个刚片分别用 6 根链杆相连,1、2 形成虚铰 B,5、6 形成虚铰 A,3、4 形成的虚铰 C 在无穷远处,单铰不在同一直线上,因此体系符合三刚片规则,为几何不变体系。

对于图 5.14 所示体系,三个单铰在同一直线上的情况,若铰 C 发生微小位移后,三个铰就不在同一直线上,原来的体系就变成几何可变体系,这样的体系称为瞬变体系。

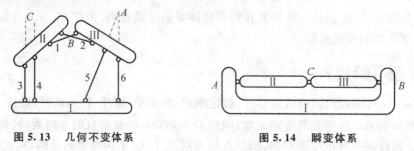

图 5.13 几何不变体系　　　　　　图 5.14 瞬变体系

【知识拓展】

瞬变体系

原来是几何可变体系,经过微小位移后变成几何不变体系,这样的体系称为瞬变体系。

虽然瞬变体系产生的位移非常小,但是通过计算,它产生的内力非常大,因而,建筑结构中不允许采用瞬变体系。

2. 两刚片规则

两个刚片用一个铰和一根不通过此铰的链杆相连;或用三根不完全平行也不汇交于一点的链杆相连,组成的体系是几何不变的。如图 5.15(a) 所示,将链杆 BC 看成刚片 Ⅲ,A、B、C 三铰不共线,符合三刚片规则。图 5.15(b) 所示为两刚片用三根链杆相连,链杆 12 和 34 的作用相当于其交点 O 处的一个虚铰,因此,两刚片相当于用铰 O 和链杆 56 相连,且链杆 56 不通过铰 O,所以为几何不变的。

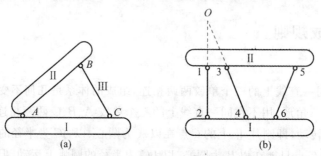

图 5.15 两刚片规则

【知识拓展】

如图 5.16(a) 所示,两个刚片用三根平行且不等长的链杆相连,组成的体系是几何瞬变体系。

如图 5.16(b) 所示,两个刚片用三根平行且等长的链杆相连,组成的体系是几何可变体系。

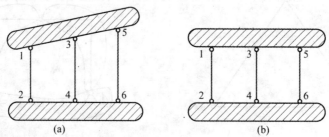

图 5.16 几何可变体系与瞬变体系

3. 二元体规则

在一个体系上增加或者拆除二元体,不改变原体系的几何构造性质。

如图 5.17 所示,在刚片 Ⅰ 上用两根链杆连接一新结点 A,我们将这种不在同一直线的两链杆连接一个新结点的构造称为二元体。显然,在一个刚片上增加二元体,体系仍为几何不变的。因此,在一几何不变体系上依次增加二元体,不会改变体系的几何不变性。

如图 5.18 所示,工程中常见的桁架,取几何不变的铰接三角形 123 为基础,增加一个二元体得到结点 4,得到不变体系 1234,在增加一个二元体得到结点 5,以此类推,最后得到整个桁架,可见此桁架是几何不变的。此外,也可以反过来用拆除二元体的方法分析。从 8 结点开始拆除一个二元体,然后依次拆除 7、6、5、4 后,剩下几何不变的铰接三角形 123,因此原体系是几何不变的。

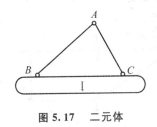

图 5.17　二元体

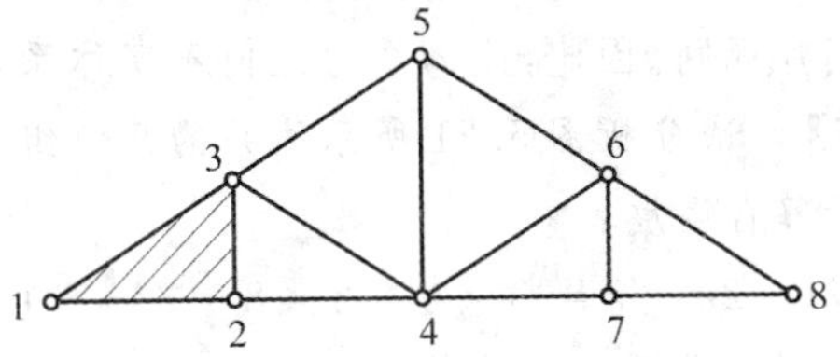

图 5.18　二元体规则

5.2.3　几何组成分析实例

根据给定体系的几何组成,分析该体系是否几何不变,称为体系的几何组成分析。几何组成分析的一般步骤有以下几点:

(1)计算体系的自由度,即先检查它是否满足几何不变的必要条件,只有当自由度 $W \leqslant 0$(或 $W \leqslant 3$)时才能进行下一步分析。如果体系的组成不复杂,这一步也可略去。

(2)正确和灵活地运用几何不变体系的基本组成规则,分析给定体系是否满足几何不变的充分条件。

对于比较复杂的体系,一时不能按照基本组成规则直接判定,常采用以下两种方法进行分析:

(1)扩大刚片法:先把能够直接观察出的几何不变部分视为刚片,再按照组成规则逐次扩大刚片(即几何不变部分)的范围。如果能把刚片范围扩大至整个体系,则给定的体系就可以判定为几何不变的。

(2)拆除二元体法:先逐个拆除体系中的二元体,使体系的组成被简化,然后再根据组成规则判定剩下部分是否几何不变。对剩下部分所做出的结论,就代表了整个体系的几何组成性质。当体系仅有三根支座链杆与基础相连时,可去掉支座,仅考虑上部结构。

为了便于分析,对于体系中的折线形链杆或曲杆,可以用直杆来等效代换。

下面举例说明几何组成分析的方法。

【例 5.3】　试分析图 5.19 所示体系的几何组成。

解　计算自由度:此结构为铰接链杆体系,因此可用铰结点法计算自由度。结点数为 8,杆件数为 13,支座链杆数为 3,则

$$W = 2J - b - r = 2 \times 8 - 13 - 3 = 0$$

分析几何组成:体系与地基通过三根支座链杆相连,可去掉支座,只研究体系本身。铰接三角形 ABD 可看作一刚片,在此基础上可依次增加 ACD、CFD、CEF、EHF、EGH 五个二元体,得到整个体系。由此可以判定该体系为几何不变体系,没有多余约束。

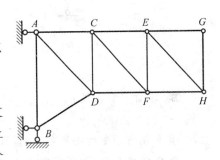

图 5.19　例 5.3 图

【例 5.4】 试分析图 5.20 所示体系的几何组成。

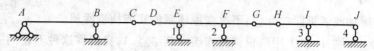

图 5.20 例 5.4 图

解 计算自由度：

$$W = 3m - 2n - r = 3 \times 5 - 2 \times 4 - 7 = 0$$

分析几何组成：将梁 ABC 与基础看成刚片 Ⅰ，将梁 DEFG 看成刚片 Ⅱ，刚片 Ⅰ 和刚片 Ⅱ 之间通过链杆 CD 和链杆 1、2 相连，这三根链杆既不完全平行，也不汇交于一点，符合两刚片规则，形成了扩大刚片。扩大刚片与梁 HIJ 通过链杆 GH 和链杆 3、4 相连，这三根链杆既不完全平行，也不汇交于一点，符合两刚片规则。因此，此体系为几何不变体系，没有多余约束。

【例 5.5】 试分析图 5.21 所示体系的几何组成。

解 计算自由度：

$$W = 3m - 2n - r = 3 \times 6 - 2 \times 8 - 3 = -1$$

$W = -1$ 说明体系约束的数目比总自由度的数目多

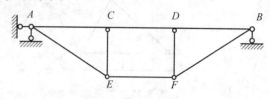

1 个。满足体系几何不变的必要条件。

分析几何组成：由于体系与地基之间通过 3 根支座

图 5.21 例 5.5 图

链杆相连，因此可以去掉支座，只研究体系本身。将梁 AB 看成一个刚片，在其上增加二元体 AEC，再增加二元体 BFD 后体系仍为几何不变体系。两个二元体之间的链杆 EF 是一个多余约束。因此可以判定该体系为几何不变体系，有一个多余约束。

【例 5.6】 试分析图 5.22 所示体系的几何组成。

解 计算自由度：

$$W = 2J - b - r = 2 \times 12 - 20 - 4 = 0$$

分析几何组成：由基本铰接三角形上增加二元体可得 ADCF 和

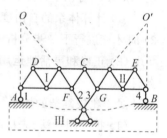

BECG 两部分都是几何不变的，可视为刚片 Ⅰ、Ⅱ。地基可看作刚片 Ⅲ。之间通过链杆 1、2 相连，相当于刚片 Ⅰ、Ⅲ 用虚铰 O 相连；通过链杆 3、4 相连，相当于刚片 Ⅱ、Ⅲ 用虚铰 O′ 相连；刚片 Ⅰ、Ⅱ 之间则用铰 C 相连。O、

图 5.22 例 5.6 图

O′、C 三铰不共线，依据三刚片组成规则，此桁架为几何不变且无多余约束。

【例 5.7】 试分析图 5.23 所示体系的几何组成。

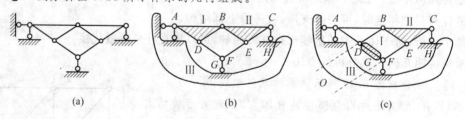

(a)　　　　　　　(b)　　　　　　　(c)

图 5.23 例 5.7 图

解 计算自由度：

$$W = 2J - b - r = 2 \times 6 - 8 - 4 = 0$$

具有几何不变的必要条件，需进一步按组成规则判定。

几何组成分析：如图 5.23 所示，此体系与地基不是通过三根不完全平行也不汇交于一点的支座链杆相连，因而不能去掉地基，此外，也无二元体可去。可试用三刚片规则来分析。先将地基作为刚片 Ⅲ，三角形 ABD 和 BCE 作为刚片 Ⅰ、Ⅱ，如图 5.23(b)所示。接下去的分析我们会发现 Ⅰ、Ⅲ 和 Ⅰ、Ⅱ 之

间都有铰相连,而刚片 Ⅱ、Ⅲ 之间只有链杆 *CH* 相连,此外杆件 *DF*、*EF* 没有用上。显然不符合规则,分析无法进行下去。因此,需另选刚片。地基仍作为刚片 Ⅲ,铰 *A* 处的两根链杆可看作是地基上增加的二元体,因而同属于地基刚片 Ⅲ。于是,从刚片 Ⅲ 上一共有 *AB*、*AD*、*FG* 和 *CH* 四根链杆连出,它们应该两两分别连到另外两刚片上。这样,可找出相应的杆件 *DF* 和三角形 *BCE* 分别作为刚片,如图 5.23(c) 所示。具体分析如下:

刚片 Ⅰ、Ⅲ——用链杆 *AD*、*FG* 相连,组成虚铰在 *F* 点。

刚片 Ⅱ、Ⅲ——用链杆 *AB*、*CH* 相连,组成虚铰在 *C* 点。

刚片 Ⅰ、Ⅱ——用链杆 *BD*、*EF* 相连,此两杆平行,组成虚铰 *O* 在此两杆延长线的无穷远处。

由于虚铰 *O* 在 *EF* 的延长线上,故 *C*、*F*、*O* 三铰在同一直线上。因此此体系为瞬变体系。

5.3 静定结构与超静定结构

5.3.1 基本概念

几何组成分析还有一个重要作用,是通过判定几何不变体系是否有多余约束,来判定结构是静定结构或超静定结构。

如图 5.24(a) 所示的简支梁是无多余约束的几何不变体系。有三根支座链杆,对梁有三个支座反力。取梁 *AB* 为研究对象进行受力分析,这三个不交于同一点的支反力,可以由平面一般力系的三个静力平衡方程 $\sum F_x = 0$、$\sum F_y = 0$、$\sum M_A = 0$ 求出,并进一步用截面法确定任一截面的内力。因此,简支梁是静定的。

如图 5.24(b) 所示的连续梁是有一个多余约束的几何不变体系。它的四个支座链杆有四个约束反力,但取梁 *AB* 为研究对象进行受力分析,利用平面一般力系平衡条件所能建立的独立平衡方程只有三个。除其中的水平反力能由 $\sum F_x = 0$ 确定外,其余三个竖向反力由两个平衡方程是无法确定的,也无法进一步计算内力,所以连续梁是超静定的。

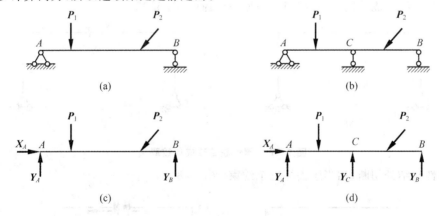

图 5.24 静定结构与超静定结构

综上所述,可以得出以下结论:静定结构的几何组成特征是几何不变且无多余约束,超静定结构的几何组成特征是几何不变且有多余约束。据此,可以从结构的几何组成来判定它是静定的或是超静定的。按基本组成规则所组成的几何不变体系都无多余约束,因此都是静定的。如果在此基础上还有多余约束,就是超静定的。

5.3.2 超静定次数的确定方法

用力法求解时,首先要确定结构的超静定次数。通常将多余联系的数目或多余未知力的数目称为超静定结构的超静定次数。

确定超静定次数的方法:一是可以通过计算自由度的方法确定超静定次数。当 $W < 0$ 时,W 等于负几就是几次超静定。二是可以通过几何组成分析的方法来确定超静定次数。如果一个超静定结构在去掉 n 个约束后变成静定结构,那么,这个结构就是 n 次超静定。

显然,我们可用去掉多余联系使原来的超静定结构(以后称原结构)变成静定结构的方法来确定结构的超静定次数。去掉多余联系的方式,通常有以下几种:

(1) 去掉支座处的一根支杆或切断一根链杆,相当于去掉一个约束。如图 5.25 所示结构就是一次超静定结构。图中原结构的多余约束去掉后用未知力 X_1 代替。

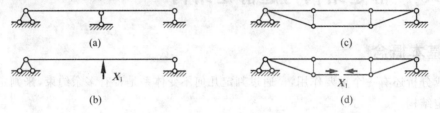

图 5.25 去掉支座支杆或切断一根链杆

(2) 去掉一个单铰,相当于去掉两个约束(图 5.26)。

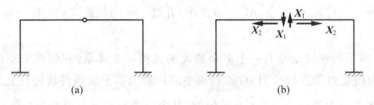

图 5.26 去掉一个单铰

(3) 把刚性联结改成单铰联结,相当于去掉一个约束(图 5.27)。

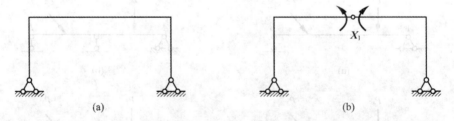

图 5.27 刚性联结改成单铰联结

(4) 在刚性联结处切断,相当于去掉三个约束(图 5.28)。

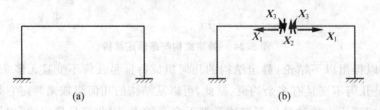

图 5.28 切断一根梁

应用上述去掉多余约束的基本方式,可以确定结构的超静定次数。应该指出,同一个超静定结构,可以采用不同的方式去掉多余约束,如图 5.29(a) 可以有三种不同的去约束方法,分别如图 5.29(b)、(c)、(d) 所示。无论采用何种方式,原结构的超静定次数都是相同的。所以说去约束的方式不是唯一的。这里面所说的去掉"多余约束"，是以保证结构是几何不变体系为前提的。如图 5.30(a) 所示中的水平约束就不能去掉，因为它是使这个结构保持几何不变的"必要约束"。如果去掉水平链杆（图5.30(b)），则原体系就变成几何可变了。

如图 5.31(a) 所示的多跨多层刚架，在将每一个封闭框格的横梁切断，共去掉 $3 \times 4 = 12$ 个多余约束后，变成为如图 5.31（b）所示的静定结构，所以它是 12 次超静定的结构。如图 5.31（c）所示刚架，在将顶部的复铰（相当于两个单铰）去掉后，变成为如图 5.31（d）所示的静定结构，所以它是 4 次超静定的结构。

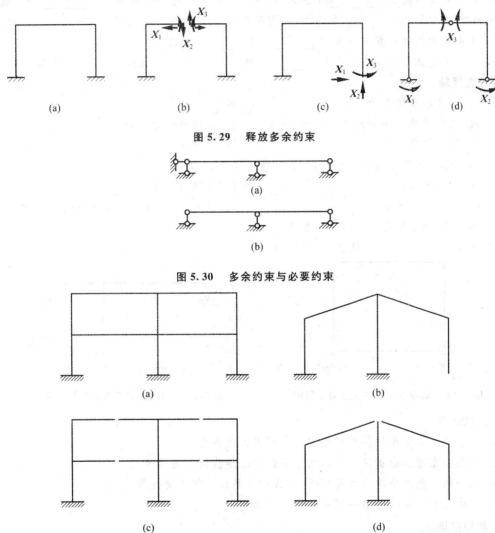

图 5.29　释放多余约束

图 5.30　多余约束与必要约束

图 5.31　确定超静定次数

拓展与实训

职业能力训练

一、填空题

1. 平面内的一个点有_____个自由度;平面内的一个刚片有_____个自由度。

2. 一个单铰相当于_____个约束,由4个刚片组成的复铰相当于_____个单铰,一个固定端支座相当于_____个约束,一根链杆相当于_____个约束。

3. 体系自由度的计算方法有_____法和_____法。

4. 几何不变体系的组成规则有_____规则、_____规则、_____规则。

二、选择题

1. 图5.32所示体系为(　　)。

　　A. 几何不变无多余约束　　　　　　　　B. 几何不变有多余约束

　　C. 几何常变　　　　　　　　　　　　　D. 几何瞬变

2. 三个刚片用三个铰两两相连,组成的体系是(　　)。

　　A. 几何不变体系　　　　　　　　　　　B. 几何常变体系

　　C. 几何瞬变体系　　　　　　　　　　　D. 几何不变、几何常变或几何瞬变体系

3. 图5.33所示结构的超静定次数为(　　)。

　　A. 5　　　　　　　B. 3　　　　　　　C. 7　　　　　　　D. 4

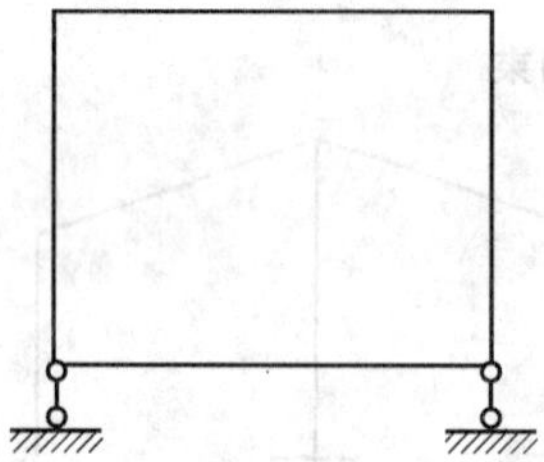

图 5.32　职业能力训练选择题 1 题图 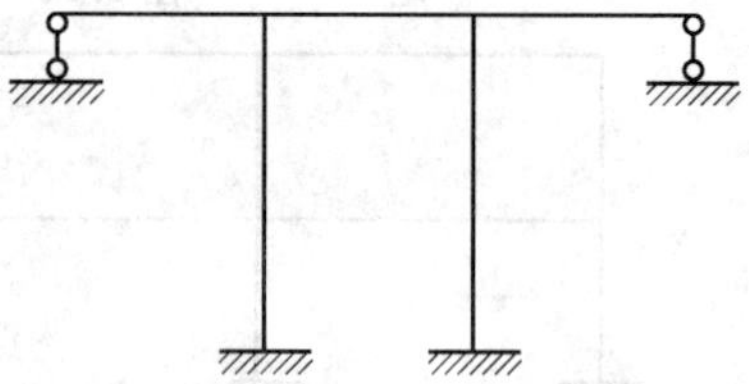　　　　图 5.33　职业能力训练选择题 3 题图

三、判断题

1. 瞬变体系在很小的荷载作用下会产生很大的内力。　　　　　　　　　　　　　(　　)

2. 在结构上增加或拆除一个二元体不改变原结构的几何性质。　　　　　　　　(　　)

3. 三个刚片用三个单铰两两相连,组成的体系是几何不变体系。　　　　　　　(　　)

4. 自由度小于零的体系一定是几何不变体系。　　　　　　　　　　　　　　　(　　)

工程模拟训练

1. 观察日常生活中的结构,绘制简图并分析几何性质。

2. 从几何构造性质对比校园框架结构和砖混结构。

链接执考

1. 图5.34所示平面体系的几何构造特性为(　　)。[1998年全国一级注册结构工程师资格考试:(单选题)]

　　A. 几何不变,无多余约束

　　B. 几何不变,有多余约束

　　C. 几何瞬变,无多余约束

　　D. 几何瞬变,有多余约束

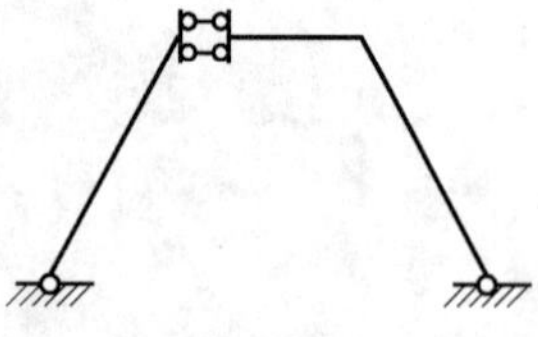

图 5.34　链接执考 1 题图

2. 图 5.35 所示体系的几何组成为（　　）。[1998 年全国一级注册结构工程师资格考试：（单选题)]

    A. 几何不变，无多余约束　　　　B. 几何不变，有 1 个多余约束

    C. 几何不变，有 2 个多余约束　　D. 几何不变，有 3 个多余约束

3. 图 5.36 所示体系的几何组成为（　　）。[2000 年全国一级注册结构工程师资格考试：（单选题)]

    A. 几何不变，无多余约束　　　　B. 几何不变，有多余约束

    C. 几何瞬变　　　　　　　　　　D. 几何常变

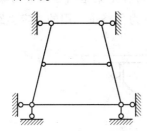

图 5.35　链接执考 2 题图

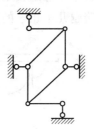

图 5.36　链接执考 3 题图

单元6　静定结构内力计算

6.1　静定组合梁

6.1.1　多跨静定组合梁的概念及分类

简支梁、外伸梁和悬臂梁是静定梁中最简单的结构,而多跨静定梁是由若干单跨梁通过约束及支座相连组成的结构,用来跨越几个相连的跨度。图 6.1(a) 所示为公路桥使用的静定多跨梁,图 6.1(b) 为其计算简图。

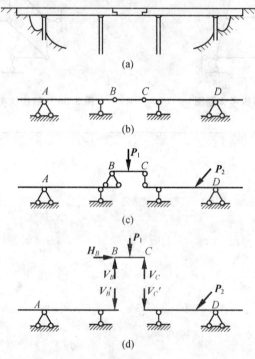

图 6.1　多跨公路桥

从几何组成上看,多跨静定梁的特点是组成整个结构的各单跨梁可以分为基本部分和附属部分两类。结构中凡本身能独立维持几何不变的部分称为基本部分,需要依靠其他部分的支承才能保持几何不变的部分称为附属部分。例如图 6.1(b) 所示的多跨静定梁,梁 AB 和 CD 都由三根支座链杆与基础相连,组成几何不变体系,它们不依赖其他部分就能独立维持自身的几何不变性,所以是基本部分;而短梁 BC 支承于 AB 和 CD 之上,它必须依靠基本部分 AB 和 CD 才能保持几何不变性,所以是附属部分。

6.1.2　层叠图的绘制

为了清楚地表明多跨静定梁各部分之间的支承关系,我们常把基本部分画在下层,附属部分画在上层,如图 6.1(c) 所示,这样的图称为层叠图。

图 6.2(a) 所示为木檩条构造的静定多跨梁结构形式,计算简图如图 6.2(b) 所示。通过观察我们可以看出,基本部分为 ABC、CDE 是依靠 ABC 才能保持几何不变的附属部分,而 EF 则是依靠 ABC 和 CDE 才能维持平衡的附属部分。因此该结构的层叠图如图 6.2(c) 所示。

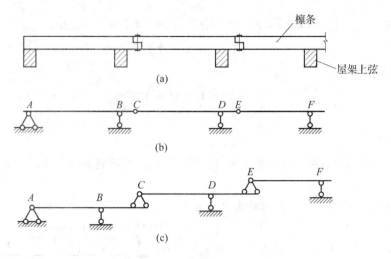

图 6.2 多跨木檩条

6.1.3 支座反力的计算方法

从传力关系来看,多跨静定梁的特点是作用于基本部分的荷载,只能使基本部分产生支座反力和内力,附属部分不受力;而作用于附属部分的荷载,不仅能使附属部分本身产生支座反力和内力,而且能使与它相关的基本部分也产生支座反力和内力。因此,在对多跨静定梁进行计算时,先计算附属部分,根据作用力与反作用力原理将附属部分的反力加在基本部分,然后再计算基本部分。

6.1.4 内力图的绘制

通过以上分析,我们给出计算多跨静定组合梁和绘制其内力图的一般步骤:

(1)分析各部分的固定次序,弄清楚哪些是基本部分,哪些是附属部分,然后按照与固定次序相反的顺序,将多跨静定梁拆成单跨梁。

(2)遵循先附属部分后基本部分的原则,对各单跨梁逐一进行反力计算,并将计算出的支座反力按其真实方向标在原图上。在计算基本部分时应注意不要遗漏由它的附属部分传来的作用力。

(3)根据其整体受力图,利用剪力、弯矩和荷载集度之间的微分关系,再结合区段叠加法绘制出整个多跨静定组合梁的内力图。

【例 6.1】 试作图 6.3(a)所示静定多跨梁的内力图。

解 此梁的固定次序为先 AC,后 CE,AC 为基本部分,CE 为附属部分。层叠图如图 6.3(b)所示。计算时将此梁拆成如图 6.3(c)所示的两个单跨静定梁。

(1)计算支座反力

先计算附属部分 CE 梁的支反力。由:

$$\sum M_C = 0,即 \qquad V_D \times 4 - 80 \times 6 = 0$$

得
$$V_D = 120 \text{ kN}(\uparrow)$$

$$\sum M_D = 0,即 \qquad V_C \times 4 - 80 \times 2 = 0$$

得
$$V_C = 40 \text{ kN}(\downarrow)$$

将 V_C 方向反作用在基本部分 AC 上,即为图 6.3(c)所示 V'_C。

计算基本部分的支座反力。由:

$$\sum F_x = 0 \text{ 得} \qquad H_A = 0$$

$$\sum M_A = 0,即 \qquad 64 + V_B \times 8 + 40 \times 10 - 10 \times 8 \times 4 = 0$$

得
$$V_B = -18 \text{ kN}(\downarrow)$$

$$\sum M_B = 0, 即 \qquad 64 - V_A \times 8 + 40 \times 2 + 10 \times 8 \times 4 = 0$$

得
$$V_A = 58 \text{ kN}(\uparrow)$$

校核,由整体平衡条件:

$$\sum F_y = 58 - 10 \times 8 - 18 + 120 - 80 = 0$$

故计算无误。

(2) 绘制内力图

将整个梁分为 AB、BD、DE 三段,由于铰 C 处不是外力的不连续点,因此不必将它作为分段控制点。

由剪力计算法则得到各控制截面的杆端剪力为

$$Q_{A右} = 58 \text{ kN}$$

$$Q_{B左} = (58 - 10 \times 8) \text{ kN} = -22 \text{ kN}$$

$$Q_{B右} = (58 - 10 \times 8 - 18) \text{ kN} = -40 \text{ kN}$$

$$Q_{D左} = (80 - 120) \text{ kN} = -40 \text{ kN}$$

$$Q_{D右} = 80 \text{ kN}$$

$$Q_{E左} = 80 \text{ kN}$$

由此绘制出梁的剪力图如图 6.3(d) 所示。其中 AB 段中剪力为零的截面 F 到 A 点的距离为 5.8 m。注意此处弯矩会出现极值。

由弯矩计算法则得到各控制截面的杆端弯矩和 AB 段弯矩的极值 M_F。

$$M_A = 64 \text{ kN} \cdot \text{m}(上侧受拉)$$

$$M_B = -(64 + 58 \times 8 - 10 \times 8 \times 4) \text{ kN} \cdot \text{m}$$
$$= 80 \text{ kN} \cdot \text{m}(下侧受拉)$$

$$M_D = (80 \times 2) \text{ kN} \cdot \text{m} = 160 \text{ kN} \cdot \text{m}(上侧受拉)$$

$$M_E = 0$$

$$M_F = (-64 + 58 \times 5.8 - 10 \times 5.8/2) \text{ kN} \cdot \text{m}$$
$$= 104.2 \text{ kN} \cdot \text{m}(下侧受拉)$$

由此可绘制出该梁的弯矩图如图 6.3(e) 所示。由于 AB 段有均布荷载作用,因此弯矩图在该段应用区段叠加法(如图虚线所示)。

此外,通过计算、作图,我们发现铰结点 C 处的弯矩值为零。由于铰结点只能传递轴力和剪力,不能传递弯矩,所以中间铰处的弯矩一定为零。我们可以利用铰结点的这一特点来校核所作的弯矩图是否正确。

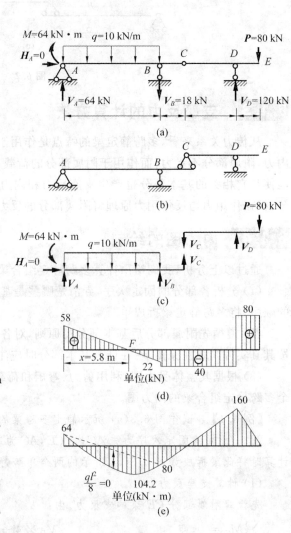

图 6.3 例 6.1 图

【例 6.2】 试作图 6.4(a) 所示静定多跨梁的内力图。

解 此梁的固定次序为先 AB、后 BCD、最后 DEF。AB 为基本部分,BCD 简支在 AB 上,DEF 简支在 BCD 上。层叠图如图 6.4(b) 所示。计算时将此梁拆成如图 6.4(c) 所示的三个单跨静定梁。

(1) 计算支座反力

先计算附属部分梁 DEF 的支反力。由:

$$\sum M_E = 0, 即 \qquad V_D \times 2 - 20 \times 2 = 0$$

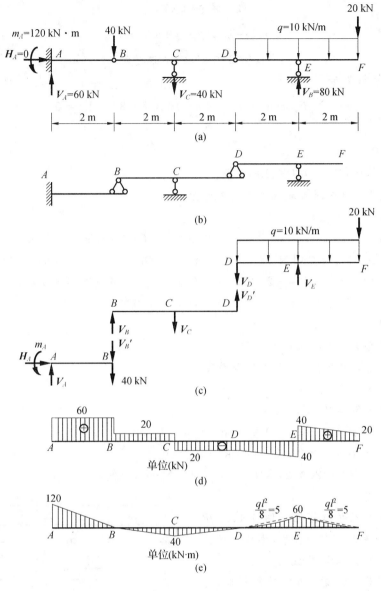

图 6.4 例 6.2 图

得 $\qquad V_D = 20 \text{ kN}(\downarrow)$

$\sum M_D = 0$，即 $\qquad V_E \times 2 - 20 \times 4 - 10 \times 4 \times 2 = 0$

得 $\qquad V_E = 80 \text{ kN}(\uparrow)$

将 V_D 方向反作用在 BCD 上，即为图 6.4(c) 所示 V'_D。

计算附属部分梁 BCD 的支反力。由于 40 kN 作用在铰结点 B 处，为方便计算，对 B 点取矩，则

$\sum M_B = 0$，即 $\qquad -V_C \times 2 + 20 \times 4 = 0$

得 $\qquad V_C = 40 \text{ kN}(\downarrow)$

$\sum M_C = 0$，即 $\qquad -V_B \times 2 + 20 \times 2 = 0$

得 $\qquad V_B = 20 \text{ kN}(\uparrow)$

将 V_B 方向反作用在基本部分 AB 上，即为图 6.4(c) 所示 V'_B。

计算基本部分 AB 的支座反力。由：

$\sum F_x = 0$，得 $\qquad H_A = 0$

$\sum F_y = 0$，即 $\qquad V_A - 20 - 40 = 0$

得 $\qquad$ $V_A = 60 \text{ kN}(\downarrow)$

$\sum M_A = 0$，即 $\qquad$ $m_A - 20 \times 2 - 40 \times 2 = 0$

得 $\qquad$ $m_A = 120 \text{ kN} \cdot \text{m}(逆时针)$

校核，由整体平衡条件：

$$\sum F_y = 60 - 40 - 40 - 10 \times 4 + 80 - 20 = 0$$

故计算无误。

（2）绘制内力图

将整个梁分为 AB、BC、CD、DE、EF 五段。

由剪力计算法则得到各控制截面的杆端剪力为

$Q_{A右} = 60 \text{ kN}$

$Q_{B左} = 60 \text{ kN}$ $\qquad$ $Q_{B右} = (60 - 40) \text{ kN} = 20 \text{ kN}$

$Q_{C左} = (60 - 40) \text{ kN} = 20 \text{ kN}$ $\qquad$ $Q_{C右} = (60 - 40 - 40) \text{ kN} = -20 \text{ kN}$

$Q_{D左} = (60 - 40 - 40) \text{ kN} = -20 \text{ kN}$ $\qquad$ $Q_{D右} = (10 \times 4 + 20 - 80) \text{ kN} = -20 \text{ kN}$

$Q_{E左} = (10 \times 2 + 20 - 80) \text{ kN} = -40 \text{ kN}$ $\qquad$ $Q_{E右} = (10 \times 2 + 20) \text{ kN} = 40 \text{ kN}$

$Q_{F左} = 20 \text{ kN}$

由此绘制出梁的剪力图如图 6.4(d) 所示。

由弯矩计算法则得到各控制截面的杆端弯矩：

$M_A = 120 \text{ kN} \cdot \text{m}(上侧受拉)$

$M_B = (-120 + 60 \times 2) \text{ kN} \cdot \text{m} = 0$

$M_C = (-120 + 60 \times 4 - 40 \times 2) \text{ kN} \cdot \text{m} = 40 \text{ kN} \cdot \text{m}(下侧受拉)$

$M_D = (80 \times 2 - 10 \times 4 \times 2 - 20 \times 4) \text{ kN} \cdot \text{m} = 0$

$M_E = (-10 \times 2 \times 1 - 20 \times 2) \text{ kN} \cdot \text{m} = -60 \text{ kN} \cdot \text{m}(上侧受拉)$

$M_F = 0$

由此可绘制出该梁的弯矩图如图 6.4(e) 所示。由于 DE、EF 段有均布荷载作用，因此弯矩图在该段应用区段叠加法（如图虚线所示）。

多跨静定梁由若干简支梁和外伸梁组成，适当地调整外伸臂长度 a 可以使弯矩分布均匀而数值大为降低。

图 6.5(a) 所示的三跨静定梁，当伸臂长度 $a = 0.171\ 6l$ 时，就可以使梁上最大正、负弯矩的绝对值相等。图6.5(b)为弯矩图，支座 CD 处弯矩的绝对值等于 DF 段的最大弯矩的绝对值。我们将此梁的弯矩图与相应多跨简支梁的弯矩图（图6.5(c)）比较，可知前者的最大弯矩要比后者小 31.3%。

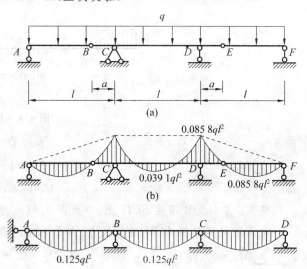

图 6.5 多跨静定组合梁与简支梁的受力对比

6.2　静定平面刚架

6.2.1　工程概念及类型

刚架是由若干直杆(梁和柱)组成,具有刚结点的几何不变体系.当刚架各杆轴线和外力作用线都在同一平面内时称为平面刚架.由于刚架具有刚结点,所以在变形和受力方面有以下特点:

(1)变形特点 —— 在刚结点处各杆不能发生相对转动,因而各杆之间的夹角始终保持不变.

(2)受力特点 —— 刚结点可以承受和传递弯矩,因而刚架中弯矩是主要内力,剪力和轴力是次要的或很次要的.刚架由于有弯矩分布比较均匀、内部空间大、比较容易制作等优点,所以在工程中得到广泛应用.

建筑工程中除采用静定刚架外,更多的是采用超静定刚架.目前我们对静定刚架内力及内力图的讨论,不但本身重要,而且也是进一步讨论超静定刚架的重要基础.

常见的静定平面刚架有悬臂刚架(图 6.6(a))、简支刚架(图 6.6(b))和三铰刚架(图 6.6(c)).

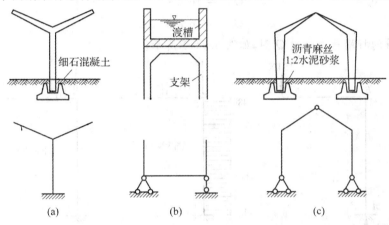

图 6.6　静定平面刚架

6.2.2　内力计算及内力图绘制

刚架的内力有弯矩、剪力和轴力,其任一截面的内力可利用截面法求得.一般在求出支座反力后,将刚架拆成单个杆件,用截面法计算各杆杆端截面(称控制截面,如集中荷载作用点、均布荷载的起终续点等)的内力值,然后利用弯矩、剪力、荷载集度之间的微分关系和叠加法逐杆绘出内力图,最后将各杆内力图组合在一起就是刚架的内力图.

在刚架中,弯矩通常不统一规定正负号(在具体计算时可根据需要临时设定),弯矩图纵坐标按规定画在杆的受拉一侧,不用注明正负号.剪力以使隔离体有顺时针转动趋势为正,反之为负,剪力图可画在杆的任一侧,但要注明正负号.轴力以拉力为正,压力为负,轴力图也可画在杆的任一侧,也要注明正负号.

为明确表示各杆端截面内力,在内力符号后引入两个脚标,第一个表示某杆内力所属截面,第二个表示该截面所属杆件的另一端.例如 M_{AB} 表示 AB 杆 A 端的弯矩,Q_{BC} 表示 BC 杆 B 端的剪力,等等.

【例 6.3】　试作图 6.7(a)所示刚架的内力图.

解　(1)计算支座反力(悬臂刚架此步骤可以省略,可以从自由端开始,不必求支反力)

对整体列平衡方程,由:

$$\sum F_y = 0, \text{即} \qquad\qquad\qquad V_A - 16 = 0$$

得 $\qquad V_A = 16\ \text{kN}(\uparrow)$

$\sum M_A = 0$,即 $\qquad m_A - 16 \times 3 = 0$

得 $\qquad m_A = 48\ \text{kN} \cdot \text{m}(逆时针)$

（2）绘制弯矩图

由内力计算法则,杆端弯矩为

$$M_{AB} = 48\ \text{kN} \cdot \text{m}(左侧受拉)$$
$$M_{BA} = 48\ \text{kN} \cdot \text{m}(左侧受拉)$$
$$M_{BC} = (16 \times 3)\ \text{kN} \cdot \text{m} = 48\ \text{kN} \cdot \text{m}(上侧受拉)$$
$$M_{CB} = 0(左侧受拉)$$

根据上面求得的杆端弯矩绘制 M 图,如图 6.7(b) 所示。

（3）绘制剪力图

由内力计算法则,杆端剪力为

$$Q_{AB} = Q_{BA} = 0$$
$$Q_{BC} = 16\ \text{kN}$$
$$Q_{CB} = 16\ \text{kN}$$

根据上面求得的杆端剪力绘制 Q 图,如图 6.7(c) 所示。

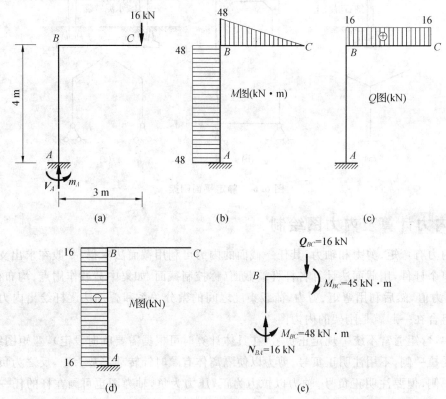

图 6.7　例 6.3 图

（4）绘制轴力图

由内力计算法则,杆端轴力为

$N_{AB} = -16\ \text{kN}(压力), N_{BA} = -16\ \text{kN}(压力)$

$N_{BC} = 0, N_{CB} = 0$

根据上面求得的杆端轴力绘制 N 图,如图 6.7(d) 所示。

（5）校核

验算结点 B 是否平衡。根据三个内力图取 B 为分离体,各截面上内力的数值和方向如图 6.7(e) 所示。因:

$$\sum F_x = 0$$

$$\sum F_y = 16 - 16 = 0$$

$$\sum M_B = 48 - 48 = 0$$

故计算无误。

【例 6.4】 试作图 6.8(a) 所示刚架的内力图。

解 （1）计算支座反力

结构为一简支刚架,考虑到刚架的整体平衡,由:

$$\sum F_x = 0, 即 \quad 40 - H_A = 0$$

得

$$H_A = 40 \text{ kN}(\leftarrow)$$

$$\sum M_A = 0, 即 \quad -40 \times 2 - 20 \times 4 \times 2 + V_B \times 4 = 0$$

得

$$V_B = 60 \text{ kN}(\uparrow)$$

$$\sum M_B = 0, 即 \quad -40 \times 2 + 20 \times 4 \times 2 - V_A \times 4 = 0$$

得

$$V_A = 20 \text{ kN}(\uparrow)$$

支反力校核:

$$\sum F_y = 20 + 60 - 20 \times 4 = 0$$

支反力计算无误。

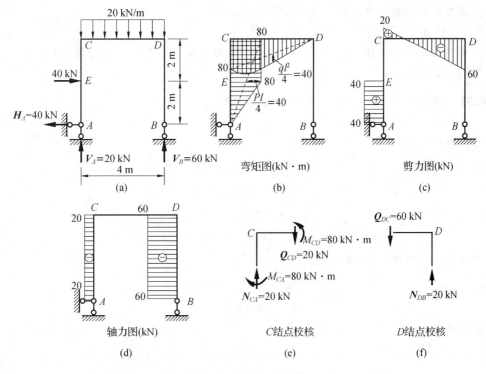

图 6.8　例 6.4 图

（2）绘制弯矩图

逐杆考虑,先计算各杆杆端弯矩,然后绘图。

AC 杆: $\qquad M_{AC} = 0$

$$M_{CA} = (40 \times 4 - 40 \times 2) \text{ kN} \cdot \text{m} = 80 \text{ kN} \cdot \text{m}(右侧受拉)$$

CD 杆：
$$M_{CD} = (40 \times 4 - 40 \times 2) \text{ kN} \cdot \text{m} = 80 \text{ kN} \cdot \text{m}(下侧受拉)$$
$$M_{DC} = 0$$

DB 杆：由于杆只有轴向外力 V_B 作用，不产生弯矩。因此
$$M_{DB} = M_{BD} = 0$$

根据上面求得的杆端弯矩绘制 M 图如图 6.8(b) 所示。其中 AC 杆上 E 点有集中力作用，绘制 AC 段弯矩图时将 A，C 两点的杆端弯矩用虚线相连，然后在此虚线基础上叠加相应简支梁在集中力作用下的弯矩图。CD 杆上有均布荷载作用，将两端弯矩用虚线相连后，在此基础上叠加相应简支梁在均布荷载作用下的弯矩图。

(3) 绘制剪力图

AC 杆：杆上 E 点处作用有集中荷载，E 处剪力有突变，应分两段求。

AE 段：
$$Q_{AE} = 40 \text{ kN}$$
$$Q_{EA} = 40 \text{ kN}$$

EC 段：
$$Q_{EC} = Q_{CE} = 0$$

CD 杆：
$$Q_{CD} = 20 \text{ kN}$$
$$Q_{DC} = -60 \text{ kN}$$

DB 杆：
$$Q_{DB} = Q_{BD} = 0$$

根据上面求得的杆端剪力绘制 Q 图，如图 6.8(c) 所示。

(4) 绘制轴力图

AC 杆：
$$N_{AC} = N_{CA} = -20 \text{ kN}(压力)$$

CD 杆：
$$N_{CD} = N_{DC} = 0$$

DB 杆：
$$N_{DB} = N_{BD} = -60 \text{ kN}(压力)$$

根据上面求得的杆端轴力绘制 N 图，如图 6.8(d) 所示。

(5) 内力图校核

内力图作出后应进行校核。如图 6.8(e)、(f) 所示，分别取刚结点 C 和 D 为隔离体。由图可见，它们分别满足 $\sum M_C = 0$，$\sum X = 0$ 和 $\sum Y = 0$。

【例 6.5】 试作图 6.9(a) 所示三铰刚架的内力图。

解 (1) 计算支座反力

由刚架整体平衡有：

$\sum M_B = 0$，即
$$-V_A \times 8 + 10 \times 4 \times 6 = 0$$

得
$$V_A = 30 \text{ kN}(\uparrow)$$

$\sum M_A = 0$，即
$$V_B \times 8 - 10 \times 4 \times 2 = 0$$

得
$$V_B = 10 \text{ kN}(\uparrow)$$

取右半个刚架为隔离体，对其列平衡方程，有：

$\sum M_C = 0$，即
$$10 \times 4 - H_B \times 6 = 0$$

得
$$H_B = 6.67 \text{ kN}(\leftarrow)$$

再由整体平衡有：

$\sum X = 0$，即
$$H_A - 6.67 = 0$$

得
$$H_B = 6.67 \text{ kN}(\rightarrow)$$

支反力校核：
$$\sum Y = 30 + 10 - 10 \times 4 = 0$$

故支反力计算正确。

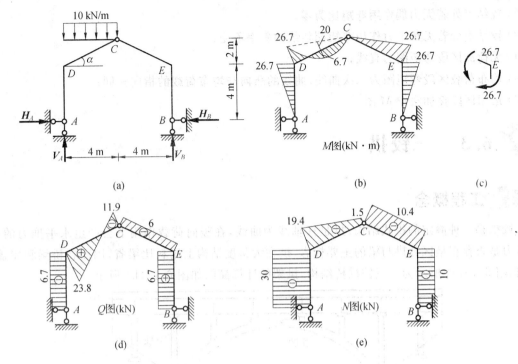

图 6.9　例 6.5 图

（2）作弯矩图

以 DC 杆为例，先求出其杆端弯矩：

$$M_{DC} = 6.67 \times 4 = 26.7 \text{ kN} \cdot \text{m}（外侧受拉）$$

$$M_{CD} = 0$$

将两个杆端弯矩值用虚线相连，再叠加相应简支梁的弯矩图，杆中点的弯矩值为

$$\left(\frac{1}{2} \times 26.7 - \frac{1}{8} \times 10 \times 4^2 \right) \text{ kN} \cdot \text{m} = -6.7 \text{ kN} \cdot \text{m}（内侧受拉）$$

其余各杆同理可得。弯矩图如图 6.9(b) 所示。

值得指出，凡是有两杆汇交的刚结点，若结点上无外力偶作用，则两杆的杆端弯矩必大小相等，且同时外侧受拉（或同时内侧受拉）。本例刚架的 D、E 结点（图 6.9(c)）均属这种情况。

（3）作剪力图及轴力图

以 DC 杆为例，先求出其杆端剪力和轴力：

$$Q_{DC} = V_A \cos \alpha - H_A \sin \alpha = \left(30 \times \frac{2}{\sqrt{5}} - 6.67 \times \frac{1}{\sqrt{5}} \right) \text{ kN} = 23.8 \text{ kN}$$

$$Q_{CD} = -V_B \cos \alpha - H_B \sin \alpha = \left(-10 \times \frac{2}{\sqrt{5}} - 6.67 \times \frac{1}{\sqrt{5}} \right) \text{ kN} = -11.9 \text{ kN}$$

$$N_{DC} = -V_A \sin \alpha - H_A \cos \alpha = \left(-30 \times \frac{1}{\sqrt{5}} - 6.67 \times \frac{2}{\sqrt{5}} \right) \text{ kN} = -19.4 \text{ kN}（压力）$$

$$N_{CD} = V_B \sin \alpha - H_B \cos \alpha = \left(10 \times \frac{1}{\sqrt{5}} - 6.67 \times \frac{2}{\sqrt{5}} \right) \text{ kN} = -1.5 \text{ kN}（压力）$$

然后分别用直线相连。其余各杆同理可得。剪力图和轴力图分别如图 6.9(d)、(e) 所示。

静定刚架的内力计算，是土木工程力学重要的基本内容，它不仅是静定刚架强度计算的依据，也为超静定刚架分析和位移计算打下基础。尤其是弯矩图的绘制更为重要。

绘制弯矩图时应注意以下几点：

（1）刚结点处应满足力矩平衡；

(2) 铰结点处若无力偶作用弯矩比为零;

(3) 铰结点处若无集中力作用弯矩图切线的斜率不变;

(4) 无荷载区段弯矩图为直线;

(5) 均布荷载区段弯矩图为二次曲线,曲线的凸向与均布荷载的指向相同;

(6) 运用区段叠加法作 M 图。

6.3 三铰拱

6.3.1 工程概念

三铰拱是一种静定的拱式结构。拱是杆轴线为曲线,在竖向荷载作用下会产生水平推力的机构。水平推力是否存在是区分拱与梁的主要标志。拱在大跨度结构上用料比梁省,因而在桥梁和屋盖中广泛应用。图 6.10(a) 所示为一三铰拱桥结构,拱架的计算简图如图 6.10(b) 所示。

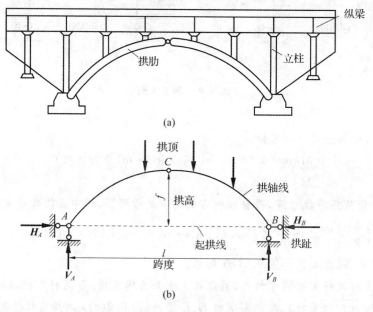

图 6.10 三铰拱桥及其计算简图

拱各部分的名称:拱身各横截面形心的连线称为拱轴线。拱的两端支座处称为拱趾。两拱趾间的水平距离称为拱的跨度。两拱趾的连线称为起拱线。拱轴上距起拱线最远处称拱顶。拱顶至起拱线之间的竖直距离称为拱高(或矢高),拱高 f 与跨度 l 之比称为高跨比(或矢跨比),是控制拱的受力的重要数据。

在屋架中,为消除水平推力对墙或柱的影响,在两支座间增加一拉杆,把两支座改为简支的形式,支座上的水平推力由拉杆来承担。图 6.11(a) 所示为一装配式钢筋混凝土三铰拱,图 6.11(b) 为其计算简图,吊杆很细不参与计算。

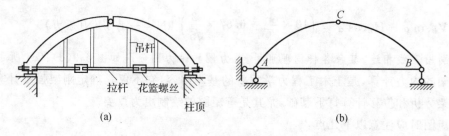

图 6.11 拉杆拱及其计算简图

6.3.2 三铰拱的内力计算

1. 三铰拱的支座反力计算

如图 6.12(a) 所示三铰拱可看作两根曲杆与地基按三刚片规则相连的静定结构,有四个支座反力。由整体平衡条件有:

$$\sum M_B = 0,即 \qquad -V_A \times L + P \times b = 0$$

得
$$V_A = \frac{Pb}{l}(\uparrow) = V_A^0$$

$$\sum M_A = 0,即 \qquad V_B \times l - P \times a = 0$$

得
$$V_B = \frac{Pa}{l}(\uparrow) = V_B^0$$

$$\sum F_x = 0,即 \qquad H_A - H_B = 0$$

得
$$H_A = H_B = H(\rightarrow\leftarrow)$$

取右半拱为研究对象,以铰 C 为矩心,建立平衡方程有:

$$\sum M_C = 0,即 \qquad V_B \times \frac{l}{2} - H_B \times f = 0$$

得
$$H = \frac{Pa}{2f}(\leftarrow) = \frac{M_C^0}{f}$$

通过计算我们可以看出,三铰拱两个竖直方向的支反力与相应简支梁(图 6.12(b))竖向支反力 V_A^0 和 V_B^0 相同;三铰拱水平方向的支反力则等于相应简支梁跨中截面的弯矩值 M_C^0 与拱高 f 的比值。因此我们得到三铰拱支座反力的计算公式:

$$\begin{cases} V_A = V_A^0 \\ V_B = V_B^0 \\ H = \dfrac{M_C^0}{f} \end{cases} \qquad (6.1)$$

2. 三铰拱的内力计算

支座反力求出后,应用截面法可以求出拱身任一横截面上的内力。设拱身任一横截面 K 的位置可由其形心坐标 x、y 和该处拱轴切线的倾角 φ 确定(图 6.13(a))。

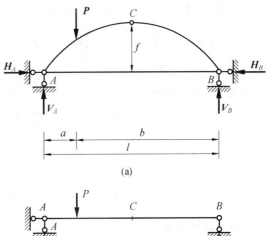

取 AK 段为隔离体如图 6.13(b) 所示,K 截面上的内力有弯矩 M_K、剪力 Q_K、轴力 N_K。三铰拱内力符号的规定:弯矩以拱内侧纤维受拉为正,反之为负;剪力以使隔离顺时针转动为正,反之为负;轴力以

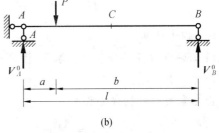

图 6.12 三铰拱

受压为正,反之为负。由平衡条件有:

$$\sum M_K = 0,即 \quad M_K - V_A \times x_K + P_1 \times (x_K - a_1) + H y_K = 0$$

得
$$M_K = V_A \times x_K - P_1 \times (x_K - a_1) - H y_K$$

由于相应简支梁(图 6.13(c))K 截面上的弯矩值为
$$M_K^0 = V_A \times x_K - P_1 \times (x_K - a_1)$$

所以 K 截面上的弯矩 M_K 可写成:

$$M_K = M_K^0 - H y_K \qquad (6.2)$$

将 AK 段上各力向截面 K 切线方向投影,由平衡条件有:

$$Q_K + P_1 \cos \varphi_K + H \sin \varphi_K - V_A \cos \varphi_K = 0$$

得

$$Q_K = (V_A - P_1) \cos \varphi_K - H \sin \varphi_K$$

上式中$(V_A - P_1)$恰好是相应简支梁 K 截面的剪力 Q_K^0,故上式可改写为

$$Q_K = Q_K^0 \cos \varphi_K - H \sin \varphi_K \qquad (6.3)$$

将 AK 段上各力向截面 K 法线方向投影,由平衡条件有:

$$N_K + P_1 \sin \varphi_K - H \cos \varphi_K - V_A \sin \varphi_K = 0$$

得

$$N_K = (V_A - P_1) \sin \varphi_K + H \cos \varphi_K$$

上式中$(V_A - P_1) = Q_K^0$,故上式可改写为

$$N_K = Q_K^0 \sin \varphi_K + H \cos \varphi_K \qquad (6.4)$$

综上所述,三铰平拱在竖向荷载作用下的内力计算公式可写为

$$\begin{cases} M_K = M_K^0 - H y_K \\ Q_K = Q_K^0 \cos \varphi_K - H \sin \varphi_K \\ N_K = Q_K^0 \sin \varphi_K + H \cos \varphi_K \end{cases} \qquad (6.5)$$

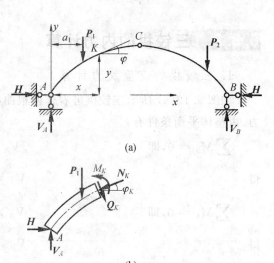

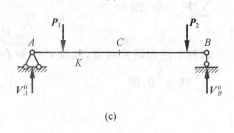

图 6.13　三铰拱内力计算

【例 6.6】　试作图 6.14(a)所示三铰拱的内力图。

拱轴为抛物线,其方程为 $y = \dfrac{4f}{l^2} x(l - x)$。

解　(1)计算支座反力

根据式(6.1)可得

$$V_A = V_A^0 = \frac{8 \times 6 \times 9 + 24 \times 2}{12} \text{ kN} = 40 \text{ kN}(\uparrow)$$

$$V_B = V_B^0 = \frac{8 \times 6 \times 3 + 24 \times 10}{12} \text{ kN} = 32 \text{ kN}(\uparrow)$$

$$H = \frac{M_C^0}{f} = \frac{32 \times 6 - 24 \times 4}{4} \text{ kN} = 24 \text{ kN}(\rightarrow \leftarrow)$$

(2)内力计算

沿 x 轴方向将拱跨分为 6 等份,计算各截面的 M、Q、N 值。现以 $x = 2$ m 和 $x = 10$ m 截面为例,写出内力计算步骤。

由题意可知拱轴线方程为

$$y = \frac{4f}{l^2} x(l - x) = \frac{4 \times 4}{12^2} x(12 - x) = \frac{x}{9}(12 - x)$$

由此得

$$\tan \varphi = \frac{\mathrm{d}y}{\mathrm{d}x} = \frac{2}{9}(6 - x)$$

截面 1:将横坐标 $x_1 = 2$ m 代入上面两个式子得

$$y_1 = \frac{2}{9} \times (12 - 2) \text{ m} = 2.22 \text{ m}$$

$$\tan \varphi_1 = \frac{2}{9} \times (6 - 2) \text{ m} = 0.889$$

由此得 $\varphi_1 = 41.637°$,所以 $\sin \varphi_1 = 0.664, \cos \varphi_1 = 0.747$。

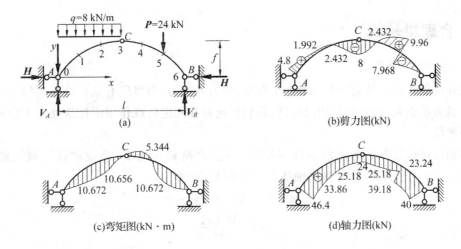

图 6.14　三铰拱内力图

由式(6.5)求得该截面的弯矩、剪力、轴力分别为

$$M_1 = M_1^0 - Hy_1 = [(40 \times 2 - 8 \times 2 \times 1) - 24 \times 2.22] \text{ kN} \cdot \text{m} = 10.672 \text{ kN} \cdot \text{m}$$

$$Q_1 = Q_1^0 \cos \varphi_1 - H \sin \varphi_1 = [(40 - 8 \times 2) \times 0.747 - 24 \times 0.664] \text{ kN} = 1.992 \text{ kN}$$

$$N_1 = Q_1^0 \sin \varphi_1 + H \cos \varphi_1 = [(40 - 8 \times 2) \times 0.664 + 24 \times 0.747] \text{ kN} = 33.86 \text{ kN}$$

截面 5：由于 $x_5 = 10$ m，故

$$y_5 = \frac{10}{9}(12 - 10) = 2.222 \text{ m}$$

$$\tan \varphi_5 = \frac{2}{9}(6 - 10) = -0.889$$

由此得 $\varphi_5 = -41.637°$，所以 $\sin \varphi_5 = -0.664$，$\cos \varphi_5 = 0.747$。

由于截面 5 上有集中荷载作用，因此截面 5 左右两侧的剪力和轴力不相等，即剪力图和轴力图在该截面处有突变，应分别计算。

由式(6.5)得

$$M_5 = M_5^0 - Hy_5 = [(32 \times 2) - 24 \times 2.22] \text{ kN} \cdot \text{m} = 10.672 \text{ kN} \cdot \text{m}$$

$$Q_{5左} = Q_{5左}^0 \cos \varphi_5 - H \sin \varphi_5 = [-8 \times 0.747 - 24 \times (-0.664)] \text{ kN} = 9.96 \text{ kN}$$

$$Q_{5右} = Q_{5右}^0 \cos \varphi_5 - H \sin \varphi_5 = [-32 \times 0.747 - 24 \times (-0.664)] \text{ kN} = -7.968 \text{ kN}$$

$$N_{5左} = Q_{5左}^0 \sin \varphi_5 + H \cos \varphi_5 = [-8 \times (-0.664) + 24 \times 0.747] \text{ kN} = 23.24 \text{ kN}$$

$$N_{5右} = Q_{5右}^0 \sin \varphi_5 + H \cos \varphi_5 = [-32 \times (-0.664) + 24 \times 0.747] \text{ kN} = 39.18 \text{ kN}$$

其余各截面内力计算与上述步骤相同。列表计算，见表 6.1。

表 6.1　三铰拱的内力计算

截面		x/m	y/m	$\tan \varphi$	$\sin \varphi$	$\cos \varphi$	Q^0/kN	M^0	$-Hy$	M	$Q^0 \cos \varphi$	$-H \sin \varphi$	Q	$Q^0 \sin \varphi$	$H \cos \varphi$	N
								$M/(\text{kN} \cdot \text{m})$			Q/kN			N/kN		
0		0	0	1.333	0.80	0.60	40	0	0	0	24	−19.2	4.8	32	14.4	46.4
1		2	2.22	0.889	0.664	0.747	24	64	−53.328	10.672	17.928	−15.936	1.992	15.936	17.928	33.86
2		4	3.556	0.444	0.406	0.914	8	96	−85.344	10.656	7.312	−9.744	−2.432	3.248	21.936	25.18
3		6	4.00	0	0.0	1.00	−8	96	−96	0	−8	0	−8	0	24	·24
4		8	3.556	−0.444	−0.406	0.914	−8	80	−85.344	−5.344	−7.312	9.744	2.432	3.248	21.936	25.18
5	左	10	2.22	−0.889	−0.664	0.747	−8	64	−53.328	10.672	−5.976	15.936	9.96	5.312	17.928	23.24
	右						−32				−23.904	15.936	−7.968	21.248	17.928	39.18
6		12	0	−1.333	−0.80	0.60	−32	0	0	0	−19.2	19.2	0	25.6	14.4	40

6.3.3 合理拱轴线

1. 合理拱轴线的概念

三铰拱在荷载作用下各截面上一般产生弯矩、剪力及轴力。当拱所有截面均受到均匀压力且处于无弯矩及无剪力状态时，材料的使用最经济。我们将这种在固定荷载作用下使拱处于无弯矩状态的轴线称为合理轴线。

合理拱轴线可根据弯矩为零的条件来确定。在竖向荷载作用下，三铰拱任一截面的弯矩可由式(6.5)的第一个式子计算，故合理拱轴线方程可由下式求得：

$$M(x) = M^0 - Hy = 0$$

由此得

$$y = \frac{M^0(x)}{H} \tag{6.6}$$

即在竖向荷载作用下，三铰拱的合理拱轴线的纵坐标与相应简支梁的弯矩成正比。当拱上作用的荷载已知时，只需求出相应简支梁的弯矩方程，然后除以水平推力即可得到合理拱轴线方程。

2. 几种常见的合理拱轴线

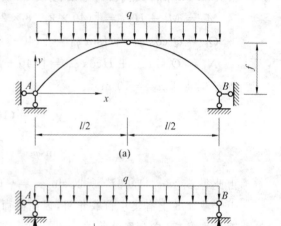

【例 6.7】 试求图 6.15(a)所示三铰拱在竖向均布荷载作用下的合理拱轴线。

解 相应简支梁(图 6.15(b))的弯矩方程为

$$M^0 = \frac{qx}{2}(l - x)$$

拱的推力为

$$H = \frac{M_C^0}{f} = \frac{ql^2}{8f}$$

所以

$$y = \frac{M^0(x)}{H} = \frac{\frac{qx}{2}(l-x)}{\frac{ql^2}{8f}} = \frac{4f}{l^2}x(l-x)$$

由此可知，三铰拱在竖向均布荷载作用下合理拱轴线为抛物线。

图 6.15 三铰拱受竖向均布荷载作用

【例 6.8】 试求图 6.16(a)所示三铰拱受均匀水压力作用下的合理拱轴线。

解 从拱中截取一微段为研究对象如图 6.16(b)所示。拱处于无弯矩状态时，各截面上只有轴力。

由 $\sum M_O = 0$ 有

$$N\rho - (N + dN)\rho = 0$$

式中，ρ 为微段的曲率半径。由上式可得

$$dN = 0$$

由此可知 $N =$ 常数。

再沿 $S—S$ 轴投影有

$$2N\sin\frac{d\varphi}{2} - q\rho d\varphi = 0$$

由于 $d\varphi$ 很小，取 $\sin\frac{d\varphi}{2} \approx \frac{d\varphi}{2}$，上式可写为 $N - q\rho = 0$，即

$$\rho = \frac{N}{q}$$

由于 N 为常数，荷载 q 也为常数，故 ρ 为常数。

综上所述，三铰拱在径向均布荷载作用下合理拱轴线为圆弧线。

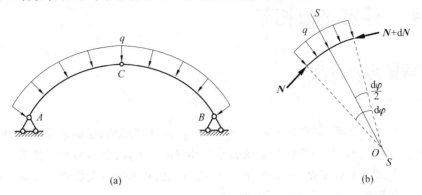

(a)

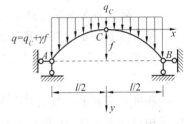

(b)

图 6.16　三铰拱受均匀水压力作用

【例 6.9】　设在三铰拱的上面填土，填土表面为一水平面，试求在填土重量下三铰拱的合理拱轴线。设填土容重为 γ，拱所受的竖向分布荷载为 $q(x) = q_C + \gamma y$，如图 6.17 所示。

解　由于 $q(x)$ 随拱轴纵坐标 y 而变化，y 未知。故不能按式(6.6)直接求出合理轴线方程。

将式(6.6)对 x 微分两次

$$y'' = \frac{1}{H}\frac{\mathrm{d}^2 M^0}{\mathrm{d}x^2}$$

图 6.17　三铰拱受填土荷载作用

由 $\dfrac{\mathrm{d}^2 M^0}{\mathrm{d}x^2} = -q(x)$，有

$$y'' = \frac{\mathrm{d}^2 y}{\mathrm{d}x^2} = -\frac{q(x)}{H}$$

式(6.6)是按 y 轴向上为正求得的，故上式中 y 向上为正，而图 6.17 中 y 轴向下，故上式应变号，即

$$y'' = \frac{\mathrm{d}^2 y}{\mathrm{d}x^2} = \frac{q(x)}{H}$$

上式即为合理拱轴线的微分方程。

将 $q(x) = q_C + \gamma y$ 代入上式得

$$\frac{\mathrm{d}^2 y}{\mathrm{d}x^2} - \frac{\gamma}{H}y = \frac{q_C}{H}$$

该微分方程的一般解可用双曲函数表示：

$$y = A\mathrm{ch}\sqrt{\frac{\gamma}{H}}x + B\mathrm{sh}\sqrt{\frac{\gamma}{H}}x - \frac{q_C}{\gamma}$$

由边界条件：

当 $x = 0, y = 0$ 得 $\qquad\qquad\qquad A = \dfrac{q_C}{\gamma}$

当 $x = 0, y' = 0$ 得 $\qquad\qquad\qquad B = 0$

于是得合理拱轴线方程为

$$y = \frac{q_C}{\gamma}\left(\mathrm{ch}\sqrt{\frac{\gamma}{H}}x - 1\right)$$

结果表明，三铰拱在填料荷载作用下，合理拱轴线是一悬链线。

6.4 静定平面桁架

6.4.1 工程概念及分类

1. 桁架的组成和特点

如图 6.18(a) 所示的屋架,通常采用图 6.18(b) 所示的计算简图。这类由多根直杆两端用铰连接而成的几何不变体系称为桁架。当各杆的轴线和外力都在同一平面内时,称为平面桁架。

实际工程中桁架受力比较复杂,为了简化计算,通常我们对实际桁架的内力计算采用下列假设:

(1) 桁架各结点都是光滑无摩擦的理想铰;

(2) 各杆轴线均为直线并通过铰心;

(3) 荷载和支座反力都作用在结点上。

符合上述假定的桁架我们称之为理想桁架。同梁和刚架相比,桁架各杆只有轴力,截面上的应力分布均匀,可充分发挥材料的作用。而且桁架质量轻,能够承受很大的荷载,是大跨度结构经常采用的一种形式。

实际桁架与上述假定并不完全相同,各杆在连接时不同的材料所采用的连接方式是不同的。钢桁架采用焊接或铆接,钢筋混凝土采用整体浇筑,木桁架为榫接或螺栓连接,因而各杆轴线不一定汇交于结点上。另外桁架不是只受到结点荷载的作用。但工程实践证明,以上因素对桁架计算的影响是次要的,我们将按照上述假设方法计算求得的内力称为桁架的主内力。由于实际情况与上述假定不符而产生的附加内力称为桁架的次内力。我们这里只讨论主内力的计算。

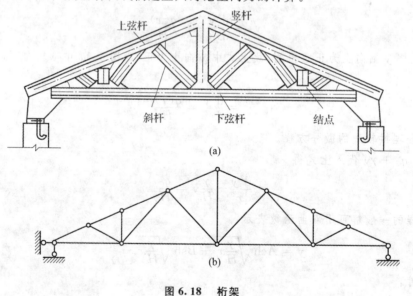

图 6.18 桁架

2. 桁架各部分名称

如图 6.18(a) 所示,桁架上边的杆件称为上弦杆,下边的杆件称为下弦杆,上、下弦杆统称为弦杆。连接上、下弦杆的杆件统称为腹杆,其中竖直的称为竖杆,倾斜的称为斜杆。弦杆上相邻两结点间的距离称为节间。两支座间的水平距离称为跨度。桁架最高点至支座连线的距离称为桁高。

3. 桁架的分类

(1) 按桁架的外形不同可分为平行弦桁架(图 6.19(a))、折弦桁架(图 6.19(b))和三角形桁架(图 6.19(c))。

(2) 按几何组成不同可分为:

① 简单桁架:由基础或铰接三角形依次增加二元体组成的桁架,如图 6.19(a)、(b)、(c) 所示。

② 联合桁架:由简单桁架按几何不变体系组成规则联合组成的桁架,如图 6.19(d) 所示。

③ 复杂桁架:不按上述两种形式组成的其他形式的桁架都称为复杂桁架,如图 6.19(e) 所示。

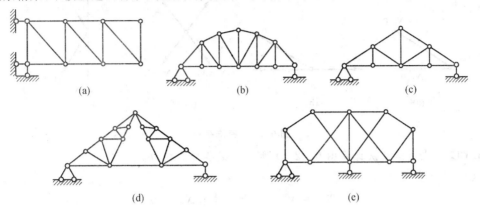

(a)   (b)   (c)

(d)   (e)

图 6.19　常见桁架

6.4.2　内力计算

静定平面桁架轴力计算的基本方法有结点法和截面法。

1. 结点法

结点法截取一个结点作为研究对象,利用平衡方程求杆的轴力。作用在每个结点上的力交于结点,形成平面汇交力系,由于平面汇交力系只有两个独立的平衡方程,最多可求解两个未知力。因此,使用结点法时,必须取未知力不超过两个的结点。也就是说,用结点法求解桁架,必须从只有两个未知力的结点开始,然后依次逐个取各结点计算。

在计算桁架内力时,通常规定:杆件受拉时,轴力符号为正;反之为负。在求算未知内力时,一般先假定其为拉力,如计算结果为正,则表示杆件受拉;反之则杆件受压。

在建立平衡方程时,有时需要把杆 AB 的轴力 N 分解为水平分力 X 和竖向分力 Y,若该斜杆长为 l,它的水平投影为 l_x,竖向投影为 l_y,如图 6.20(a)、(b) 所示,根据相似三角形比例关系有:

$$\frac{N}{l} = \frac{X}{l_x} = \frac{Y}{l_y} \qquad (6.7)$$

利用这个比例关系式,可以很简单地由 N 推算出 X 和 Y,也可以由 X 和 Y 推算出 N,比使用三角函数简便得多。

在桁架计算中有一些特殊形状的结点,若掌握了这些特殊结点的平衡规律,可以很大程度地简化计算。现列举几种特殊结点如下:

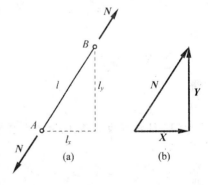

图 6.20　相似三角形

(1)L 形结点(或两杆结点):如图 6.21(a) 所示,当结点上无荷载作用时两杆内力均为零。内力为零的杆件称为零杆。

(2)T 形结点:如图 6.21(b) 所示,三杆汇交于结点且无荷载作用,其中两杆共线,则另一根称为单杆,单杆是零杆;而共线的两杆内力大小相等,性质相同(同时为拉力或同时为压力)。

(3)X 形结点:如图 6.21(c) 所示,无荷载作用的四杆结点,其中两两共线,则共线的两杆的内力大小相等,性质相同。

(4)K 形结点:如图 6.21(d) 所示,无荷载作用的四杆结点,其中两杆共线,另外两杆在此直线同一侧且交角相等,则非共线两杆的内力大小相等,性质相反。

上述结论均可由适当的投影方程得出,读者可自行证明。

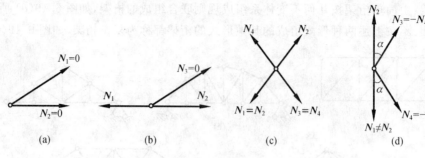

图 6.21 特殊结点

【例 6.10】 试用结点法计算图 6.22(a)所示桁架各杆的内力。

解 (1)求支座反力

$$V_A = V_B = 9 \text{ kN}(\uparrow), X_A = 0$$

(2)求各杆轴力

由特殊结点的平衡规律可知杆 FD、DH、GE、EH 均为零杆,即

$$N_{FD} = 0; N_{DH} = 0; N_{GE} = 0; N_{EH} = 0; N_{HC} = 0$$

且

$$N_{AF} = N_{FH}; N_{BG} = N_{GH}; N_{AD} = N_{DC}; N_{EC} = N_{BE}$$

取 A 结点为隔离体,受力如图 6.22(b)所示。由平衡条件有

$\sum Y = 0$,即

$$Y_{AD} + 9 = 0$$
$$Y_{AD} = -9 \text{ kN}$$

得

由式(6.10)得

$$X_{AD} = \left(-9 \times \frac{4}{3}\right) \text{kN} = -12 \text{ kN}$$

$$N_{AD} = \left(-9 \times \frac{5}{3}\right) \text{kN} = -15 \text{ kN}(压力)$$

即

$$N_{DC} = N_{AD} = -15 \text{ kN}(压力)$$

$\sum X = 0$,即

$$X_{AD} + N_{AF} = 0$$

得

$$N_{AF} = -X_{AD} = 12 \text{ kN}(拉力)$$

即

$$N_{FH} = N_{AF} = 12 \text{ kN}(拉力)$$

取 B 结点为隔离体,受力如图 6.22(c)所示。由平衡条件有:

$\sum Y = 0$,即 $Y_{BE} + 9 = 0$

得

$$Y_{BE} = -9 \text{ kN}$$

由式(6.10)得

$$X_{BE} = \left(-9 \times \frac{4}{3}\right) \text{kN} = -12 \text{ kN}$$

$$N_{BE} = \left(-9 \times \frac{5}{3}\right) \text{kN} = -15 \text{ kN}(压力)$$

即

$$N_{EC} = N_{BE} = -15 \text{ kN}(压力)$$

$\sum X = 0$,即

$$X_{BE} + N_{BG} = 0$$

得

$$N_{BG} = -X_{BE} = 12 \text{ kN}(拉力)$$

即

$$N_{GH} = N_{BG} = 12 \text{ kN}(拉力)$$

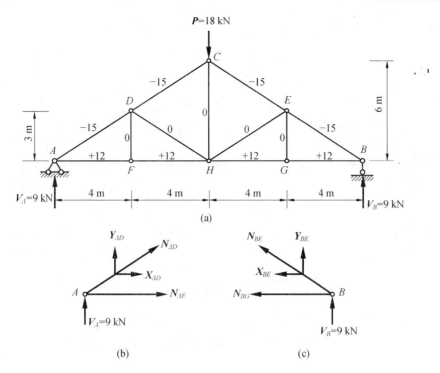

图 6.22　例 6.10 图

通过计算我们可以看出,对称桁架受对称荷载作用时,桁架相互对称的杆件的轴力是大小相等,性质相同的。例如,例 6.10 中 $N_{AD} = N_{BE} = -15$ kN。

2. 截面法

截面法是用一假想截面(平面或曲折面)将桁架分成两部分,任取其中的某一部分(两个或两个结点以上)为脱离体,利用平衡方程求杆的轴力。通常作用在隔离体上的力构成平面一般力系,故可建立三个独立的平衡方程。因此,用截面法截断杆件的未知轴力数目一般不超过三个。另外,在求解时应尽可能做到一个方程求解一个未知力,以避免求解联立方程组。

【例 6.11】　试用截面法计算图 6.23(a) 所示桁架中 1、2、3 杆的轴力。桁架所受荷载和各杆长已在图中绘出。

解　(1) 求支座反力

由
$$\sum M_A = V_G \times 17\,700 - 1 \times 8\,850 - 2 \times 5\,850 - 2\,850 = 0$$

得
$$V_G = 1.48 \text{ kN}(\uparrow)$$

由
$$\sum M_B = V_A \times 17\,700 - 1 \times 17\,700 - 2 \times 14\,850 - 11\,850 - 1 \times 8\,850 = 0$$

得
$$V_A = 4.52 \text{ kN}(\uparrow)$$

校核:
$$\sum F_y = 1.48 + 4.52 - 1 - 2 - 2 - 1 = 0$$

支反力计算无误。

(2) 计算 1、2、3 杆轴力

作 m—m 截面,取右侧桁架为隔离体(图 6.23(b))。隔离体上有三个未知力 N_1、N_2、N_3。以 N_2、N_3 的交点 C 为矩心,列力矩方程:

$$\sum M_C = 0, \text{ 即 } N_1 \times 2\,480 + 1 \times 3\,000 - 1.48 \times 11\,850 = 0$$

得
$$N_1 = 5.87 \text{ kN}(拉力)$$

求 N_2 时,取 N_1、N_3 的交点 d 为矩心,将 N_2 在 D 点分解成 X_2 和 Y_2,列力矩方程:

$$\sum M_d = 0, \text{即} \quad -X_2 \times 2\,800 - 1.48 \times 8\,850 = 0$$

得
$$X_2 = -4.68 \text{ kN}$$

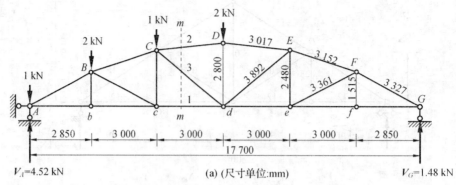

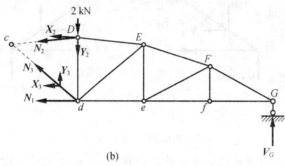

图 6.23　例 6.11 图

由比例关系得
$$N_2 = -4.68 \times \frac{3\,017}{3\,000} = -4.70 \text{ kN(压力)}$$

求 N_3 时，由于 N_1、N_2 均已求出，因此可列投影方程求得。

$$\sum X = 0, \text{即} \quad -N_1 - X_2 - X_3 = 0$$

得
$$X_3 = -N_1 - X_2 = -1.19 \text{ kN(压力)}$$

由比例关系得
$$N_3 = -1.19 \times \frac{3\,890}{3\,000} = -1.54 \text{ kN(压力)}$$

用截面法求解桁架内力时，有时截面截断了三根以上的杆件，但只要在被截杆件中，除一杆外其余均汇交于一点或均平行，则该杆内力仍可以利用平衡方程求得。例如图 6.24(a) 所示桁架中作截面 1—1，由 $\sum M_K = 0$ 可求得 N_{AB}。又如图 6.24(b) 所示桁架中作截面 $K-K$，由 $\sum F_x = 0$ 可求得 N_1。

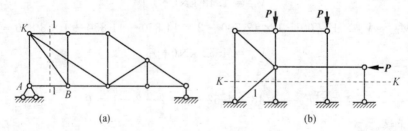

图 6.24　截面法

3. 结点法和截面法的联合应用

在桁架计算中，有时联合应用结点法和截面法更为方便。下面举例说明。

【例 6.12】　试计算图 6.25(a) 所示桁架中 a、b 杆的轴力。桁架所受荷载和各杆长已在图中绘出。

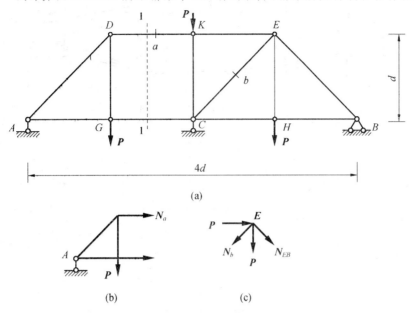

(a)

(b)　　　　　　　(c)

图 6.25　例 6.12 图

解　作 1—1 截面，取截面以左为隔离体，列平衡方程有

$$\sum M_A = 0, \text{即} \qquad\qquad N_a d + Pd = 0)$$

所以

$$N_a = -P(\text{压力})$$

由特殊结点的平衡规律可知：$N_{EH} = P$，$N_{KE} = -P$。

取 E 节点为隔离体：以 N_b 为 y 轴，以 N_{EB} 为 x 轴建立坐标系，由平衡条件有

$$\sum Y = 0, \text{即} \qquad\qquad \frac{\sqrt{2}}{2}P + N_b - \frac{\sqrt{2}}{2}P = 0$$

所以

$$N_b = 0$$

6.5　静定平面组合结构

6.5.1　工程概念

组合结构是由梁和桁架或刚架和桁架组合而成。梁主要是受弯构件，内力一般有弯矩、剪力和轴力。桁架只有轴向力。

图 6.26、图 6.27 所示为组合结构的一些例子。图 6.26(a) 为一下撑式五星形屋架，上弦由钢筋混凝土制成，下弦和腹杆为型钢，计算简图如图 6.26(b) 所示。

图 6.27 所示为一链杆加劲梁，是一超静定组合结构。由于链杆的作用，可使梁式杆的弯矩减小，从而达到减轻结构自重、增加刚度的目的。从图 6.26、图 6.27 可以看出，组合结构的构件，按照受力性能的不同，可以使用不同的材料以使材料充分发挥作用。

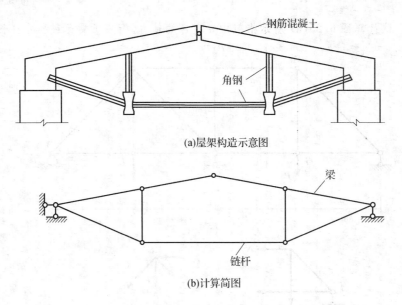

(a)屋架构造示意图

(b)计算简图

图 6.26　下撑式五星形屋架

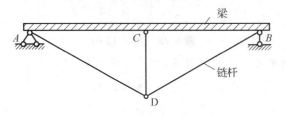

图 6.27　链杆加劲梁

6.5.2　内力计算

组合结构的受力分析次序为先求桁架的轴力,再计算梁式杆的内力。计算时应区分轴力杆和梁式杆。计算方法仍为结点法和截面法。

【例 6.13】　试作图 6.28(a) 所示组合结构的内力图。

解　(1)求支座反力

由 $\sum M_A = 0, \sum M_B = 0$,得

$$V_A = 8 \text{ kN}, V_B = 8 \text{ kN}$$

(2)求链杆的内力

作 Ⅰ－Ⅰ 截面取以左为研究对象,由平衡条件:

$$\sum M_C = 0, 即 \quad 2 \times 4 \times 2 - 8 \times 4 + N_{DE} \times 2 = 0$$

得

$$N_{DE} = 8 \text{ kN}(拉力)$$

再由结点 D 和 E 求出各链杆的轴力,结果记在图中。

(3)计算梁式杆的内力

由于是对称结构,荷载也是对称的,因此只需作出 AC 杆的内力即可。

取 AC 为隔离体如图所示,将结点 A 处的竖向力合并后得到图 6.28(c) 的受力图。用截面法来求控制截面的内力。

$$M_A = 0, Q_A = 0, N_A = -8 \text{ kN}(压力)$$

$$M_F = (2 \times 2 \times 1)\text{kN} \cdot \text{m} = 4 \text{ kN} \cdot \text{m}, Q_{F左} = (-2 \times 2)\text{kN} = -4 \text{ kN}, Q_{F右} = (8 - 2 \times 2)\text{kN} = 4 \text{ kN},$$

$$N_F = -8 \text{ kN}(压力)$$

$$M_C = 0, Q_C = (8 - 2 \times 4)\text{kN} = 0, N_C = -8 \text{ kN}(压力)$$

根据各截面内力作出左半部分 AC 梁的内力图,如图 6.28(d)所示。

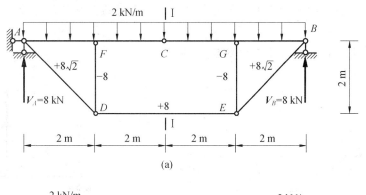

(a)

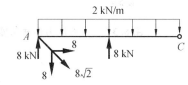

(b)

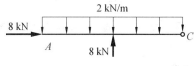

(c)

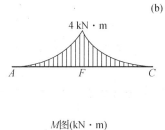

M图(kN·m)

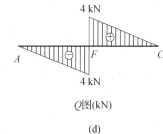

Q图(kN)

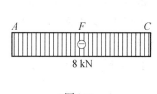

N图(kN)

(d)

图 6.28 例 6.13 图

拓展与实训

职业能力训练

一、填空题

1. 三铰拱在_____荷载作用下,合理拱轴线为抛物线;在_____荷载作用下,合理拱轴线为圆弧曲线。合理拱轴线上各个截面的弯矩为_____。

2. 拱结构连接两拱趾的直线叫作_____。

3. 拱结构的内力符号的规定为:轴力以_____为正;剪力以_____为正;弯矩以_____为正。

4. 求解静定平面桁架的方法有_____法和_____法。

二、选择题

1. 判断图 6.29 所示结构中零杆的数目为( )。

A. 3 个   B. 4 个

C. 2 个   D. 5 个

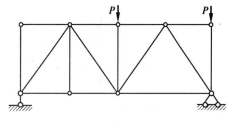

图 6.29 职业能力训练选择题 1 题图

2. 图 6.30 所示对称桁架中杆 1 与杆 2 的内力之间的关系是（　　）。

　A. $N_1 = N_2 = 0$　　　　B. $N_1 = -N_2$　　　　C. $N_1 \neq N_2$　　　　D. $N_1 = N_2 \neq 0$

3. 判断图 6.31 结构中零杆的数目为（　　）。

　A. 3 个　　　　　　　B. 4 个　　　　　　　C. 2 个　　　　　　　D. 5 个

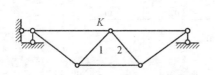

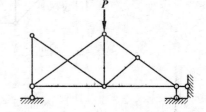

　　图 6.30　职业能力训练选择题 2 题图　　　　　　图 6.31　职业能力训练选择题 3 题图

三、判断题

1. 零杆不受力，所以它是桁架中不需要的杆，可以撤除。　　　　　　　　　　（　　）

2. 拱和曲梁不能用图乘法求位移。　　　　　　　　　　　　　　　　　　　　（　　）

3. 多跨静定梁，当荷载作用在基本部分时不仅引起基本部分的反力和内力，还引起附属部分的反力和内力。　　　　　　　　　　　　　　　　　　　　　　　　　　　　　　（　　）

4. 叠加法作弯矩图时，不是各个弯矩图几何图形的拼加，而是叠加的各点所对应的竖标值。　　　　　　　　　　　　　　　　　　　　　　　　　　　　　　　　　　　　（　　）

工程模拟训练

1. 从内力分布的角度对比校园框架结构和砖混结构。

2. 观察梁、板或刚架结构的破坏，结合内力图来说明破坏原因和配筋依据。

链接执考

1. 在竖向荷载作用下，三铰拱（　　）。[2011 年 7 月自学考试结构力学（二）试题：（单选题）]

　A. 有水平推力

　B. 无水平推力

　C. 受力与跨度、同荷载作用下的简支梁完全相同

　D. 截面弯矩比同跨度、同荷载作用下的简支梁的弯矩要大

2. 图 6.32 所示结构（杆长均为 l）弯矩图正确的为（　　）。[2011 年 7 月自学考试结构力学（二）试题：（单选题）]

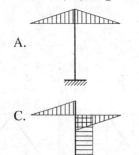

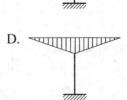

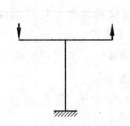

　　　　　　　　　　　　　　　　　　　　　　　　　　图 6.32　链接执考 2 题图

3. 试求图 6.33 所示结构(各杆长均为 l)的支座反力,并绘制弯矩图。[2011 年 7 月自学考试结构力学(二)试题:(单选题)]

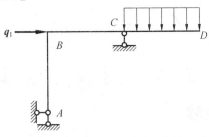

图 6.33　链接执考 3 题图

4. 如图 6.34 所示平面桁架的尺寸与荷载已知,其中,杆 1 的内力大小 F_{S1} 为(　　)。[2008 年度全国勘察设计注册结构工程师执业资格考试试卷 基础考试(上):(单选题)]

A. $F_{S1} = \dfrac{5}{3} F_P$(压)

B. $F_{S1} = \dfrac{5}{3} F_P$(拉)

C. $F_{S1} = \dfrac{4}{3} F_P$(压)

D. $F_{S1} = \dfrac{4}{3} F_P$(拉)

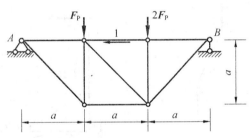

图 6.34　链接执考 4 题图

5. 如图 6.35 所示桁架结构形式与荷载 F_P 均已知,结构中杆件内力为零的杆件数为
(　　)。[2007 年度全国一级注册结构工程师执业资格考试真题:(单选题)]

A. 零根　　　　　　B. 2 根　　　　　　C. 4 根　　　　　　D. 6 根

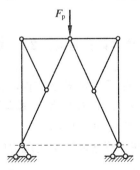

图6.35　链接执考 5 题图

单元 7   静定结构位移计算

7.1   概述

静定结构的位移计算是土木工程力学的一个重要内容,也是超静定结构内力计算的基础。

7.1.1   结构的变形及位移

无论何种工程结构在荷载及其他外因,如温度变化、支座移动、材料收缩、制造误差等单独作用或组合作用下,结构杆件的形状会发生改变,称为结构的变形。由于结构变形,结构上某点产生的移动或某个截面产生的转动,称为结构的位移。

结构的位移有两种:一种是线位移,指结构上某点沿直线方向移动的距离;另一种是角位移,指结构上某点截面转动的角度。

如图 7.1(a) 所示,刚架在荷载作用下发生如虚线所示的变化。使截面的形心 A 点移到了 A' 点,线段 AA' 称为 A 点的线位移,以符号 Δ_A 表示,通常以其水平分量 Δ_{Ax} 和竖向分量 Δ_{Ay} 来表示。同时 A 截面还转动了一个角度,称为截面 A 的角位移,用 φ_A 表示。再如图 7.1(b) 所示刚架,发生了如虚线所示的变形;任意两点间距离的改变量称为相对线位移,图中 $\Delta_{CD} = \Delta_C + \Delta_D$ 为 C、D 两点的相对线位移。任意两个截面的相对转动量称为相对角位移,图中 $\varphi_{AB} = \varphi_A + \varphi_B$ 即为 A、B 两截面的相对角位移。

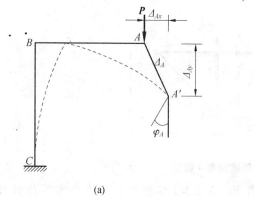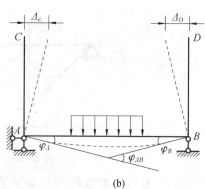

(a)   (b)

图 7.1   刚架的变形及位移

7.1.2   位移计算的目的

在工程设计和施工过程中,结构的位移计算是很重要的,概括地说,计算位移的目的有以下三个方面:

(1)验算结构刚度。在结构设计中,除了应该满足结构的强度要求外,还应该满足结构的刚度要求,即结构的变形不得超过规范规定的容许值(如屋盖和楼盖梁的挠度容许值为梁跨度的 $1/200 \sim 1/400$,而吊车梁的挠度容许值规定为梁跨度的 $1/600$)。

(2)为超静定结构的计算打基础。在计算超静定结构内力时,除利用静力平衡条件外,还需要考虑变形协调条件,因此需计算结构的位移。

(3)在结构的制作、架设、养护过程中,有时需要预先知道结构的变形情况,以便采取一定的施工措施,因而也需要进行位移计算。

可见,结构的位移计算在工程是具有重要意义。

本章使用虚拟单位力法计算位移,该法源自变形体的虚功原理。另外,无论是静定结构还是超静定结构位移计算的方法均相同。

7.2 结构位移计算的单位荷载法及图乘法

7.2.1 位移计算模型及计算公式

1. 虚功和虚功原理

一个不变的力所做的功等于该力的大小与其作用点沿力方向相应位移的乘积。当力与位移方向一致时乘积为正,反之为负。如图 7.2(a) 所示,P 所做的功为

$$W = P \cdot \Delta$$

设作用于物体上的常力偶 $M = P \cdot d$,使物体发生了角位移 φ(图 7.2(b)),则力偶所做的功可以用构成力偶的两个力所做的功来计算。

$$W = 2 \times P \times \frac{d}{2} \times \varphi = Pd \cdot \varphi = M \cdot \varphi$$

即力偶所做的功等于力偶矩与角位移的乘积。当力偶转向与 φ 同向时 W 为正,反之为负。力偶在线位移上不做功。

由上可知,功包含了两个要素 —— 力和位移。当做功的力与相应位移彼此相关时,即当位移是由做功的力本身引起时,所做的功为实功。上述集中力 P 和力偶 M 所做的功均为实功。当做功的力与相应于力的位移彼此独立无关时,这种功称为虚功。

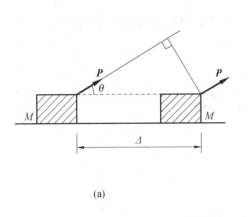

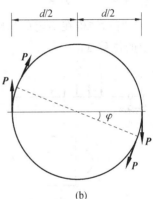

(a)   (b)

图 7.2 力与功

如图 7.3 所示,拟设有两个状态,一个是力状态(图 7.3(a)),对于力状态仅要求外力是平衡的;一个是位移状态(图 7.3(b)),关于位移状态的位移可以是任何原因(例如荷载、温度变化、支座移动等)引起的,甚至是假想的,但位移必须是微小的,并为支承条件与变形连续条件所允许,即应是所谓协调的或相容的位移。另需说明的是力状态与位移状态可以是无关的。如此,虚功原理可表述为

$$W_{外} = W_{内} \tag{7.1}$$

式中 $W_{外}$ —— 体系的外力虚功;

       $W_{内}$ —— 体系的内力虚功。

外力所做的虚功为

$$W_{外} = \sum P\Delta + \sum RC$$

内力所做的虚功为

$$W_{内} = \sum \int M \mathrm{d}\varphi + \sum \int Q\gamma \mathrm{d}s + \sum \int N \mathrm{d}u$$

则式(7.1)可改写成

$$\sum P\Delta + \sum RC = \sum \int M\mathrm{d}\varphi + \sum \int Q\gamma\mathrm{d}s + \sum \int N\mathrm{d}u \qquad (7.2)$$

式(7.2)中的力和位移都是广义的。P 可以是力,也可以是力偶;Δ 可以是线位移,也可以是角位移。

式(7.2)就是变形体虚功原理的表达式。

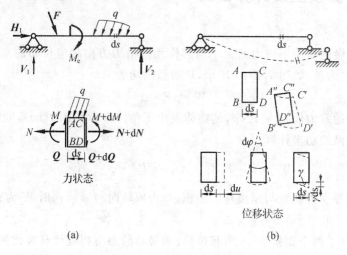

图 7.3　力状态与位移状态

2. 位移计算的一般公式

设图 7.4(a) 所示结构在给定荷载作用下发生了如虚线所示的变形。现计算结构上任一点 K 沿任意方向 $k-k$ 上的位移 Δ_{KP}。

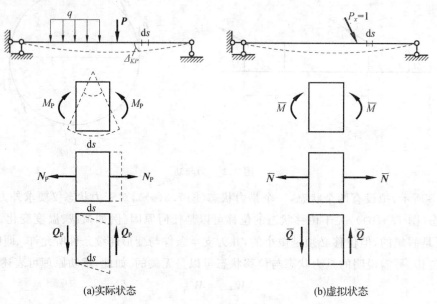

图 7.4　实际状态与虚拟状态

利用虚功原理建立结构在荷载作用下的位移计算公式时,首先要确定力状态和位移状态。由于实际荷载作用下结构产生位移和变形,所以是位移状态,也可以称为实际状态,如图 7.4(a) 所示。为能用虚功原理,还必须建立力状态。由于力状态和位移状态除了结构形式和支座情况需相同外,其他方面二者是独立的。因而,力状态完全可以根据计算的需要而假设。为了使力状态能够在实际状态所求位移 Δ_{KP} 上做功,同时又能简化计算,常用的方法是在所求位移点 K,沿 $k-k$ 方向加一个虚拟的单位力 $P_K = 1$,由此而得的力状态又称为虚拟状态如图 7.4(b) 所示。该方法又称单位荷载法。

虚拟状态的外力对实际状态的位移所做的虚功为

$$W_{外} = \sum P_K \Delta_{KP} + \sum \overline{R}C = \Delta_{KP} + \sum \overline{R}C \qquad (7.3)$$

式中　　$\overline{R}$——虚拟状态的支座反力;

　　　　C——实际状态中支座的位移。

以 du、γds、$d\varphi$ 表示实际状态中微段 ds 的变形,以 $\overline{N}$、$\overline{Q}$、$\overline{M}$ 表示虚拟状态中同一微段 ds 的内力,则虚拟状态的内力对实际状态的内力位移所做的虚功为

$$W_{内} = \sum \int \overline{M}d\varphi + \sum \int \overline{Q}\gamma ds + \sum \int \overline{N}du \qquad (7.4)$$

根据虚功方程有

$$\Delta_{KP} + \sum \overline{R}C = \sum \int \overline{M}d\varphi + \sum \int \overline{Q}\gamma ds + \sum \int \overline{N}du$$

即

$$\Delta_{KP} = \sum \int \overline{M}d\varphi + \sum \int \overline{Q}\gamma ds + \sum \int \overline{N}du - \sum \overline{R}C \qquad (7.5)$$

这就是位移计算的一般公式。

在实际应用中,除了要计算线位移外,还需要计算角位移、相对线位移和相对角位移等。下面讨论如何按照所求位移类型,设置相应的虚拟状态。

由上可知,当要求某点沿某方向的线位移时,应在该点沿所求位移方向加一个单位集中力。图 7.5(a) 所示即为求 A 点水平位移时的虚拟状态。

当要求截面的角位移时,则应在该截面处加一个单位力偶。

有时,要求两点间距离的变化,也就是求两点沿其连线方向上的线位移,此时应在两点沿其连线方向上加一对指向相反的单位力。图 7.5(c) 即为求 A、B 两点相对线位移时的虚拟状态。

同理;若要求两截面的相对角位移,就应在两截面处加一对方向相反的单位力偶,如图 7.5(d) 所示。

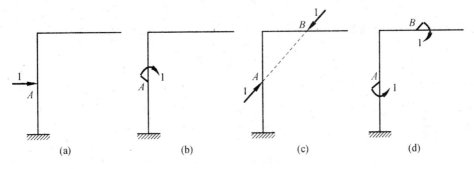

图 7.5　虚拟状态的建立

对于弹性结构,因

$$du = \frac{N_P ds}{EA}$$

$$\gamma ds = k\frac{Q_P ds}{GA}$$

$$d\varphi = \frac{M_P ds}{EI}$$

代入式(7.5)得

$$\Delta_{KP} = \sum \int \frac{\overline{N}N_P}{EA}ds + \sum \int \frac{k\overline{Q}Q_P}{GA}ds + \sum \int \frac{\overline{M}M_P}{EI}ds \qquad (7.6)$$

这是结构在荷载作用下的位移计算公式。

在实际计算中,根据结构的具体情况,常常可以只考虑其中的一项(或两项)。对于梁和刚架,位移

主要是由弯矩引起的,轴力和剪力的影响较小,一般可略去,故式(7.6)可简化为

$$\Delta_{KP} = \sum \int \frac{\overline{M}M_P}{EI} \mathrm{d}s \tag{7.7}$$

在桁架中,各杆只受轴力,而且一般情况下,每根杆件的截面 A 和轴力$\overline{N}$、N_P 以及弹性模量 E 沿杆长都是常数。所以式(7.6)可简化为

$$\Delta_{KP} = \sum \int \frac{\overline{N}N_P}{EA} \mathrm{d}s = \sum \frac{\overline{N}N_P}{EA} l \tag{7.8}$$

在组合结构中,梁式杆主要受弯矩,链杆只受轴力。因此,所以式(7.6)可简化为

$$\Delta_{KP} = \sum \int \frac{\overline{N}N_P}{EA} \mathrm{d}s + \sum \int \frac{\overline{M}M_P}{EI} \mathrm{d}s \tag{7.9}$$

一般的实体拱,计算位移时可忽略曲率对位移的影响,只考虑弯矩的影响,即可用式(7.7)计算;但在扁平拱中需考虑弯矩和轴力的影响,故可用式(7.9)计算。

【例 7.1】 试求 7.6(a) 所示结构 B 点的竖向位移 Δ。

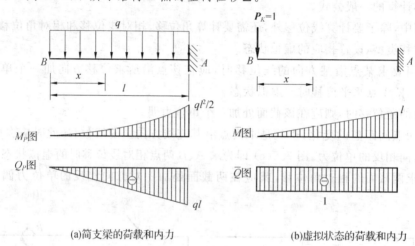

(a)简支梁的荷载和内力   (b)虚拟状态的荷载和内力

图 7.6   例 7.1 图

解 在 B 点加虚拟单位力 $P_K = 1$,如图 7.6(b) 所示。

由平衡条件求实际荷载作用下的内力图和虚拟状态下的内力图,如图 7.6(a)、(b) 所示。

取 A 为坐标原点,x 轴水平向左为正,任意截面 x 的内力表达式为

$$M_P = -\frac{1}{2}qx^2$$

$$\overline{M} = -x$$

所以

$$\Delta = \sum \int \frac{\overline{M}M_P}{EI} \mathrm{d}s = \int_0^l \frac{x \cdot \frac{1}{2}qx^2}{EI} = \frac{ql^4}{8EI}(\downarrow)$$

7.2.2 图乘法

1. 图乘法公式

从上节可知,计算梁和刚架在荷载作用下的位移时,先要分段写出$\overline{M}$ 和 M_P 的方程式,然后代入下式进行积分运算:

$$\Delta_{KP} = \sum \int \frac{\overline{M}M_P}{EI} \mathrm{d}s$$

在杆件数目较多、荷载较复杂的情况下，上述积分的计算是比较麻烦的。但是，当组成结构的各杆段符合下列条件时：(1) 杆轴为直线；(2) 各杆的 EI 分别为常数；(3) $\overline{M}$ 和 M_P 两个弯矩图中至少有一个是直线图形，则可用下述图乘法来代替积分运算，从而简化计算工作。

现以图 7.7 所示的两个弯矩图来说明图乘法与积分运算之间的关系。若 AB 为等截面直杆，EI 为常数，$\overline{M}$ 图为直线图形，M_P 图为任意形状。取 $\overline{M}$ 的基线为 x 轴，以 $\overline{M}$ 图的延长线与 x 轴的交点 O 为坐标原点，建立 xOy 坐标系如图 7.7 所示。则式(7.7)中的 ds 可用 dx 代替。因为 $\overline{M}$ 为直线图形，故有 $\overline{M} = x\tan\alpha$，且 $\tan\alpha$ 为常数，则有

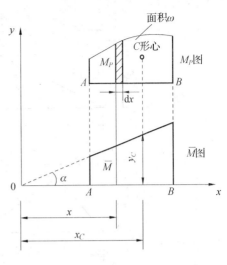

图 7.7 图乘与积分

$$\int \frac{\overline{M}M_P}{EI}ds = \frac{\tan\alpha}{EI}\int xM_P dx = \frac{\tan\alpha}{EI}\int x d\omega \qquad (a)$$

式中，$d\omega = M_P dx$，为 M_P 图中有阴影部分的微面积，故 $x d\omega$ 为微面积 $d\omega$ 对 y 轴的静矩。$\int x d\omega$ 即为整个 M_P 图的面积对 y 轴的静矩，由合力矩定理，它应等于 M_P 的面积 ω 乘以其形心到 y 轴的距离 x_C，即

$$\int x d\omega = \omega x_C$$

代入式(a)有

$$\int \frac{\overline{M}M_P}{EI}ds = \frac{\tan\alpha}{EI}\omega x_C = \frac{\omega y_C}{EI}$$

这里 y_C 是 M_P 图的形心 C 处所对应的 $\overline{M}$ 图的竖标。可见，上述积分式等于一个弯矩图的面积 ω 乘以其形心处所对应的另一个直线图形上的竖标 y_C，再除以 EI，这就称为图乘法。

如果结构上所有各杆段均可图乘，则位移计算公式(7.7)可写为

$$\Delta_{KP} = \sum\int \frac{\overline{M}M_P ds}{EI} = \sum \frac{\omega y_C}{EI} \qquad (7.10)$$

根据上面的推证过程，可知应用图乘法时应注意下列各点：(1) 必须符合上述前提条件；(2) 竖标 y_C 只能取自直线图形；(3) ω 与 y_C 若在杆件的同侧则乘积取正号，异侧则取负号。

图 7.8 给出了位移计算中几种常见图形的面积和形心的位置。在各抛物线中，"顶点"是指其切线平行于底边的点，而顶点在中点或端点者称为"标准抛物线"。

2. 图乘法分段和叠加

应用图乘法时，如遇到弯矩图的面积或形心位置不能确定时，通常将该图形分割为几个已知面积和形心的简单图形，然后分别分段进行图乘，最后把结果叠加。

例如图 7.9 两个梯形相乘时，可把它们分解成一个矩形及一个三角形（或两个三角形）。此时

$$M_P = M_P{}' + M_P{}'$$

$$\frac{\omega y_C}{EI} = \frac{1}{EI}(\omega_1 y_1 + \omega_2 y_2)$$

式中

$$\omega_1 = \frac{1}{2}al \qquad y_1 = \frac{1}{3}d + \frac{2}{3}c$$

$$\omega_2 = \frac{1}{2}bl \qquad y_2 = \frac{2}{3}d + \frac{1}{3}c$$

当 $\overline{M}$ 或 M_P 图的两个竖标 a、b 或 c、d 不在基线的同一侧时(图 7.10)，处理原则仍和上面一样，可分解为位于基线两侧的两个三角形，按上述方法分别图乘，然后叠加。

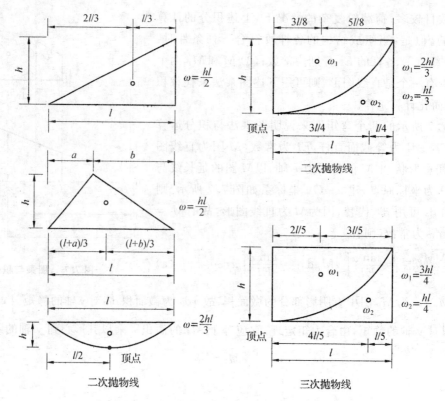

图 7.8　几种常见图形的面积与形心位置

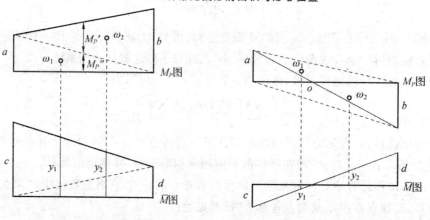

图 7.9　梯形图乘　　　　图 7.10　$\overline{M}$ 与 M_P 图异侧图乘

对于均布荷载作用下的任何一段直杆(图 7.11(a)),其弯矩图均可看成一个梯形与一个标准抛物线图形的叠加。因为这段直杆的弯矩图,与图 7.11(b) 所示对应简支梁在杆端弯矩 M_A、M_B 和均布荷载 q 作用下的弯矩图是相同的。

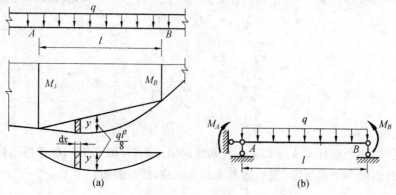

图 7.11　均布荷载作用梁的图乘方法

这里还需注意,所谓弯矩图的叠加是指其竖标的叠加,而不是原图形状的剪贴拼合。因此,叠加后的抛物线图形的所有竖标仍应为竖向的,而不是垂直于 M_A、M_B 连线的。这样叠加后的抛物线图形与原标准抛物线的形状虽不相同,但两者任一处对应的竖标 y 和微段长度 $\mathrm{d}x$ 仍相等,因而相应的每一窄条微分面积仍相等。由此可知,两个图形总的面积大小和形心位置仍然是相同的。

此外,在应用图乘法时,当 y_C 所属图形不是一段直线而是由若干段直线组成时,或当各杆段的截面不相等时,均应分段图乘,再进行叠加。例如对于图 7.12 应为

$$\frac{\omega y_C}{EI} = \frac{1}{EI}(\omega_1 y_1 + \omega_2 y_2 + \omega_3 y_3)$$

对于图 7.13 应为

$$\frac{\omega y_C}{EI} = \frac{\omega_1 y_1}{EI_1} + \frac{\omega_2 y_2}{EI_2} + \frac{\omega_3 y_3}{EI_3}$$

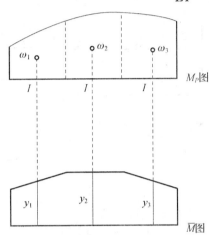

图 7.12　分段图乘示例(一)

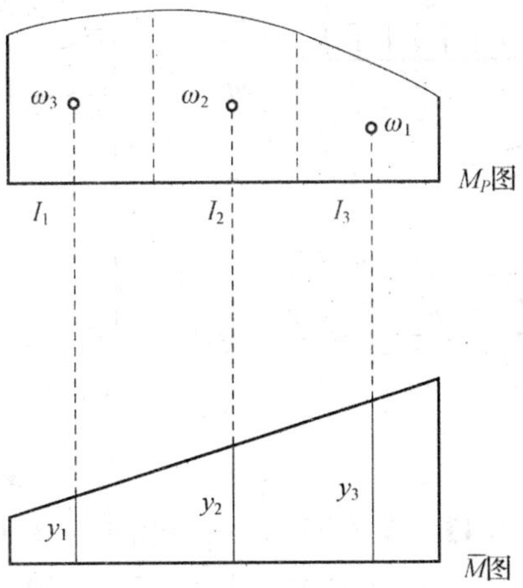

图 7.13　分段图乘示例(二)

3. 图乘法计算位移举例

【**例 7.2**】　试用图乘法求图 7.14(a)所示简支梁 A 端的转角 φ_A 及跨中截面 C 的挠度 Δ_{Cy},EI 为常数。

解　(1)作荷载弯矩图(M_P 图),如图 7.14(b)所示

(2)求 φ_A

在简支梁 A 端加一单位力偶,并绘制 $\overline{M}$ 图,如图 7.14(c)所示。得

$$\varphi_A = \sum \frac{\omega y_C}{EI} = \frac{1}{EI}\left(\frac{2}{3} \times \frac{ql^2}{8} \times l\right) \times \frac{1}{2} = \frac{ql^2}{24EI}\text{(顺时针转向)}$$

(3)求 Δ_{Cy}

在简支梁跨中截面 C 处加一单位集中力,绘出 $\overline{M}$ 图,如图 7.14(d)所示。

$$\Delta_{Cy} = \sum \frac{\omega y_C}{EI} = 2 \times \frac{1}{EI}\left(\frac{2}{3} \times \frac{ql^2}{8} \times \frac{l}{2}\right) \times \left(\frac{5}{8} \times \frac{l}{4}\right)$$

$$= \frac{5ql^4}{384EI}(\downarrow)$$

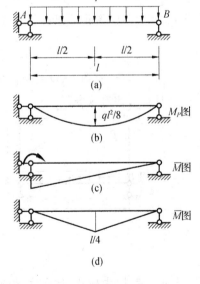

图 7.14　例 7.2 图

【**例 7.3**】　试用图乘法求图 7.15(a)所示刚架 C 端的转角 φ_C,EI 为常数。

解　(1)画出实际状态的弯矩图 M_P,如图 7.15(b)所示

M_P 图不是标准抛物线,应该将其分割成一个三角形加上一个相应简支梁受均布荷载作用的弯矩图,如图 7.15(b)所示。M_P 图中三块面积 ω_1、ω_2、ω_3 分别如图 7.15(c)所示。

$$\omega_1 = \frac{1}{2} \times \frac{qa^2}{2} \times a = \frac{1}{4}qa^3$$

$$\omega_2 = \frac{2}{3} \times \frac{qa^2}{8} \times a = \frac{1}{12}qa^3$$

$$\omega_3 = \frac{1}{2} \times \frac{qa^2}{2} \times a = \frac{1}{4}qa^3$$

(2) 在 C 点加一个单位力偶 $m = 1$，其弯矩图 $\overline{M}$ 如图 7.15(d) 所示

$$y_1 = y_2 = y_3 = 1$$

(3) 求 φ_C

$$\varphi_C = \sum \frac{\omega y_C}{EI} = \frac{\omega_1 y_1 - \omega_2 y_2}{EI} = \frac{1}{EI}\left(\frac{qa^3}{4} \times 1 - \frac{qa^3}{12} \times 1\right) + \frac{1}{2EI}\left(\frac{3qa^3}{2} \times 1\right) = \frac{11qa^3}{12EI}(顺时针)$$

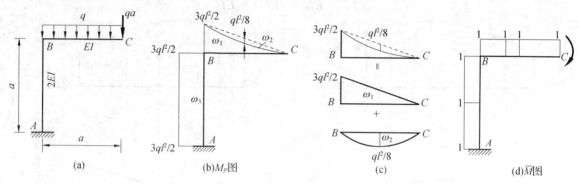

图 7.15　例 7.3 图

【例 7.4】　试求图 7.16(a) 所示刚架 C、D 两点的距离改变。设 $EI = $ 常数。

解　实际状态的 M_P 图如图 7.16(b) 所示。虚拟状态应是在 C、D 两点沿其连线方向加一对指向相反的单位力，$\overline{M}$ 图如图 7.16(c) 所示。用图乘法计算时，需要分为 AC、AB、BD 三段计算，但其中 AC、BD 两段的 $M_P = 0$，故图乘结果为零，可不必计算。AB 段的 M_P 图为一标准抛物线，$\overline{M}$ 图为一水平直线，故应以 M_P 图作面积 ω 而在 $\overline{M}$ 图上取竖标 y_C，可得

$$\Delta_{CD} = \sum \frac{\omega y_C}{EI} = \frac{1}{EI}\left(\frac{2}{3} \times \frac{qL^2}{8} \times L\right) \times H = \frac{qHL^3}{12EI}(\rightarrow\leftarrow)$$

结果为正，说明 C、D 的两点间相对线位移方向与虚拟单位力的指向相同，即 C、D 两点间产生一相互接近的相对位移。

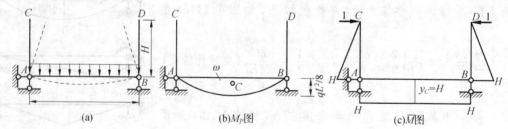

图 7.16　例 7.4 图

4. 静定结构由于温度改变所引起的位移

温度作用是指结构周围的温度发生改变时对结构的作用。

对于静定结构，杆件温度变化时不引起内力；但材料会发生膨胀和收缩，从而引起截面的应变（即温度应变），使结构产生变形和位移。

设图 7.17(a) 所示结构，外侧温度升高了 t_1，内侧温度升高了 t_2，温度沿杆件截面厚度 h 为线性分布，即在发生温度变形后，截面仍保持为平面。截面的变形可分解为沿轴线方向的拉伸变形 $\mathrm{d}u_t$ 和截面

的转角 $\mathrm{d}\varphi_t$，不产生剪切变形。现在要求由此引起的任一点沿任一方向的位移，例如 K 点的竖向位移 Δ_{Kt}。

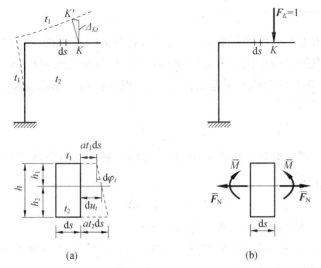

图 7.17 静定结构温度变化引起的变形

我们仍用虚功原理来解决这一问题。虚拟状态设置如图 7.17(b) 所示。根据位移计算的一般公式有

$$\Delta_{Kt} = \sum \int \overline{M} \mathrm{d}\varphi_t + \sum \int \overline{N} \mathrm{d}u_t \qquad (a)$$

任一微段 $\mathrm{d}s$ 上、下边缘处的纤维由于温度升高而伸长的值分别为 $\alpha t_1 \mathrm{d}s$ 和 $\alpha t_2 \mathrm{d}s$，这里 α 是材料的线膨胀系数。由几何关系可求微段在杆轴处的伸长为

$$\begin{aligned}
\mathrm{d}u_t &= \alpha t_1 \mathrm{d}s + (\alpha t_2 \mathrm{d}s - \alpha t_1 \mathrm{d}s)\frac{h_1}{h} \\
&= \alpha\left(\frac{h_2}{h}t_1 + \frac{h_1}{h}t_2\right)\mathrm{d}s \\
&= \alpha t \mathrm{d}s \qquad (b)
\end{aligned}$$

式中 t——杆轴线处的温度变化，$t = \dfrac{h_2}{h}t_1 + \dfrac{h_1}{h}t_2$。若杆件的截面对称于形心轴，即 $h_1 = h_2 = \dfrac{h}{2}$，则

$$t = \frac{t_1 + t_2}{2}$$

而微段两端截面的相对转角为

$$\mathrm{d}\varphi_t = \frac{\alpha t_2 \mathrm{d}s - \alpha t_1 \mathrm{d}s}{h} = \frac{\alpha(t_2 - t_1)\mathrm{d}s}{h} = \frac{\alpha \Delta t \mathrm{d}s}{h} \qquad (c)$$

式中 Δt——两侧温度变化之差，$\Delta t = t_1 - t_2$。

将以上微段的温度变形，即式(b)、(c)代入式(a)，可得

$$\begin{aligned}
\Delta_{Kt} &= \sum \int \overline{N}\alpha t \mathrm{d}s + \sum \int \overline{M}\frac{\alpha \Delta t \mathrm{d}s}{h} \\
&= \sum \alpha t \int \overline{N}\mathrm{d}s + \sum \frac{\alpha \Delta t}{h}\int \overline{M}\,\mathrm{d}s \qquad (7.11)
\end{aligned}$$

若各杆均为等截面杆，则

$$\begin{aligned}
\Delta_{Kt} &= \sum \alpha t \int \overline{N}\mathrm{d}s + \sum \frac{\alpha \Delta t}{h}\int \overline{M}\mathrm{d}s \\
&= \sum \alpha t \omega_{\overline{N}} + \sum \frac{\alpha \Delta t}{h}\omega_{\overline{M}} \qquad (7.12)
\end{aligned}$$

式中　　$\omega_{\overline{N}}$——$\overline{N}$ 图的面积，$\omega_{\overline{N}} = \sum\int\overline{N}\,ds$

$\omega_{\overline{M}}$——$\overline{M}$ 图的面积，$\omega_{\overline{M}} = \sum\int\overline{M}\,ds$。

此公式是温度变化所引起的位移计算的一般公式，它右边两项的正负号作如下规定：若虚拟力状态的变形与实际位移状态的温度变化所引起的变形方向一致则取正号；反之取负号。

对于梁和刚架，在计算温度变化所引起的位移时，一般不能略去轴向变形的影响。对于桁架，在温度变化时，其位移计算公式为

$$\Delta_{Kt} = \sum\overline{N}\alpha t l \tag{7.13}$$

当桁架的杆件长度因制造而存在误差时，由此引起的位移计算与温度变化时相类似。设各杆长度误差为 Δl，则位移计算公式为

$$\Delta_K = \sum\overline{N}\Delta l \tag{7.14}$$

式中，Δl 以伸长为正，$\overline{N}$ 以拉力为正；否则反之。

【例 7.5】　试求图 7.18(a) 所示刚架 C 点的竖向位移。刚架内侧温度升高了 $15\ ^\circ\!C$，外侧温度为 $0\ ^\circ\!C$。$A = 4\ m$，$\alpha = 1\times10^{-5}$，各杆截面为矩形，截面高度 $h = 40\ cm$。

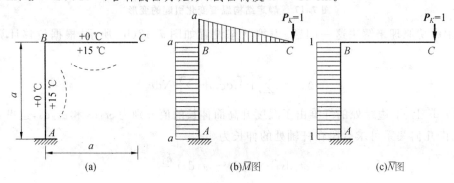

图 7.18　例 7.5 图

解　在 C 点加单位竖向荷载 $P_K = 1$。分别作 $\overline{M}$ 图（图 7.18(b)）及 $\overline{N}$ 图（图 7.18(c)）。杆上、下边缘温差及轴线处温度变化为

$$\Delta t = t_2 - t_1 = (15 - 0)\ ^\circ\!C = 15\ ^\circ\!C$$

$$t = \frac{t_1 + t_2}{2} = \frac{0 + 15}{2}\ ^\circ\!C = 7.5\ ^\circ\!C$$

则温度作用下 C 点的位移为

$$\Delta_{Cy} = \sum\alpha t\omega_{\overline{N}} + \sum\frac{\alpha\Delta t}{h}\omega_{\overline{M}}$$

$$= -\frac{15\alpha}{h}\left(\frac{1}{2}a\times a + a\times a\right) + 7.5\alpha(-a\times 1)$$

$$= -7.5\alpha a\left(\frac{3a}{h} + 1\right)$$

$$= -0.93\ cm\ (\uparrow)$$

因 Δt 与 $\overline{M}$ 所产生的弯曲方向相反，所以上式第一项取负号。因轴力 $\overline{N}$ 为压力，杆轴线温度升高，所以第二项也为负号。结果为负说明温度变化后，C 点的实际竖向位移方向向上。

5. 静定结构由于支座移动所引起的位移

静定结构由于支座移动并不产生内力，也无变形，只发生刚体位移。如图 7.19(a) 所示静定结构，其支座发生水平位移 C_1、竖向位移 C_2 和转角 C_3，现要求由此引起的任一点沿任一方向的位移，例如求 K 点竖向位移 Δ_{KC}。

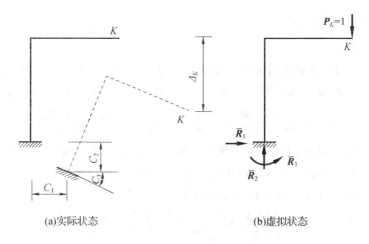

(a)实际状态   (b)虚拟状态

图 7.19　静定结构支座移动所引起的位移

这种位移仍用虚功原理来计算。此时虚拟状态（图 7.19(b)）的支反力$\overline{R}$在实际状态相应的支座位移上做功，而支座移动时不产生内力，因而内力虚功为零。由位移计算的一般公式有

$$\Delta_{kC} = -\sum \overline{R}C \tag{7.15}$$

式中　$\overline{R}$——虚拟状态下的支座反力；

$\qquad$ C——实际位移

正负号规定：若$\overline{R}$与实际支座位移C方向一致时，其积为正，相反时为负。

【例 7.6】　如图 7.20(a) 所示三铰刚架，若支座 B 发生如图 7.20(a) 所示位移，$a = 4$ cm，$b = 6$ cm，$l = 8$ m，$h = 6$ m，求由此而引起的左支座处杆端截面的转角 φ_A。

解　在 A 点处加一单位力偶，建立虚拟力状态。依次求得支座反力，如图 7.20(b) 所示。

$$\varphi_A = -\left[\left(-\frac{1}{2h} \times a\right) + \left(-\frac{1}{l} \times b\right)\right]$$

$$= \frac{a}{2h} - \frac{b}{l} = \frac{4}{2 \times 600} - \frac{6}{800}$$

$$= 0.010\,8\text{rad}(\downarrow)$$

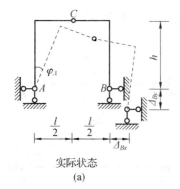

实际状态
(a)

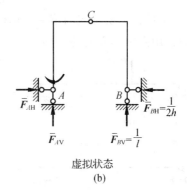

虚拟状态
(b)

图 7.20　例 7.6 图

若静定结构同时承受荷载、温度变化和支座移动的作用，则计算结构位移的一般公式为

$$\Delta_K = \sum \int \frac{\overline{M}M_P}{EI}\text{d}s + \sum \int \frac{\overline{N}N_P}{EA}\text{d}s + \sum \int \frac{k\overline{Q}Q_P}{GA}\text{d}s + \sum(\pm)\int \overline{N}\alpha t\,\text{d}s + \sum(\pm)\int \overline{M}\frac{\alpha\Delta t}{h}\text{d}s - \sum \overline{R}C$$

$$\tag{7.16}$$

6. 线弹性结构的互等定理

(1) 功的互等定理

设有两组外力 P_1 和 P_2 分别作用于同一线弹性结构上，如图 7.21(a)、(b) 所示，分别称为结构的第一状态和第二状态。根据虚功原理 $W_{外} = W_{内}$ 可知，第一状态的外力在第二状态相应位移虚功为

$$P_1\Delta_{12} = \sum \int \frac{M_1 M_2}{EI} ds + \sum \int \frac{N_1 N_2}{EA} ds + \sum \int k \frac{Q_1 Q_2}{GA} ds \qquad (a)$$

Δ_{12} 的两个脚标含义为：脚标 1 表示位移发生的地点和方向（这里表示 P_1 作用点沿 P_1 方向），脚标 2 表示产生位移的原因（这里表示位移是由 P_2 作用引起的）。

同理，第二状态的外力在第一状态相应位移所做的虚功为

$$P_2\Delta_{21} = \sum \int \frac{M_2 M_1}{EI} ds + \sum \int \frac{N_2 N_1}{EA} ds + \sum \int k \frac{Q_2 Q_1}{GA} ds \qquad (b)$$

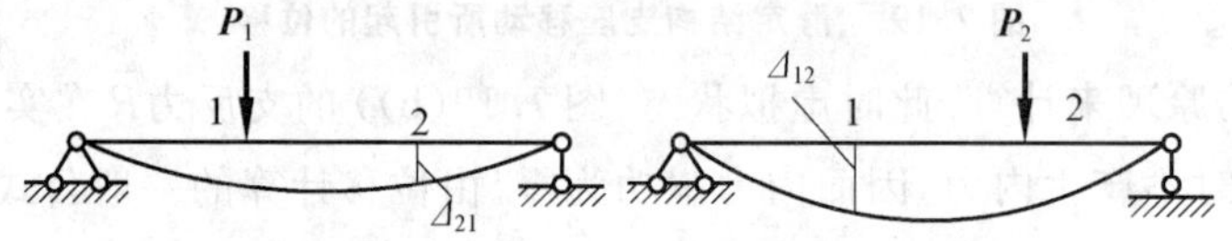

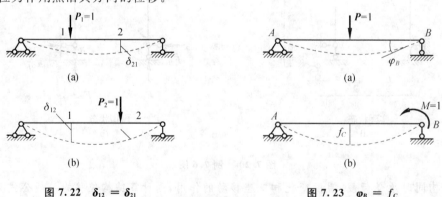

(a)第一状态　　　　　　(b)第二状态

图 7.21　结构的第一状态和第二状态

以上 (a) 和 (b) 两式的右边是相等的，因此左边也相等，故有

$$P_1\Delta_{12} = P_2\Delta_{21} \qquad (7.17)$$

或写为

$$W_{12} = W_{21}$$

这就是功的互等定理。它表明：第一状态的外力在第二状态的位移上所做的虚功，等于第二状态的外力在第一状态的位移上所做的虚功。

(2) 位移互等定理

位移互等定理是功的互等定理的一种特殊情况。

如图 7.22 所示的两种状态中，设作用的荷载都是单位力，即 $P_1 = P_2 = 1$，与其相应的位移用 δ_{12} 和 δ_{21} 表示，则由功的互等定理 (7.17) 得

$$\delta_{12} = \delta_{21} \qquad (7.18)$$

它表明：第二个单位力所引起的第一个单位力作用点沿其方向的位移，等于第一个单位力所引起的第二个单位力作用点沿其方向的位移。

(a)

(b)

图 7.22　$\delta_{12} = \delta_{21}$

(a)

(b)

图 7.23　$\varphi_B = f_C$

这里的单位荷载可以是广义力，则位移是相应的广义位移。例如在图 7.23 的两个状态中，根据位移互等定理，应有 $\varphi_B = f_C$。φ_B 和 f_C 虽然一个为角位移，一个为线位移，两者含义不同，但数值上是相等的。

(3) 反力互等定理

这个定理也是功的互等定理的一个特殊情况。它用来说明在超静定结构中假设两个支座分别产

生单位位移时,两个状态中反力的互等关系。

图 7.24 中第一状态表示支座 1 发生单位位移 $\Delta_1 = 1$ 的状态,此时使支座 2 产生的反力为 r_{21}(其他支座产生的反力未标出);第二状态表示支座 2 发生单位位移 $\Delta_2 = 1$ 的状态,此时使支座 1 产生的反力为 r_{12}。根据功的互等定理有

$$\gamma_{12} \cdot \Delta_1 = \gamma_{21} \cdot \Delta_2$$

而 $\Delta_2 = \Delta_1 = 1$,则有

$$\gamma_{12} = \gamma_{21} \tag{7.19}$$

这就是位移互等定理。它表明:支座 1 发生单位位移所引起的支座 2 的反力,等于支座 2 发生单位位移所引起的支座 1 的反力。这里的单位力和相应位移也是广义的。

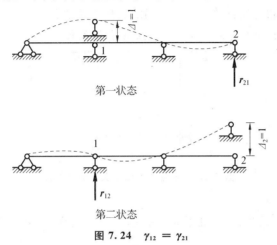

第一状态

第二状态

图 7.24　$\gamma_{12} = \gamma_{21}$

拓展与实训

职业能力训练

一、填空题

1. 图乘法应用的条件是:杆轴线为 _____;各段杆的 EI 分别为 _____;M_P 和 $\overline{M}$ 两图中,至少有一个是 _____。

2. 力在其他原因引起的位移上所做的功称为 _____。

二、选择题

1. 静定结构因支座移动( )。

　　A. 会产生内力,但无位移　　　　B. 会产生位移,但无内力

　　C. 内力和位移均不会产生　　　　D. 内力和位移均会产生

2. 图 7.25 所示伸臂梁,温度升高 $t_1 > t_2$,则 C 点和 D 点的位移( )。

　　A. 都向下　　　　　　　　　　B. 都向上

　　C. C 点向上,D 点向下　　　　D. C 点向下,D 点向上

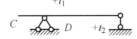

图 7.25　职业能力训练选择题 2 题图

3. 下列图乘正确的是（　　）。

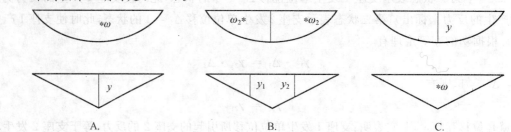

A.　　　　　　　B.　　　　　　　C.

4. 图 7.26 所示虚拟力状态可求出（　　）。

A. A、B 两点的相对线位移　　　　　B. A、B 两点位移

C. A、B 两截面的相对转动　　　　　D. A 点线位移

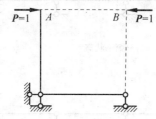

图 7.26　职业能力训练选择题 4 题图

三、判断题

1. 静定结构在非荷载外因（支座移动、温度改变、制造误差、材料收缩）作用下，不产生内力，但产生位移。（　　）

2. 结构发生了变形，必然会引起位移，反过来，结构有位移必然有变形发生。（　　）

3. 图乘法正负号规定，当面积与竖标值在杆轴线的同一侧取正号。（　　）

工程模拟训练

找一日常生活中的静定结构，绘制出计算简图后，用图乘的方法求它的最大位移。

链接执考

1. 以下说法中 不属于静定结构的一般性质的为（　　）。[2011 年 7 月自学考试结构力学（二）试题：（单选题）]

A. 静定结构的内力与变形无关

B. 结构的局部能平衡荷载时，其他部分不受力

C. 若将作用在结构中一个几何不变部分上的荷载作等效变换，其他部分上的内力不变

D. 支座移动、温度变化也会产生内力

2. 欲求 C 点的竖向位移，应取单位力状态图为（　　）。[2011 年 7 月自学考试结构力学（二）试题：（单选题）]

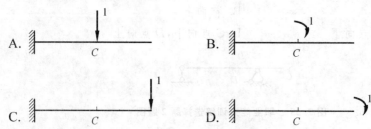

3. 图 7.27 所示结构,求 A、B 两点相对线位移时,虚力状态应在两点分别施加的单位力为( )。[2001 年全国一级注册结构工程师资格考试:(单选题)]

A. 竖向反向力

B. 水平反向力

C. 连线方向反向力

D. 反向力偶

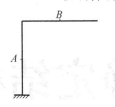

图 7.27 链接执考 3 题图

4. 图 7.28 所示结构中 A 支座竖直下沉 a,B 支座竖直下沉 b,则 CD 两截面的相对转角为( )。[1998 年全国一级注册结构工程师资格考试:(单选题)]

A. $\dfrac{b}{l}$

B. $\dfrac{a-b}{l}$

C. $\dfrac{a+b}{l}$

D. 0

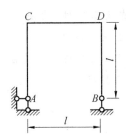

图 7.28 链接执考 4 题图

模块 4

超静定结构计算方法

【模块概述】

结构内力分析包括两大类：一类是静定结构分析；另一类是超静定结构分析。超静定结构内力只靠静平衡方程是无法求解的，还必须考虑变形条件。力法和位移法是计算超静定结构的两种基本方法，力法 19 世纪末已应用，位移法在 20 世纪初建立。

本模块以超静定结构计算方法为主线，主要讲解了力法原理及其应用、位移法原理及其应用、力矩分配法思路及其应用和影响线的概念及其应用。

【学习目标】

1. 熟悉力法的基本原理及其应用；

2. 理解掌握位移法的基本原理及其应用；

3. 掌握掌握力矩分配法的基本原理及其应用；

4. 了解静定梁影响线的作法；

5. 掌握影响线的应用。

【课时建议】

16 ～ 18 课时

工程导入

　　连续梁桥：两跨或两跨以上连续的梁桥，属于超静定体系。连续梁在恒活载作用下，产生的支点负弯矩对跨中正弯矩有卸载的作用，使内力状态比较均匀合理，因而梁高可以减小，由此可以增大桥下净空，节省材料，且刚度大，整体性好，超载能力大，安全度大，桥面伸缩缝少，并且因为跨中截面的弯矩减小，使得桥跨可以增大。

连续梁的实物图

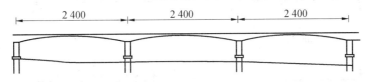

连续梁的结构图

　　而连续梁桥一般为三跨一联和四跨一联，其实质为有多余约束的超静定结构，其力学模型需要简化为连续梁或刚架，用之前静定梁的求解方法显然是行不通的，那么，针对这些比较复杂的结构应当采取什么样的方法进行求解呢？

　　塔吊：塔吊是建筑工地上最常用的一种起重设备，以一节一节地接长（高），好像一个铁塔的形式，也叫塔式起重机，用来吊施工用的钢筋、木楞、脚手管等施工原材料，是建筑施工中一种必不可少的设备。

　　作为一种结构轻盈，承载能力和吊装能力都相对比较强的超静定结构，其力学模型为刚架，那么对刚架的求解需要用到那些新的方法呢？

塔吊的实物图

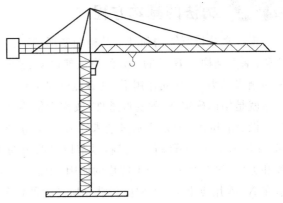

塔吊的结构图

单元8 力 法

8.1 力法的基本原理

8.1.1 力法的基本结构

这里通过对图 8.1 所示的一次超静定梁的分析,来说明力法的基本原理。

图 8.1(a) 所示均布荷载作用下的超静定梁有一个多余约束,是一次超静定结构,称为原结构。如果将支座 B 的链杆作为多余约束去掉,并以多余未知力 X_1 代替其作用,则得到如图 8.1(b) 所示的静定梁,它承受着与原结构相同的荷载 q 和多余未知力 X_1。这种去掉多余约束并代之以相应的多余未知力的静定结构称为力法的基本结构。这样原结构的内力计算就转化成了在荷载 q 和多余未知力 X_1 共同作用下的基本结构的内力计算。

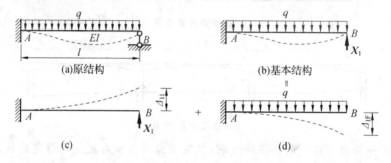

图 8.1 力法的基本结构

8.1.2 力法的基本未知量

如果能够设法求出基本结构的多余未知力 X_1,其余计算就与静定结构完全相同。显然,计算超静定结构的关键在于求出多余未知力。因此,多余未知力称为力法的基本未知量。而这个基本未知量 X_1 无法由静力平衡条件求出,必须根据基本结构的受力和变形与原结构一致的原则确定。

8.1.3 力法的基本方程

现在来分析原结构和基本结构的变形情况。原结构在支座 B 处由于有多余约束而不可能有竖向位移;基本结构上 B 处的多余约束虽然已被去掉,但若其受力和变形与原结构完全一致,则在荷载 q 和多余未知力 X_1 共同作用下,其 B 点的竖向位移(即沿力 X_1 方向上的位移)Δ_1 也应等于零,即 $\Delta_1 = 0$,这就是用以确定 X_1 的变形条件,或称为位移条件。

设 Δ_{11} 和 Δ_{1F} 分别表示多余未知力 X_1 和 q 单独作用于基本结构时,引起的 B 点沿 X_1 方向上的位移,如图 8.1 (c)、(d) 所示,其符号都以沿假定的 X_1 方向为正。两个下标含义是:第一个表示位移的位置和方向,第二个表示产生位移的原因。则 Δ_{11} 表示在 X_1 作用点沿 X_1 方向由 X_1 所产生的位移,Δ_{1F} 表示在 X_1 作用点沿 X_1 方向由荷载 q 所产生的位移。根据叠加原理,式(a) 可写成 $\Delta_1 = \Delta_{11} + \Delta_{1F}$。

若以 δ_{11} 表示 X_1 为单位力即 $X_1 = 1$ 时基本结构在 B 点沿 X_1 方向上的位移,由于结构的变形在弹性范围内,则有 $\Delta_{11} = \delta_{11} X_1$ 代入式(b),有

$$\delta_{11} X_1 + \Delta_{1F} = 0 \tag{8.1}$$

式(8.1) 称为力法的基本方程,是根据位移条件建立的用以确定 X_1 的变形协调方程。式中 δ_{11} 和 Δ_{1F} 都是静定结构在已知力作用下的位移,可由第 7 单元静定结构的位移计算方法求得。

为了计算 δ_{11} 和 Δ_{1F}，可分别绘出基本结构在 $X_1=1$ 和荷载 q 单独作用下的弯矩图 $\overline{M}_1$ 图和 M_F 图，如图8.2(a)、(b)所示。然后用图乘法计算这些位移。求 δ_{11} 时应为 $\overline{M}_1$ 图乘 $\overline{M}_1$ 图，即 $\overline{M}_1$ 图"自乘"，求 Δ_{1F} 时则为 $\overline{M}_1$ 图与 M_F 图相乘，于是有

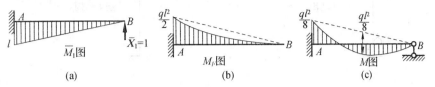

图 8.2 位移计算弯矩图

$$\delta_{11} = \sum \int \frac{\overline{M}_1 \overline{M}_1}{EI} \, \mathrm{d}s = \frac{1}{EI} \times \frac{l^2}{2} \times \frac{2l}{3} = \frac{l^3}{3EI}$$

$$\Delta_{1F} = \sum \int \frac{\overline{M}_1 M_F}{EI} \, \mathrm{d}s = -\frac{1}{EI}\left(\frac{1}{3} \times l \times \frac{ql^2}{2} \times \frac{3l}{4} \right) = -\frac{ql^4}{8EI}$$

将 δ_{11} 和 Δ_{1F} 代入式(8.1)可求得

$$X_1 = -\frac{\Delta_{1F}}{\delta_{11}} = -\frac{\left(-\dfrac{ql^4}{8EI} \right)}{\dfrac{l^3}{3EI}} = \frac{3}{8}ql \ (\uparrow)$$

所得结果为正值，表明 X_1 的实际方向与假定相同。多余未知力求出后，其余反力和内力的计算都是静定问题，最后的弯矩图 M 图可由叠加原理绘出，即

$$M = \overline{M}_1 X_1 + M_F$$

也就是将 $\overline{M}_1$ 图的竖标乘以 X_1 倍，再与 M_F 图的相应竖标叠加，即可绘出 M 图，如图8.2(c)所示。此弯矩图既是基本结构的弯矩图，同时也是原结构的弯矩图。

综上所述，力法的基本原理是：将超静定结构去掉多余约束，并代之以相应的多余未知力，得到静定的基本结构。以多余未知力为基本未知量，根据基本结构所去掉多余约束处的位移条件建立力法方程，求出多余未知力。超静定问题即转化为静定问题，然后利用静力平衡条件求解其余的反力和内力，这一计算方法可以分析任何类型的超静定结构。

8.1.4 力法的典型方程

以上通过一个一次超静定结构的计算，我们初步了解了力法的基本原理。可以看出，用力法计算超静定结构的关键在于根据位移条件建立力法的基本方程，以求解多余未知力。对于多次超静定结构，其计算原理与一次超静定结构完全相同。下面以一个两次超静定结构为例来说明如何根据位移条件建立求解多余未知力的方程。

图8.3(a)所示为一个两次超静定刚架，在荷载 q 作用下，结构产生的变形如图中虚线所示。用力法求解时，去掉支座 C 处的两个多余约束，并以相应的多余未知力 X_1、X_2 代替其作用，得到图8.3(b)所示的基本结构。由于原结构在固定铰支座 C 处的水平线位移和竖向线位移均为零，因此，基本结构在荷载 q 和多余未知力 X_1、X_2 共同作用下，沿多余未知力 X_1、X_2 方向的位移 Δ_1、Δ_2 都应为零，即

$$\Delta_1 = 0$$
$$\Delta_2 = 0 \tag{8.2}$$

式(8.2)就是建立力法方程的位移条件，根据叠加原理，有

$$\left. \begin{array}{l} \Delta_1 = \Delta_{11} + \Delta_{12} + \Delta_{1F} = 0 \\ \Delta_2 = \Delta_{21} + \Delta_{22} + \Delta_{2F} = 0 \end{array} \right\} \tag{8.3}$$

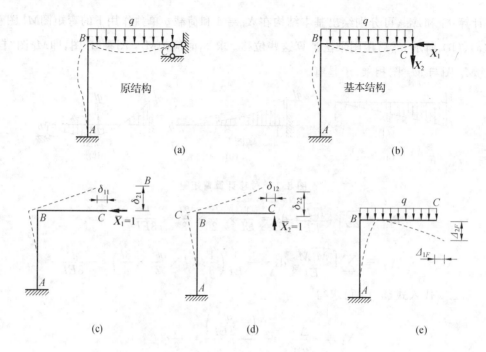

图 8.3　力法的典型方程示例

式（8.3）中 Δ_{11}、Δ_{12}、Δ_{1F} 分别为多余未知力 X_1、X_2 和荷载 q 单独作用在基本结构上时，在 X_1 作用点沿 X_1 方向产生的位移 Δ_{21}、Δ_{22}、Δ_{2F} 分别为多余未知力 X_1、X_2 和荷载 q 单独作用在基本结构上时，在 X_2 作用点沿 X_2 方向产生的位移。在 $\overline{X}_1=1$、$\overline{X}_2=1$ 和荷载 q 单独作用下，基本结构的变形如图 8.3（c）、（d）、（e）中虚线所示。若用 δ_{11}、δ_{12} 表示单位力 $\overline{X}_1=1$、$\overline{X}_2=1$ 分别作用于基本结构时产生的沿 X_1 方向的相应位移，则 $\Delta_{11}=\delta_{11}X_1$，$\Delta_{12}=\delta_{12}X_2$。同理，$\Delta_{21}=\delta_{21}X_1$，$\Delta_{22}=\delta_{22}X_2$ 代入式（8.3）中，得

$$\left.\begin{array}{l}\Delta_1=\delta_{11}X_1+\delta_{12}X_2+\Delta_{1F}=0\\\Delta_2=\delta_{21}X_1+\delta_{22}X_2+\Delta_{2F}=0\end{array}\right\} \tag{8.4}$$

式（8.4）就是求解多余未知力 X_1、X_2 所建立的力法方程。

对于 n 次超静定结构，用力法分析时，去掉 n 个多余约束，代之以 n 个多余未知力，得到静定的基本结构。当原结构在去掉多余约束处的位移为零时，根据位移条件，可以建立求解 n 个多余未知力的力法方程：

$$\left.\begin{array}{l}\delta_{11}X_1+\delta_{12}X_2+\ldots+\delta_{1n}X_n+\Delta_{1F}=0\\\delta_{21}X_1+\delta_{22}X_2+\ldots+\delta_{2n}X_n+\Delta_{2F}=0\\\qquad\vdots\\\delta_{n1}X_1+\delta_{n2}X_2+\ldots+\delta_{nn}X_n+\Delta_{nF}=0\end{array}\right\} \tag{8.5}$$

上述力法方程在组成上具有一定的规律，而且不论基本结构如何选取，只要是 n 次超静定结构，在荷载作用下的力法方程都具有与式（8.5）相同的形式，称为力法典型方程。

力法典型方程的物理意义：基本结构在全部多余未知力和荷载共同作用下，在去掉各多余约束处沿多余未知力方向的位移，应与原结构中相应的位移相等。

力法典型方程中，位于自左上方至右下方的主对角线上的系数 δ_{ii} 称为主系数，它表示当单位力 $X_i=1$ 单独作用在基本结构上时，所引起的沿 X_i 自身方向的位移，其值恒为正。主对角线两侧的系数 $\delta_{ij}(i\neq j)$ 称为副系数，它表示当单位力 $X_j=1$ 单独作用在基本结构上时，所引起的沿 X_i 方向的位移，其值可正、可负，也可能为零，根据位移互等定理，副系数 $\delta_{ij}=\delta_{ji}$。各方程中左边的最后一项 Δ_{iF} 称为自由项，它表示当荷载单独作用在基本结构上时，所引起的沿 X_i 方向的位移，其值可正、可负，也可能为零。

力法典型方程中的各系数和自由项按静定结构位移的计算方法求出后,代入方程即可解出多余未知力 X_i,再按照静定结构的分析方法,求得原结构其余反力和内力。

原结构的最后弯矩图可按下面叠加公式求出:

$$M = \overline{M}_1 X_1 + \overline{M}_2 X_2 + \cdots + \overline{M}_n X_n + M_F$$

8.2　力法解算超静定结构示例

根据力法的基本原理,用力法计算超静定结构的步骤可归纳如下:

(1) 确定超静定次数,选取基本结构。去掉多余约束,以多余未知力代替其作用,得到基本结构。

(2) 建立力法典型方程。根据基本结构在去掉多余约束处的位移应与原结构中相应的位移相同的位移条件建立力法典型方程。

(3) 求系数和自由项。分别作出基本结构在单位力 $\overline{X}_i$ 和荷载单独作用下的弯矩图,然后按静定结构位移的计算方法求出系数和自由项。

(4) 解方程求多余未知力。

(5) 计算原结构的内力及绘制内力图。

下面通过例题介绍力法在几类超静定结构中的应用。

8.2.1　超静定梁和刚架

梁和刚架以弯曲变形为主,力法典型方程中的系数和自由项的计算式如下:

$$\delta_{ii} = \sum \int \frac{\overline{M}_i^{\,2}}{EI} \, \mathrm{d}s \tag{8.6}$$

$$\delta_{ij} = \delta_{ji} = \sum \int \frac{\overline{M}_i \overline{M}_j}{EI} \, \mathrm{d}s \tag{8.7}$$

$$\Delta_{iF} = \sum \int \frac{\overline{M}_i M_F}{EI} \, \mathrm{d}s \tag{8.8}$$

式中　$\overline{M}_i$、$\overline{M}_j$、M_F——在单位力 $\overline{X}_i = 1$、$\overline{X}_j = 1$ 和荷载单独作用于基本结构时的弯矩,通常由图乘法计算。

【例 8.1】　试用力法计算图 8.4 所示超静定梁,EI 为常数。

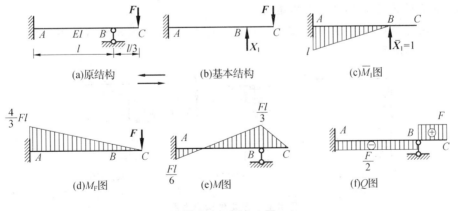

图 8.4　例 8.1 图

解　(1) 确定超静定次数,选取基本结构

这是一次超静定梁,去掉支座 B 处的链杆,并用多余未知力 X_1 代替,得基本结构如图 8.4(b)所示。

（2）建立力法典型方程

原结构在支座 B 处的竖向位移 $\Delta_1 = 0$，根据位移条件可得力法典型方程为

$$\delta_{11} X_1 + \Delta_{1F} = 0$$

（3）求系数和自由项

分别作出 $\overline{X}_1 = 1$ 和荷载单独作用于基本结构时的弯矩图 $\overline{M}_1$ 图、M_F 图，如图8.4（c）、（d）所示。由图乘法计算系数和自由项：

$$\delta_{11} = \sum \int \frac{\overline{M}_1^2}{EI} \mathrm{d}s = \frac{1}{EI}\left(\frac{l^2}{2} \times \frac{2l}{3}\right) = \frac{l^3}{3EI}$$

$$\Delta_{1F} = \sum \int \frac{\overline{M}_1 M_F}{EI} \mathrm{d}s = -\frac{1}{EI}\left(\frac{l^2}{2} \times \frac{3}{4} \times \frac{4Fl}{3}\right) = -\frac{Fl^3}{2EI}$$

（4）解方程求多余未知力

将 δ_{11}、Δ_{1F} 代入力法典型方程，得

$$X_1 = -\frac{\Delta_{1F}}{\delta_{11}} = -\frac{\left(-\dfrac{Fl^3}{2EI}\right)}{\dfrac{l^3}{3EI}} = \frac{3}{2}F(\uparrow)$$

（5）绘制内力图

弯矩图、剪力图如图8.4（e）、（f）所示。

解出的多余未知力的值为正，表明与假定方向相同。各杆端弯矩可由叠加公式 $M = \overline{M}_1 X_1 + M_F$ 计算。多余未知力求出后，利用静力平衡条件求出剪力，绘制剪力图。

【例8.2】 试用力法计算图8.5（a）所示超静定刚架，并绘制内力图。

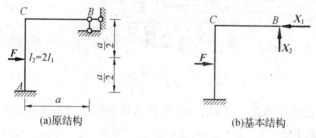

(a)原结构　　　　　　(b)基本结构

图8.5　例8.2图

解 （1）确定超静定次数，选取基本结构

这是一个两次超静定刚架，去掉 B 支座处的两个约束，以多余未知力 X_1、X_2 代替其作用，得到基本结构如图8.5（b）所示。

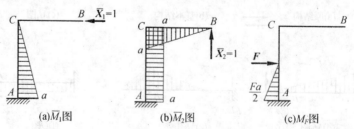

(a)$\overline{M}_1$图　　　　　(b)$\overline{M}_2$图　　　　　(c)M_F图

图8.6　基本结构内力图

（2）建立力法典型方程

原结构在 B 处沿 X_1、X_2 方向的位移为零，可得力法典型方程：

$$\delta_{11} X_1 + \delta_{12} X_2 + \Delta_{1F} = 0$$

$$\delta_{21} X_2 + \delta_{22} X_2 + \Delta_{2F} = 0$$

（3）求系数和自由项

分别绘出基本结构的单位弯矩图 $\overline{M}_1$、$\overline{M}_2$ 和荷载弯矩图 M_F，如图 8.6（a）、（b）、（c）所示。

由图乘法计算系数和自由项：

$$\delta_{11} = \frac{1}{2EI_1}\left(\frac{a^2}{2} \times \frac{2a}{3}\right) = \frac{a^3}{6EI_1}$$

$$\delta_{22} = \frac{1}{2EI_1}(a^2 \times a) + \frac{1}{EI_1}\left(\frac{a^2}{2} \times \frac{2a}{3}\right) = \frac{5a^3}{6EI_1}$$

$$\delta_{12} = \delta_{21} = \frac{1}{2EI_1}\left(\frac{a^2}{2} \times a\right) = \frac{a^3}{4EI_1}$$

$$\Delta_{1F} = -\frac{1}{2EI_1}\left(\frac{1}{2} \times \frac{Fa}{2} \times \frac{a}{2} \times \frac{5a}{6}\right) = -\frac{5Fa^3}{96EI_1}$$

$$\Delta_{2F} = -\frac{1}{2EI_1}\left(\frac{1}{2} \times \frac{Fa}{2} \times \frac{a}{2} \times \frac{5a}{6}\right) = -\frac{Fa^3}{16EI_1}$$

（4）解方程求多余未知力

将 δ_{11}、δ_{22}、δ_{12}、δ_{21}、Δ_{1F}、Δ_{2F} 代入力法典型方程，并消去 $\dfrac{a^3}{EI_1}$，得

$$\left.\begin{array}{l} \dfrac{1}{6}X_1 + \dfrac{1}{4}X_2 - \dfrac{5}{96}F = 0 \\[2mm] \dfrac{1}{4}X_1 + \dfrac{5}{6}X_2 - \dfrac{1}{16}F = 0 \end{array}\right\}$$

解联立方程，得

$$X_1 = \frac{4}{11}F(\leftarrow),\quad X_2 = -\frac{3}{88}F(\downarrow)$$

（5）绘制内力图

弯矩图、剪力图、轴力图如图 8.7（a）、（b）、（c）所示。

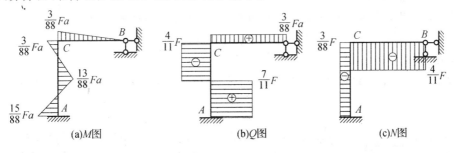

图 8.7 原结构内力图

注意：① 力法典型方程的系数和自由项的计算就是求静定结构的位移。② 多余未知力求出后，运用叠加公式 $M = \overline{M}_1 X_1 + \overline{M}_2 X_2 + \cdots + \overline{M}_n X_n + M_F$ 绘制弯矩图较为方便，其他内力可由静力平衡条件求得。③ 若选取简支刚架作为基本结构，请进行计算，比较哪种方法更为简便。

8.2.2 超静定桁架

桁架在结点荷载作用下各杆只产生轴力，杆件以轴向变形为主，力法典型方程中各系数和自由项的计算式如下：

$$\delta_{ii} = \sum \int \frac{\overline{N}_i^2}{EA} l \tag{8.9}$$

$$\delta_{ij} = \delta_{ji} = \sum \int \frac{\overline{N}_i \overline{N}_j}{EA} l \tag{8.10}$$

$$\Delta_{iF} = \sum \int \frac{\overline{N}_i N_F}{EA} l \qquad (8.11)$$

各杆的最后内力可由下面叠加公式计算：

$$M = \overline{N}_1 X_1 + \overline{N}_2 X_2 + \cdots + \overline{N}_n X_n + N_F \qquad (8.12)$$

【例 8.3】 试计算图 8.8(a) 所示超静定桁架。已知各杆的材料和截面面积相同。

解 （1）确定超静定次数，选取基本结构

此桁架是一次超静定桁架。现将 12 杆切断，并代以多余未知力 X_1，基本结构如图 8.8(b) 所示。

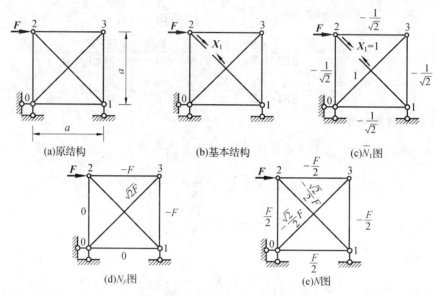

图 8.8　例 8.3 图

（2）建立力法典型方程

根据杆 12 切口处两侧截面的相对线位移为零，可建立力法典型方程如下：

$$\delta_{11} X_1 + \Delta_{1F} = 0$$

（3）求系数和自由项

单位力 $\overline{X}_1 = 1$ 和荷载分别作用于基本结构时产生的轴力如图 8.8(c)、(d) 所示。系数和自由项计算如下：

$$\delta_{11} = \sum \frac{\overline{N}_1^2}{EA} l = \frac{1}{EA} \left[\left(-\frac{1}{\sqrt{2}} \right)^2 \times a \times 4 + 1^2 \times \sqrt{2} a \times 2 \right] = \frac{2(1+\sqrt{2})a}{EA}$$

$$\Delta_{1F} = \sum \frac{\overline{N}_1 \overline{N}_F}{EA} l = \frac{1}{EA} \left[\left(-\frac{1}{\sqrt{2}} \right)(-F) \times a \times 2 + 1 \times \sqrt{2} F \times \sqrt{2} a \right]$$

（4）解方程求多余未知力

将以上系数和自由项代入典型方程后解得

$$X_1 = -\frac{\Delta_{1F}}{\delta_{11}} = -\frac{\dfrac{(2+\sqrt{2})Fa}{EA}}{\dfrac{2(1+\sqrt{2})a}{EA}} = -\frac{\sqrt{2}}{2} F \text{（压力）}$$

（5）计算各杆最后轴力

由叠加原理 $N = \overline{N}_1 X_1 + N_F$ 求得各杆轴力如图 8.8(e) 所示。

8.2.3　铰接排架

单层工业厂房通常采用铰接排架结构，它是由屋架（或屋面大梁）、柱和基础组成的，如图 8.9（a）

所示。柱下端与基础刚结,可视为固定支座,屋架(或屋面大梁)与柱顶的连接可简化为铰接。计算中,通常近似将屋架视为一根轴向刚度 EA 为无限大的杆件,称为横梁,计算简图如图 8.9(b) 所示。

用力法计算铰接排架时,一般将横梁作为多余约束而切断其轴向联系,代之以多余未知力,利用切口两侧截面的相对轴向位移为零的条件建立力法典型方程。

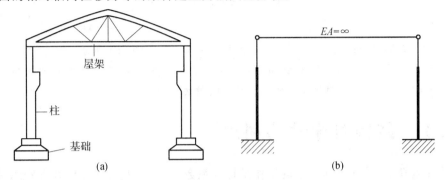

图 8.9　铰接排架结构

【**例 8.4**】　计算 8.10(a) 所示排架的内力,并作出弯矩图。

解　(1) 确定超静定次数,选取基本结构

此排架为一次超静定结构,切断横梁 CD,以多余未知力 X_1 代替,基本结构如图 8.10 (b) 所示。

(2) 建立力法典型方程

由横梁切口两侧截面的相对水平位移为零的条件,建立力法典型方程:

$$\delta_{11}X_1 + \Delta_{1F} = 0$$

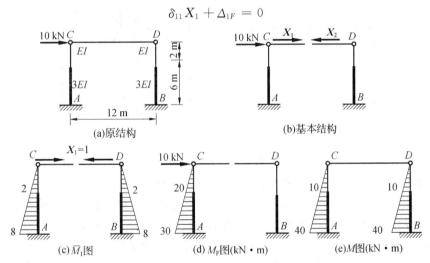

图 8.10　例 8.4 图

(3) 求系数和自由项

分别作出基本结构在单位力和荷载单独作用下的弯矩图,如图 8.10(c)、(d) 所示。系数和自由项计算如下:

$$\delta_{11} = \frac{2}{EI}\left(\frac{1}{2} \times 2 \times 2 \times \frac{2}{3} \times 2\right) + \frac{2}{3EI}\left[2 \times 6 \times \left(2 + \frac{6}{2}\right) + \frac{1}{2} \times 6 \times 6 \times \left(2 + \frac{2}{3} \times 6\right)\right]$$

$$= \frac{16}{3EI} + \frac{336}{3EI} = \frac{352}{3EI}$$

$$\Delta_{1F} = \frac{1}{EI}\left(\frac{1}{2} \times 2 \times 20 \times \frac{2}{3} \times 2\right) + \frac{1}{3EI}\left[6 \times 20 \times \left(2 + \frac{6}{2}\right) + \frac{1}{2} \times 6 \times 60 \times \left(2 + \frac{2}{3} \times 6\right)\right]$$

$$= \frac{80}{3EI} + \frac{1680}{3EI} = \frac{1760}{3EI}$$

（4）解方程求多余未知力

将以上系数和自由项代入典型方程，有

$$\frac{352}{3EI}X_1 + \frac{1\,760}{3EI} = 0$$

解得

$$X_1 = -5\ \text{kN（压力）}$$

（5）作弯矩图。

由公式 $M = \overline{M}_1 X_1 + M_F$ 即可作出排架最后弯矩图，如图 8.10（e）所示。

从上述几个例题可以看出，在荷载作用下，超静定结构的内力只与杆件的相对线刚度有关，而与其绝对刚度无关；结构采用同一材料时，内力与弹性模量无关。

8.3　结构对称性的利用

用力法计算超静定结构时，其大量的工作是计算系数、自由项及对联立线性方程组求解。若要使计算简化，则需从简化典型方程入手，使力法方程中尽可能多的副系数等于零。这样不仅简化了系数的计算工作，也简化了联立方程的求解工作。

在工程中常用的结构多数是对称的，如图 8.11（a）所示的对称结构，就有一个竖向对称轴。所谓对称结构，就是指：

（1）结构的几何形状和支承情况对某轴对称；

（2）杆件截面和材料（即 EA 和 EI）也对此轴对称。

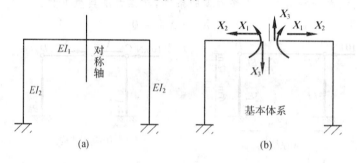

图 8.11　对称结构

作用于对称结构的荷载有两种常见情况，即对称荷载和反对称荷载。绕对称轴对折后，左右两部分的荷载彼此重合（作用点相同、数值相等、方向相同）称为对称荷载（图 8.12）；绕对称轴对折后，左右两部分的荷载正好相反（作用点对应、数值相等、方向相反）称为反对称荷载（图 8.13）。

利用结构的对称性可简化计算，下面通过举例来说明其简化方法。

将图 8.11（a）沿对称轴上的截面切开，便得到一个对称的基本结构，如图 8.11（b）所示。此时多余未知力包括三对力：一对弯矩 X_1、一对轴力 X_2、一对剪力 X_3。如果对称轴两边的力大小相等，绕对称轴对折后作用点和作用线均重合且指向相同，则称为正对称（或简称对称）的力；若对称轴两边的力大小相等，绕对称轴对折后作用点和作用线均重合但指向相反，则称为反对称的力。由此可知，在上述多余未知力中，X_1 和 X_2 是正对称的，X_3 是反对称的。

图 8.12　对称荷载　　　　　　　图 8.13　反对称荷载

绘出基本结构的单位弯矩图（图 8.14），可以看出，$\overline{M}_1$、$\overline{M}_2$ 是正对称的，而 $\overline{M}_3$ 是反对称的。由于正、反对称的两图相乘时恰好正负抵消使结果为零，因而可知副系数：

$$\delta_{13} = \delta_{31} = 0, \delta_{13} = \delta_{32} = 0$$

于是典型方程便简化为

$$\delta_{11}X_1 + \delta_{12}X_2 + \Delta_{1P} = 0$$
$$\delta_{21}X_1 + \delta_{22}X_2 + \Delta_{2P} = 0$$
$$\delta_{33}X_3 + \Delta_{3P} = 0$$

可见,典型方程已分为两组:一组只包含正对称的多余未知力 X_1 和 X_2,另一组只包含反对称的多余未知力 X_3。显然,这比一般的情况计算就简单很多。

$$M = \overline{M}_1 X_1 + \overline{M}_2 X_2 + M_P$$

如图 8.15 所示,如果作用在结构上的荷载也是正对称的,则 M_P 图也是正对称的,如图 8.15(b) 所示,于是,自由项 $\Delta_{3P} = 0$。由典型方程的第三式可知反对称的未知力 $X_3 = 0$,因此只有正对称的未知力。最后弯矩图也将是正对称的,其形状如图 8.15(c) 所示。

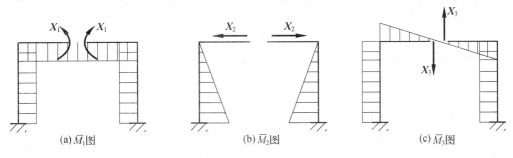

(a)$\overline{M}_1$图 (b)$\overline{M}_2$图 (c)$\overline{M}_3$图

图 8.14 基本结构的单位弯矩图

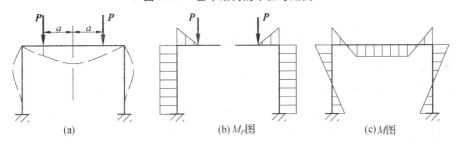

(a) (b)M_P图 (c)M图

图 8.15 对称荷载

技术提示

对称结构在正对称荷载作用下,在对称基本结构的对称轴截面上,只存在正对称未知力,而反对称未知力为零。

如果作用在结构上的荷载是反对称的(图 8.16(a)),作出图如图 8.16(b) 所示,则同理可证,此时正对称的多余未知力 $X_1 = X_2 = 0$,只有反对称的未知力 $M = \overline{M}_3 X_3 + M_P$。最后弯矩图也将是反对称的,其形状如图 8.16(c) 所示。

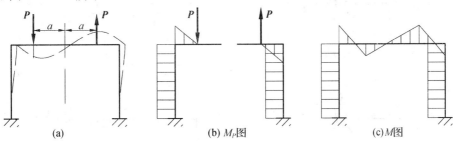

(a) (b)M_P图 (c)M图

图 8.16 反对称荷载

技术提示

对称结构在反对称荷载作用下,在对称基本结构的对称轴截面上,只存在反对称未知力,而正对称未知力为零。

【知识拓展】

对称结构承受非对称荷载,在很多情况下,对于对称的超静定结构,虽然选取了对称的基本结构,但多余未知力对结构的对称轴来说却不是正对称的或反对称的。相应的单位内力图也就即非正对称也非反对称,因此有关的副系数仍然不等于零。对于这种情况,为了使副系数等于零,可以将非对称荷载分解为对称荷载和反对称荷载分别计算,然后叠加,如图 8.17(a)、(b)、(c) 所示。

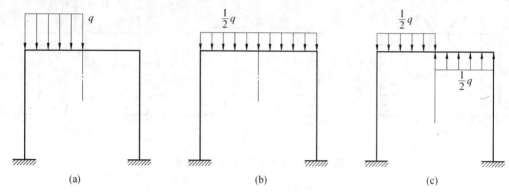

图 8.17　对称结构承受非对称荷载

【例 8.5】　试分析图 8.18(a) 所示两端固定梁。设 $EI =$ 常数。

解　(1) 此梁为三次超静定结构,取对称基本结构如图 8.18(b) 所示

由于荷载是正对称的,故可知反对称的多余未知力等于零,而只有正对称的多余未知力 X_1 和 X_2,从而使典型方程得到简化,列出典型方程。

(2) 分别绘出单位弯矩图和荷载弯矩图,如图 8.18(c)、(d)、(e) 所示

由于 $M_2 = 0$,由图乘法可知 $\Delta_{1P} = \Delta_{2P} = 0$,$\delta_{12} = \delta_{21} = 0$,从而使典型方程进一步得到简化,仅相当于求解一次超静定的问题。

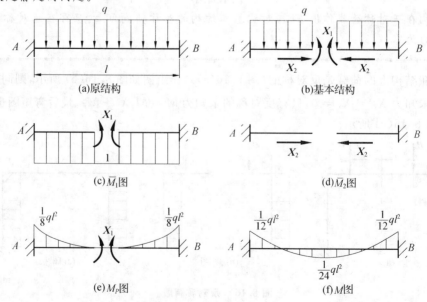

图 8.18　例 8.5 图

（3）计算不为零的系数和自由项

$$\delta_{11} = \frac{1}{EI}\left(\frac{1}{2}1\cdot 1\right)\cdot 2 = \frac{1}{EI}$$

$$\Delta_{1P} = -\frac{1}{EI}\left(\frac{1}{3}\cdot\frac{1}{2}1\cdot\frac{ql^2}{8}\cdot 1\right)\cdot 2 = -\frac{ql^3}{24EI}$$

（4）将求出的系数和自由项代入典型方程可解得

$$X_1 = -\frac{\Delta_{1P}}{\delta_{11}} = -\frac{-\dfrac{ql^3}{24EI}}{\dfrac{1}{EI}} = \frac{ql^2}{24EI}$$

（5）最后弯矩图 $M = \overline{M}_1 X_1 + M_P$，如图 8.18(f) 所示

【例 8.6】 作图 8.19(a) 所示刚架的弯矩图。刚架各杆 EI 均为常数。

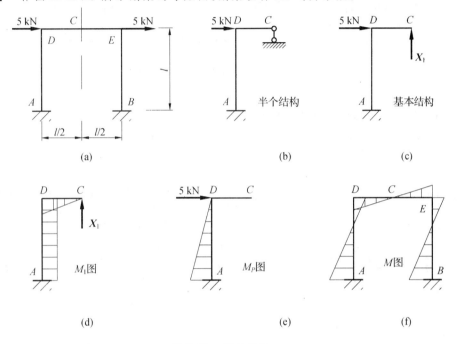

图 8.19 例 8.6 图

解 （1）取半个刚架。由于图 8.19(a) 是对称结构在反对称荷载作用下，故取半个结构如图 8.19(b) 所示
（2）基本结构。去掉支座 C 并以多余未知力 X_1 代替，得图 8.19(c) 所示基本结构
（3）建立力法典型方程

$$\delta_{11}X_1 + \Delta_{1P} = 0$$

（4）计算系数和自由项

作基本结构的 $\overline{M}_1$ 图和 M_P 图，如图 8.19(d)、(e) 所示，由图乘法得

$$\delta_{11} = \frac{1}{EI}\left(\frac{1}{2}\times 2\times 2\times\frac{4}{3} + 2\times 4\times 2\right) = \frac{56}{3EI}$$

$$\Delta_{1P} = -\frac{1}{EI}\left(\frac{1}{2}\times 4\times 20\times 2\right) = -\frac{80}{EI}$$

（5）求出多余未知力

将 δ_{11}、Δ_{1P} 代入力法典型方程并化简得

$$\frac{56}{3}X_1 - 80 = 0, X_1 = 4.29$$

（6）作弯矩图

由公式 $M = \overline{M}_1 X_1 + M_P$ 作左半部刚架弯矩图如图 8.19(f) 所示，右半部刚架根据反对称荷载特点弯矩图应以反对称的关系绘出。

拓展与实训

职业能力训练

一、填空题

1. 超静定结构的几何特征是_____的几何不变体系。

2. 基本结构如图8.20所示,则力法典型方程的系数 $\delta_{11} =$ _____, $\delta_{22} =$ _____。

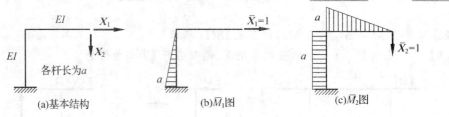

(a)基本结构　　　　(b)$\overline{M}_1$图　　　　(c)$\overline{M}_2$图

图8.20　职业能力训练填空题2题图

二、单选题

1. 对于超静定结构所选的任一基本结构上的力(　　)满足平衡条件。

   A. 仅在线弹性材料情况下才　　　　B. 仅在符合变形条件下才

   C. 都能　　　　　　　　　　　　　D. 不一定都能

2. 若有力法的基本方程 $\begin{cases} \delta_{11}X_1 + \delta_{12}X_2 + \Delta_{1P} = 0 \\ \delta_{21}X_1 + \delta_{22}X_2 + \Delta_{2P} = 0 \end{cases}$,它的适用条件是(　　)构成的超静定结构。

   A. 弹塑性材料　　　　　　　　　　B. 任意变形的任意材料

   C. 微小变形的线弹性材料　　　　　D. 任意变形的线弹性材料

3. 力法的基本未知量是通过(　　)条件确定的,而其多余未知力是通过(　　)条件确定的。

   A. 平衡　　　　B. 物理　　　　C. 图乘　　　　D. 变形协调

4. 力法方程的实质是(　　)条件。

   A. 平衡　　　　B. 物理　　　　C. 变形协调　　　D. 位移互等

5. 简化力法方程的主要目标是使尽可能多的(　　)等于零。

   A. 主系数　　　B. 副系数　　　C. 自由项　　　D. 单位弯矩图

6. 如图8.21所示结构,取图(b)为力法基本体系。求出的力法典型方程中的自由项为(　　)。

   A. $-\dfrac{5}{2}\dfrac{Pl^3}{EI}$ 　　　B. $\dfrac{5}{2}\dfrac{Pl^3}{EI}$ 　　　C. $\dfrac{7}{2}\dfrac{Pl^3}{EI}$ 　　　D. $5\dfrac{Pl^3}{EI}$

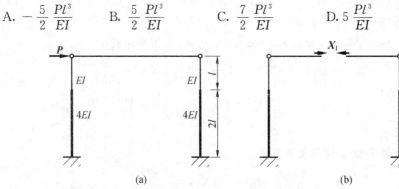

(a)　　　　　　　　　　　　　　　(b)

图8.21　职业能力训练选择题6题图

7. 如图 8.22 所示,结构的最后弯矩图为(   )。

A. 图(b)   B. 图(c)   C. 图(d)   D. 都不对

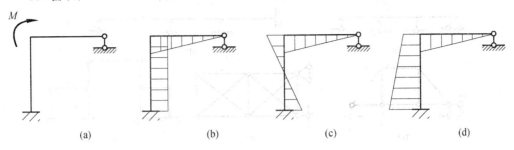

(a)   (b)   (c)   (d)

图 8.22   职业能力训练选择题 7 题图

8. 比较图 8.23(a) 和图 8.23(b),两个刚架的关系是(   )。

A. 内力相同,变形也相同   B. 内力相同,变形不同

C. 内力不同,变形相同   D. 内力不同,变形也不同

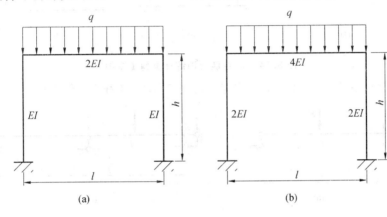

(a)   (b)

图 8.23   职业能力训练选择题 8 题图

9. 用力法计算超静定结构时,基本结构的选择不同,则有(   )。

A. 力法方程的物理意义相同   B. 系数和自由项相同

C. 求出多余未知力结果相同   D. 最后内力图相同

三、简答题

1. 力法的基本原理是什么?

2. 力法的基本结构的形式是否是唯一的?为什么?

3. 简述用力法解超静定结构的步骤。

四、计算题

1. 试确定图 8.24 所示结构的超静定次数。

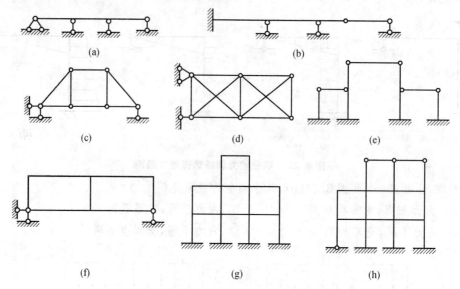

(a)   (b)

(c)   (d)   (e)

(f)   (g)   (h)

图 8.24   职业能力训练计算题 1 题图

2. 试用力法计算图 8.25 所示超静定梁并绘制弯矩图,各杆 EI 为常数。

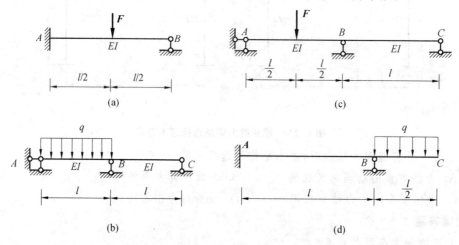

(a)   (c)

(b)   (d)

图 8.25   职业能力训练计算题 2 题图

3. 试用力法计算图 8.26 所示超静定刚架并绘制内力图,EI 为常数。

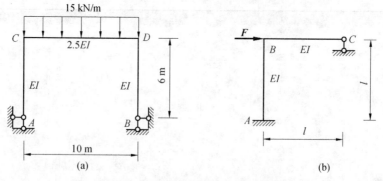

(a)   (b)

图 8.26   职业能力训练计算题 3 题图

4. 试用力法计算图 8.27 所示桁架,各杆 EA 均相同。

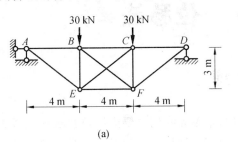 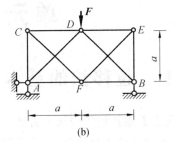

(a)　　　　　　　　　　　　　(b)

图 8.27　职业能力训练计算题 4 图

工程模拟训练

1. 在你住的建筑里,如果它是全现浇混凝土结构,请找出其中一根梁,确定其超静定次数,并列出力法典型方程。

2. 在你的生活中找一个全现浇的框架混凝土结构的一个计算节间。确定其超静定次数,并列出力法典型方程。

单元 9　位移法

9.1　位移法的基本原理

上一单元我们着重讲解了力法和力法的应用,本单元我们主要讲解位移法和位移法的应用。位移法与力法相比,解题过程比较规范,便于编制计算程序,计算思路相对比较难理解一些。以下对力法和位移法作简单比较:

(1) 基本未知量不同:力法是以多余未知力作为基本未知量,基本未知量的数目等于超静定次数;位移法是以独立的结点位移(独立结点线位移和结点角位移)作为基本未知量,基本未知量与超静定次数无关。

(2) 基本体系不同:力法是原结构中用多余未知力取代多余约束而形成的静定结构作为基本体系,位移法是在原结构各刚性结点上附加刚臂,在有独立结点线位移的方向附加链杆,形成一系列单跨超静定梁作为基本体系。

(3) 典型方程不同:力法是由变形协调条件建立位移方程;位移法是由平衡条件建立的平衡方程。

9.1.1　位移法的基本概念

1. 位移法的基本假定

(1) 刚结点所连接的各杆端截面变形后有相同的角位移。

(2) 各杆端之间的连线长度变形前后保持不变,即忽略杆件的轴向变形。

(3) 结点线位移的弧线运动用垂直于杆轴的切线代替,及结点线位移垂直于杆轴发生。

2. 杆端内力和杆端位移正负号规定

(1) 杆端弯矩对杆端以顺时针转动为正,逆时针为负;对支座和结点而言,以逆时针为正。

(2) 杆端剪力以使杆件顺时针转动为正。

(3) 杆端轴力拉正、压负。

(4) 杆端角位移 Z_i 以顺时针为正,线位移 Z_j 以使整个杆顺时针转为正。

3. 位移法的解题思路

(1) 确定基本未知量为 B 结点角位移 Z_1,如图 9.1(a) 所示,在 B 点增加附加刚臂◁,建立基本结构如图 9.1(b) 所示。附加刚臂的作用 —— 限制结点转动,但不限制移动。

(2) 增加附加刚臂后,B 点角位移为零,基本结构可看作两个单跨超静定梁的组合体,如图 9.1(c) 和(d) 所示,先求出基本结构单独在荷载作用下的内力如图 9.1(g) 和(h) 所示。

(3) 放松附加刚臂,使 B 结点产生角位移 $Z_1 = 1$,求出基本结构单独在 Z_1 作用下的内力如图 9.1(e) 和(f) 所示。

(4) 叠加以上两步,使结点平衡,即得位移法方程 $r_{11}Z_1 + R_{1P} = 0$。

(5) 解方程求出基本未知量 Z_1,并求出各杆内力,绘制内力图。

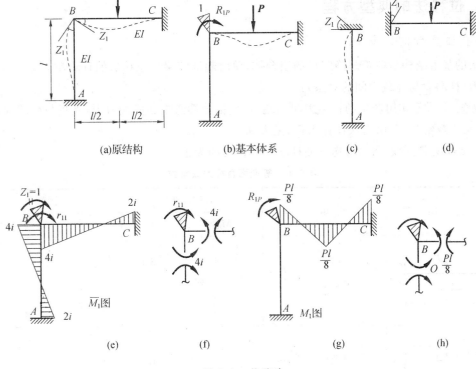

图 9.1 位移法

位移法的基本未知量

1. 基本未知量的确定

(1) 结点角位移的确定:结点角位移的数目 = 刚结点的数目。

(2) 独立的结点线位移的确定:简单结构用观察法;复杂结构作铰结图。

技术提示

作铰结体系图:将刚架中的刚结点(包括固定端)改为铰结点,成为铰结体系,铰结体系的自由度等于结构的独立结点线位移数。作铰结体系图时,原结构的链杆支座、铰支座及两平行链杆与杆轴平行的滑动支座不予改变,而两平行链杆与杆轴垂直(或斜交)的滑动支座,只保留一根链杆。

具体做法:

① 将原结构所有刚结点和固定支座均改为铰结,即作铰结体系图。

② 进行几何组成分析,若体系几何不变,无结点线位移;若几何可变或瞬变,看最少添加几根支座链杆才能保证几何不变,所添加的最少链杆数就是原结构的独立结点线位移数。

---

2. 位移法的基本结构

在结构的结点角位移和独立的结点线位移处增设控制转角和线位移的附加约束,使结构的各杆成为互不相关的单杆体系,称为原结构的位移法基本结构。位移法基本结构在各结点位移、外荷载(有时还有温度变化、支座位移等)作用下的体系称为位移法基本体系。原结构如图 9.1(a) 所示,其基本体系如图 9.1(b) 所示。

(1) 位移法的基本结构:是若干个单跨超静定梁组成的,如图 9.1(c) 和(d) 所示。

(2) 基本结构的建立:在产生角位移的刚结点处增加附加刚臂阻止结点转动,在产生线位移的结点处增加附加链杆阻止其线位移,得到单跨超静定梁的组合体即为位移法的基本结构。

9.1.3 位移法的典型方程

1. 等截面直杆的计算

位移法的基本结构是单跨超静定梁的组合体,单跨超静定梁是位移法的计算单元。

固端力(杆端力与荷载之间的关系):

(1)概念:由荷载作用产生的杆端力叫固端力,包括固端弯矩和固端剪力,是只与荷载的形式有关的常数,故又叫载常数,可由力法计算求得,见表9.1。

(2)正负号规定:弯矩和剪力均以使杆端顺时针转动为正。

表 9.1 等截面直杆的载常数

编号	简图	弯矩图	固端弯矩		固端剪力	
			M^F_{AB}	M^F_{BA}	Q^F_{AB}	Q^F_{BA}
1			$-\dfrac{Fab^2}{l^2}$ 当 $a=b$ 时 $-\dfrac{Fl}{8}$	$\dfrac{Fa^2b}{l^2}$ $\dfrac{Fl}{8}$	$\dfrac{Fb^2}{l^2}\left(1+\dfrac{2a}{l}\right)$ $\dfrac{F}{2}$	$-\dfrac{Fb^2}{l^2}\left(1+\dfrac{2b}{l}\right)$ $-\dfrac{F}{2}$
2			$-\dfrac{ql^2}{12}$	$\dfrac{ql^2}{12}$	$\dfrac{ql}{2}$	$-\dfrac{ql}{2}$
3			$-\dfrac{Fab}{2l^2}(1+b)$ 当 $a=b$ 时 $-\dfrac{3Fl}{16}$	0	$\dfrac{Fb}{3l^3}(3l^2-b^2)$ $\dfrac{11F}{16}$	$-\dfrac{Fa^2}{2l^3}(2l+b)$ $-\dfrac{5F}{16}$
4			$-\dfrac{ql^2}{8}$	0	$\dfrac{5ql}{8}$	$-\dfrac{3ql}{8}$
5			$\dfrac{M}{2}$	M	$-\dfrac{3M}{2l}$	$-\dfrac{3M}{2l}$
6			$-\dfrac{Fl}{2}$	$-\dfrac{Fl}{2}$	F	F
7			$-\dfrac{ql^2}{3}$	$-\dfrac{ql^2}{6}$	ql	0
8			$-\dfrac{Fa}{2l}(l+b)$ 当 $a=b$ 时 $-\dfrac{3Fl}{8}$	$-\dfrac{Fa^2}{2l}$	F	0

2. 刚度方程（杆端力与杆端位移之间的关系）

（1）概念：杆端力与杆端位移之间的关系式称为杆件的刚度方程。

（2）推导：图 9.2(a) 所示两端固定梁 AB，A、B 端分别发生转角 Z_A、Z_B，两端产生垂直于梁轴的相对侧移 Z_3，其中 AB' 与水平方向的夹角称为弦转角，用 φ_{AB} 或 φ_{BA} 表示。

以上各种位移的正、负号规定为：杆端转角 Z_A、Z_B 以及弦转角都以顺时针转角为正；线位移 Z_3 的正、负号应与弦转角 φ_{AB} 一致，即右端下沉、左端上升为正。图中所画各种位移均为正。

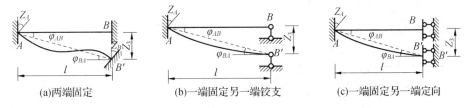

(a)两端固定　　　　(b)一端固定另一端铰支　　　　(c)一端固定另一端定向

图 9.2　单跨超静定梁

对于图 9.2(a) 所示两端固定梁，其刚度方程为

$$M_{AB} = 4iZ_A + 2iZ_B - 6i\frac{Z_3}{l}, \quad M_{BA} = 2iZ_A + 4iZ_B - 6i\frac{Z_3}{l}$$

对于图 9.2(b) 一端固定另一端铰支梁，其刚度方程为

$$M_{AB} = 3iZ_A - 3i\frac{Z_3}{l}, \quad M_{BA} = 0$$

对于图 9.2(c) 一端固定另一端定向支承梁，其刚度方程为

$$M_{AB} = iZ_A, \quad M_{BA} = -iZ_A$$

（3）刚度系数——刚度方程中杆端位移的系数称为刚度系数，是只与杆件的几何尺寸和材料性质有关的常数，故又叫形常数，见表 9.2，其中 $i = \dfrac{EI}{l}$，称为杆的线刚度。

表 9.2　等截面直杆的形常数

编号	简　图	弯矩图	杆端弯矩		杆端剪力	
			M_{AB}	M_{BA}	Q_{AB}	Q_{BA}
1			$4i$	$2i$	$-\dfrac{6i}{l}$	$-\dfrac{6i}{l}$
2			$3i$	0	$-\dfrac{3i}{l}$	$-\dfrac{3i}{l}$
3			i	$-i$	0	0

续表 9.2

编号	简　图	弯矩图	杆端弯矩		杆端剪力	
			M_{AB}	M_{BA}	Q_{AB}	Q_{BA}
4			$-i$	i	0	0
5			$-\dfrac{6i}{l}$	$-\dfrac{6i}{l}$	$\dfrac{12i}{l^2}$	$\dfrac{12i}{l^2}$
6			$-\dfrac{3i}{l}$	0	$\dfrac{3i}{l^2}$	$\dfrac{3i}{l^2}$

3. 转角位移方程

(1) 概念：在位移法计算过程中，需要建立各等截面直杆的杆端力（杆端弯矩和杆端剪力）与杆端位移、杆上荷载的关系式，通常称这种关系式为转角位移方程。

(2) 表达式：转角位移方程 ＝ 刚度方程＋固端力。

4. 位移法典型方程

为了使基本体系与原结构的受力情况相同，可以根据基本结构在给定荷载、温度变化、支座位移和各基本未知节点位移共同作用下，各附加约束中的总约束力等于零的条件建立位移法典型方程。对于有 n 个未知量的结构，位移法典型方程为

$$r_{11}Z_1 + r_{12}Z_2 + \cdots + r_{1n}Z_n + R_{1P} + R_{1t} + R_{1c} = 0$$
$$r_{21}Z_1 + r_{22}Z_2 + \cdots + r_{2n}Z_n + R_{2P} + R_{2t} + R_{2c} = 0$$
$$\vdots$$
$$r_{n1}Z_1 + r_{n2}Z_2 + \cdots + r_{nn}Z_n + R_{nP} + R_{nt} + R_{nc} = 0 \tag{9.1}$$

式中　　Z_i——结点位移未知量（$i = 1,2,\cdots,n$）；

r_{ij}——基本结构仅由于 $Z_{ij} = 1(j = 1,2,\cdots,n)$ 在附加约束 i 中产生的约束力，为基本结构的刚度系数；

R_{iP}、R_{it}、R_{ic}——基本结构仅由荷载、温度变化、支座位移作用，在附加约束 i 中产生的约束力，为位移法典型方程的自由项。

位移法典型方程（9.1）表示静力平衡方程。其中第一个方程表示基本结构在 n 个未知结点位移、荷载、温度变化、支座位移等共同作用下，第一个附加约束中的约束力等于零；第二个方程表示基本结构在 n 个未知结点位移、荷载、温度变化、支座位移等共同作用下，第二个附加约束中的约束力等于零。其余各式的意义可按此类推。

各未知结点位移的大小和方向必须受位移法典型方程的约束，各结点位移与平衡条件是一一对应的，故满足位移法典型方程的各未知结点位移的解是唯一真实的解。

5. 系数和自由项的计算

位移法典型方程中的系数和自由项都是附加约束中的反力，它们都可按上述各自的定义，利用各杆的刚度系数、固端弯矩、固端剪力由平衡条件求出。对于基本结构由支座位移引起的固端力，也可由杆件的刚度系数求得。

位移法典型方程(9.1)中的系数 r_{ii} 称为主系数，它们恒为正值；$r_{ij}(i \neq j)$ 称为副系数，它们可为正值、负值，也可为零，根据反力互等定律，有 $r_{ij} = r_{ji}$，各自由项的值可为正值、负值，也可为零。

6. 计算结构的最后内力

由位移法典型方程求出各未知节点位移 Z_i 后，便可由叠加原理计算结构的最后内力：

$$M = \overline{M}_1 Z_1 + \overline{M}_2 Z_2 + \cdots + \overline{M}_n Z_n + M_P + M_t + M_c$$
$$Q = \overline{Q}_1 Z_1 + \overline{Q}_2 Z_2 + \cdots + \overline{Q}_n Z_n + Q_P + Q_t + Q_c$$
$$N = \overline{N}_1 Z_1 + \overline{N}_2 Z_2 + \cdots + \overline{N}_n Z_n + N_P + N_t + N_c \tag{9.2}$$

式中　　$\overline{M}_i$、$\overline{Q}_i$、$\overline{N}_i$——$Z_i = 1$ 引起的基本结构的弯矩、剪力和轴力；

M_P、M_t、M_c、Q_P、Q_t、Q_c、N_P、N_t、N_c—— 基本结构由荷载、温度变化、支座位移引起的弯矩、剪力和轴力。

对梁和刚架，通常是先根据式(9.2)中的第一式求出各杆端弯矩，再用直杆弯矩图的叠加法作出各杆弯矩图，然后根据弯矩图由静力平衡条件求出各杆端剪力和轴力，并据此作出剪力图和轴力图。

【知识拓展】

在位移法的具体计算方法方面，除了上述基本体系与典型方程法外，还可直接通过建立结点和截面的平衡方程，得到位移法基本方程。

位移法不仅可以计算超静定结构的内力，也可以计算静定结构的内力。

9.2　位移法解算超静定结构示例

用典型方程求解的一般步骤：

(1)确定原结构的基本未知量，加附加联系，得基本结构。

(2)建立位移法典型方程，令各附加联系发生与原结构相同的结点位移。依据基本结构在荷载与外因和各结点位移共同作用下各附加联系上的反力矩或反力均应等于零。

(3)求系数和自由项。作基本结构在各单位位移单独作用下的 $\overline{M}_1$ 图、$\overline{M}_2$ 图 ……$\overline{M}_n$ 图及 M_P 图。由平衡条件求出。

(4)解方程，求未知位移 $Z_1, Z_2, \cdots$。

(5)按叠加法绘最后弯矩图。$M = \overline{M}_1 Z_1 + \overline{M}_2 Z_2 + \cdots + \overline{M}_n Z_n + M_P$。

(6)由平衡条件绘 Q、N 图。

(7)最后，内力图校核。因位移法基本结构建立时已考虑了变形连续条件，故 M 图校核的重点是平衡条件。

9.2.1　用位移法计算连续梁

【例 9.1】　求图 9.3(a)所示两跨连续梁的弯矩图。

解　(1)确定基本未知量，建立基本结构

结构有 1 个刚结点 B，无结点线位移，其位移法基本结构如图 9.3(b)所示。

(2)建立位移法典型方程

基本结构受荷载和结点转角 Z_1 共同作用，根据基本结构附加刚臂上的反力矩等于零这一条件，

按叠加法可建立位移法典型方程如下：

$$r_{11}Z_1 + R_{1P} = 0$$

（3）求系数和自由项

查阅表9.1和表9.2绘制$\overline{M}_1$图和M_P图，并参见图9.3（c）和（d）求得系数r_{11}和自由项R_{1P}：

$$r_{11} = 4i + 3i = 7i$$

$$R_{1P} = -\frac{3}{16}Pl$$

（4）代入方程求未知量

$$7iZ_1 - \frac{3}{16}Pl = 0$$

从而解得

$$Z_1 = \frac{3Pl^2}{112EI}$$

（5）绘制弯矩图（参见图9.3M图）

$$M = \overline{M}_1 Z_1 + M_P$$

其中

$$M_A = 2 \times \frac{EI}{l} \times \frac{3Pl^2}{112EI} + 0 = \frac{3Pl}{56}, M_D = \frac{1}{4}Pl - \frac{1}{2} \times \frac{3Pl}{28} = \frac{11Pl}{56}$$

$$M_B = -4 \times \frac{EI}{l} \times \frac{3Pl^2}{112EI} + 3 \times \frac{EI}{l} \times \frac{3Pl^2}{112EI} - \frac{3}{16}Pl = -\frac{3Pl}{28}$$

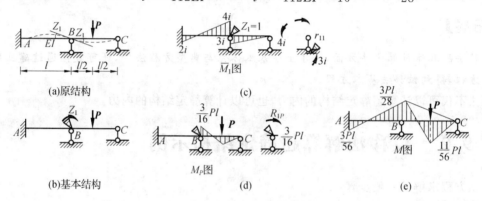

图9.3 例9.1图

【例9.2】 求图9.4（a）所示三跨连续梁的弯矩图。

解 （1）确定基本未知量，建立基本结构

结构有两个刚结点B和C，无结点线位移。其位移法基本结构如图9.4（b）所示。

（2）建立位移法典型方程

基本结构受荷载及结点转角Z_1、Z_2共同作用，根据基本结构附加刚臂上的反力矩等于零这一条件，按叠加法可建立位移法典型方程如下：

$$r_{11}Z_1 + r_{12}Z_2 + R_{1P} = 0$$
$$r_{21}Z1 + r_{22}Z_2 + R_{2P} = 0$$

（3）求系数和自由项

查阅表9.1和表9.2，并绘制$\overline{M}_1$图、$\overline{M}_2$图和M_P图，分别如图9.4（c）、（d）和（e）所示。

设$i = EI/8$则有：$r_{11} = 4i + 6i = 10i, r_{12} = r21 = 3i, r_{22} = 6i + 3i = 9i$

$$R_{1P} = \frac{Fa^2b}{l^2} - \frac{ql^2}{12} = \left(\frac{45 \times 2^2 \times 4}{36} - \frac{15 \times 64}{12}\right)\text{kN} \cdot \text{m} = -60\ \text{kN} \cdot \text{m}$$

$$R_{2P} = \frac{ql^2}{12} - \frac{Fab}{2l^2}(l+b) = \left[\frac{15 \times 64}{12} - \frac{45 \times 2 \times 4}{2 \times 8^2}(8+5)\right]\text{kN} \cdot \text{m} = 19.06\ \text{kN} \cdot \text{m}$$

（4）代入方程求未知量

$$10i \times Z_1 + 3i \times Z_2 - 60 = 0 \qquad ①$$

$$3i \times Z_1 + 9i \times Z_2 + 19.06 = 0 \qquad ②$$

① 和 ② 联列求得

$$Z_1 = \frac{7.37}{i}, Z_2 = -\frac{4.57}{i}$$

（5）绘制弯矩图（图 9.4(f)）

$$M = \overline{M}_1 Z_1 + \overline{M}_2 Z_2 + M_P$$

其中：

$$M_A = 2i \times \frac{7.37}{i} + 0 \times \frac{-4.57}{i} - 40 = -25.26 \text{ kN} \cdot \text{m}$$

$$M_B = -4i \times \frac{7.37}{i} + 0 \times \frac{-4.57}{i} - 20 = -49.49 \text{ kN} \cdot \text{m}$$

$$M_C = 0 \times \frac{7.37}{i} + 3i \times \frac{-4.57}{i} - 60.94 = -74.67 \text{ kN} \cdot \text{m}$$

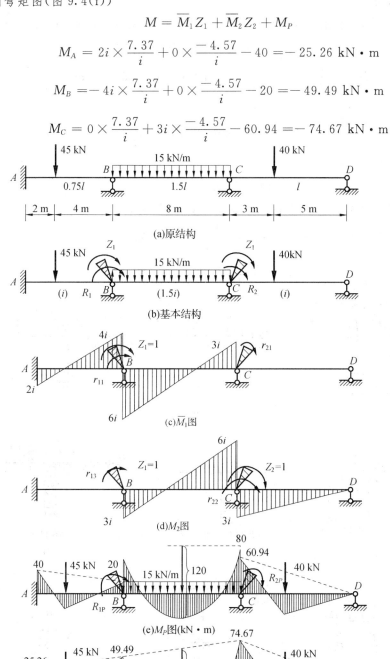

图 9.4　例 9.2 图

9.2.2 用位移法计算无侧移刚架

【例9.3】 用位移法计算图9.5(a)所示的无侧移刚架,并作内力图。已知各杆 EI 为常数。

解 (1)在结点 B 加一刚臂得基本结构(图9.5(b)),只有一个未知量 Z_1。

(2)位移法典型方程为

$$r_{11}Z_1 + R_{1P} = 0$$

(3)求系数和自由项

查阅表9.1和表9.2绘制 $\overline{M}_1$ 图和 M_P 图,并参见图9.5(c)和(d)求得系数 r_{11} 和自由项 R_{1P}。

$$r_{11} = 4i + 3i = 7i$$

$$R_{1P} = \frac{ql^2}{8} - Fl = (5 - 40)\text{kN·m} = -35 \text{ kN·m}$$

(4)代入方程求未知量

$$7i \times Z_1 - 35 = 0,\text{求得 } Z_1 = \frac{5}{i}$$

(5)绘制弯矩图(图9.5(e))

$$M = \overline{M}_1 Z_1 + M_P$$

(6)利用弯矩图绘制剪力图和轴力图(图9.5(f)、(g)、(h)和(i))

其中:

$$Q_{AB} = Q_{BA} = -\frac{M_{BA}}{2} = -10 \text{ kN}$$

$$N_{BA} = \frac{20 + 10}{4}\text{kN} = 7.5 \text{ kN}$$

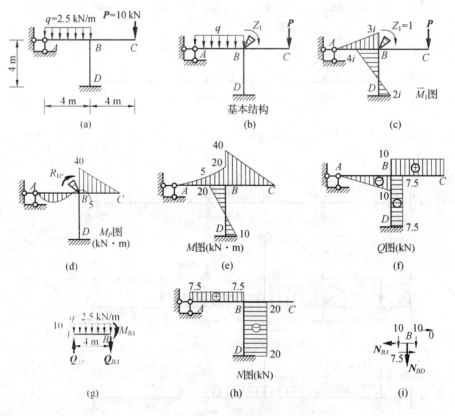

图9.5 例9.3图

【例9.4】 用位移法计算图9.6(a)所示的无侧移刚架,并作弯矩图。已知各杆长度均为 l,EI 为常数。

解 （1）基本结构如图 9.6（b）所示

（2）位移法方程为

$$r_{11}Z_1 + R_{1P} = 0$$

（3）求系数和自由项

$$r_{11} = 4i + 3i + 4i = 11i$$

如图 9.6（d）所示，结点 D 被刚臂锁住，加外力偶后不能转动，所以各杆均无弯曲变形，因此无弯矩图，即

$$M_P = 0, R_{1P} = -m$$

（4）代入方程求未知量

$$11i \times Z_1 - m = 0$$

从而解得

$$Z_1 = \frac{m}{11i}$$

（5）绘制弯矩图

$$M = \overline{M}_1 Z_1 + M_P$$

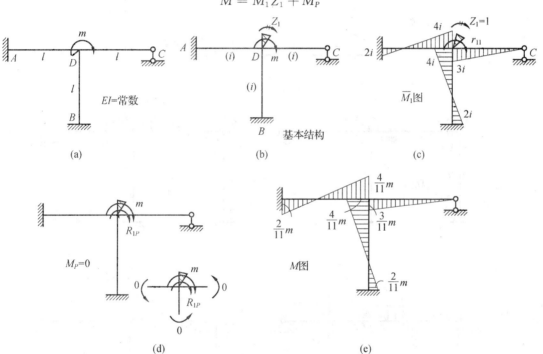

图 9.6　例 9.4 图

【例 9.5】 用位移法计算图 9.7（a）所示刚架，并绘 M 图。

解 （1）此刚架具有两个刚结点 B 和 C，无结点线位移，其基本结构如图 9.7（b）所示

（2）列位移法典型方程

$$r_{11}Z_1 + r_{12}Z_2 + R_{1P} = 0$$
$$r_{21}Z_1 + r_{22}Z_2 + R_{2P} = 0$$

（3）求各系数和自由项

$$r_{11} = 4i + 8i = 12i, r_{12} = r_{21} = 4i, r_{22} = 6i + 4i + 8i = 18i$$
$$R_{1P} = -10 - ql^2/12 = (-10 - 26.67)\text{kN} \cdot \text{m} = -36.67\ \text{kN} \cdot \text{m}$$
$$R_{2P} = ql^2/12 - 3Fl/16 = (26.67 - 30)\text{kN} \cdot \text{m} = -3.33\ \text{kN} \cdot \text{m}$$

（4）代入方程求未知量

$$Z_1 = \frac{3.23}{i}, Z_2 = -\frac{0.53}{i}$$

（5）绘制弯矩图

$$M = \overline{M}_1 Z_1 + \overline{M}_2 Z_2 + M_P$$

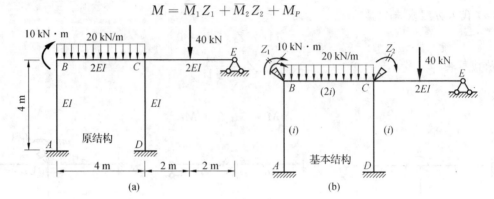

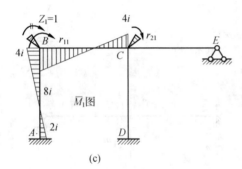
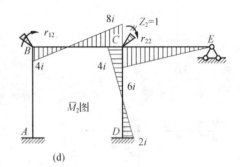

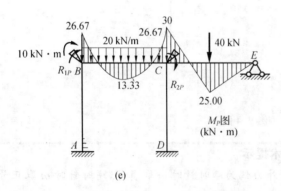
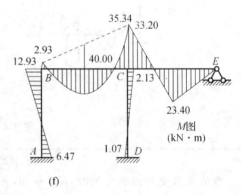

图 9.7　例 9.5 图

9.2.3　用位移法计算有侧移刚架

【例 9.6】　用位移法作图 9.8（a）所示刚架的内力图。

解　图 9.8（a）所示刚架，在刚结点 C 处有角位移 Z_1，结点 D 有线位移，用 Z_2 表示。在刚结点 C 施加控制转动约束，为约束 1；在结点 D 施加控制线位移约束，为约束 2；在图上表示了 Z_1、Z_2。

（1）列位移法方程

$$r_{11}Z_1 + r_{12}Z_2 + R_{1P} = 0 \tag{a}$$

$$r_{21}Z_1 + r_{22}Z_2 + R_{2P} = 0 \qquad\qquad (b)$$

（2）计算 r_{11}、r_{12}、r_{21}、r_{22}

先计算各杆的线刚度：

$$i_{AC} = i_{BD} = EI/4$$

$$i_{CD} = 3EI/6 = EI/2$$

① 基本体系在单位转角 $Z_1 = 1$ 单独作用（$Z_2 = 0$）下的计算

由各杆件形常数，计算各杆杆端弯矩：

$$\overline{M}_{CA} = 4i_{CA} = EI, \overline{M}_{AC} = 2i_{AC} = EI/2 = 0.5EI, \overline{M}_{CD} = 3i_{CD} = 3EI/2 = 1.5EI$$

作图 $\overline{M}_1$ 图，如图 9.8（c）所示。

由结点 C 的力矩平衡，如图 9.8（d）所示，求得 r_{11}：

$$\sum M_C = 0, r_{11} = \overline{M}_{CA} + \overline{M}_{CD} = 2.5EI$$

为了计算 r_{21}，沿有侧移的柱 AC、BD 柱顶处作一截面，暴露出柱顶剪力，取柱顶以上横梁 CD 为隔离体，如图 9.8（e）所示，建立水平投影方程。

$$\sum F_x = 0, \overline{Q}_{CA} + \overline{Q}_{DB} - r_{21} = 0$$

利用柱 AC、BD 的剪力形常数或建立以柱 AC、BD 为隔离体（图 9.8（e））的平衡方程计算 $\overline{Q}_{CA}$、$\overline{Q}_{DB}$。

柱 AC：

$$\sum M_A = 0, \overline{Q}_{CA} \times 4 + \overline{M}_{AC} + \overline{M}_{CA} = 0$$

$$\overline{Q}_{CA} = -(EI + 0.5EI)/4 = -3EI/8$$

柱 BD：

$$\sum M_B = 0, \overline{Q}_{DB} \times 4 + \overline{M}_{BD} = 0(\overline{M}_{BD} = 0)$$

$$\overline{Q}_{DB} = 0$$

将 $\overline{Q}_{CA}$、$\overline{Q}_{DB}$ 代入上式 $\overline{Q}_{CA} + \overline{Q}_{DB} - r_{21} = 0$ 得

$$r_{21} = -3EI/8$$

② 基本结构在单位水平线位移 $Z_2 = 1$ 单独作用（$Z_1 = 0$）下的计算

由各杆形常数计算各杆杆端弯矩：

$$\overline{M}_{AC} = \overline{M}_{CA} = -6i_{CA}/l_{CA} = -3EI/8, \overline{M}_{BD} = -3i_{BD}/l_{BD} = = -3EI/16$$

作 $\overline{M}_2$ 图，如图 9.8（f）所示。

由结点 C 的力矩平衡，如图 9.8（g）所示，求得 r_{12}：

$$\sum M_C = 0, r_{12} + 3EI/8 = 0, r_{12} = -3EI/8(\text{说明 } r_{12} = r_{21})$$

同理，计算 r_{22} 时，取柱顶以上横梁 CD 为隔离体（图 9.8（i）），建立水平投影方程：

$$\sum F_x = 0, \overline{Q}_{CA} + \overline{Q}_{DB} - r_{22} = 0$$

以柱 AC、BD 为隔离体（图 9.8（i）），计算 $\overline{Q}_{CA}$、$\overline{Q}_{DB}$。

柱 AC：

$$\sum M_A = 0, \overline{Q}_{CA} \times 4 + \overline{M}_{AC} + \overline{M}_{CA} = 0$$

$$\overline{Q}_{CA} = -\left(-\frac{3}{8}EI - \frac{3}{8}EI\right)/4 = \frac{3}{16}EI$$

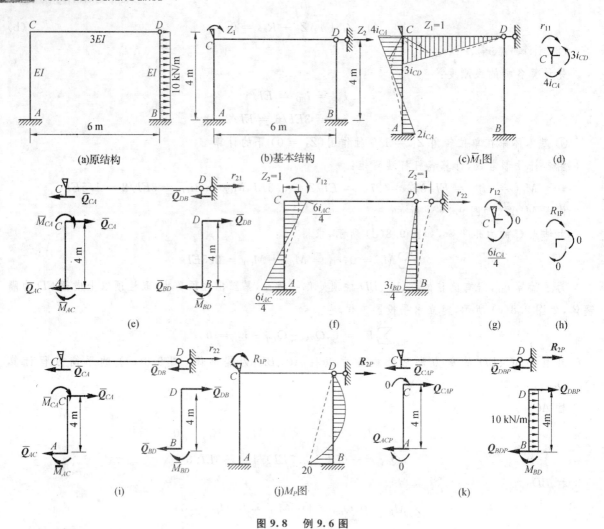

图 9.8　例 9.6 图

柱 *BD*：

$$\sum M_B = 0, \overline{Q}_{DB} \times 4 + \overline{M}_{BD} = 0$$

$$\overline{Q}_{DB} = -(-\frac{3}{16}EI)/4 = \frac{3}{64}EI$$

将 $\overline{Q}_{CA}$、$\overline{Q}_{DB}$ 代入式(b)得

$$r_{22} = \frac{3}{16}EI + \frac{3}{64}EI = \frac{15}{64}EI$$

(3) 计算 R_{1P}、R_{2P}

基本体系在荷载作用($Z_1 = 0, Z_2 = 0$)下的计算。

利用杆件载常数，计算杆件 *BD* 的固端弯矩：

$$M_{BD}^F = -\frac{1}{8}ql^2 = \left(-\frac{1}{8} \times 10 \times 16\right)kN \cdot m = -20 \ kN \cdot m$$

作 M_P 图，如图 9.8(j) 所示。

由结点 *C* 的力矩平衡(图 9.8(h))：

$$\sum M_C = 0, R_{1P} = 0$$

取柱顶以上横梁 *CD* 为隔离体(图 9.8(k))，建立水平投影平衡方程：

$$\sum F_x = 0, Q_{CAP} + Q_{DBP} - R_{2P} = 0$$

以柱 *CA*、*DB* 为隔离体(如图 9.8(k))计算 Q_{CAP}、Q_{DBP}。

柱 CA：

$$\sum M_A = 0, Q_{CAP} = 0$$

柱 DB：

$$\sum M_B = 0, Q_{DBP} \times 4 + M_{BD}^F + 10 \times 4 \times 2 = 0$$

$$Q_{DBP} = [(20-80)/4] \text{kN} = -15 \text{ kN}$$

将 Q_{CAP}、Q_{DBP} 代入式 $\sum F_x = 0, Q_{CAP} + Q_{DBP} - R_{2P} = 0$ 得

$$R_{2P} = -15 \text{ kN} \cdot \text{m}$$

(4) 将系数和自由项代入位移法方程，得到

$$2.5EIZ_1 - \frac{3}{8}EIZ_2 = 0, 20Z_1 - 3Z_2 = 0$$

$$-\frac{3}{8}EIZ_1 + \frac{15}{64}EIZ_2 - 15 = 0, -8EIZ_1 + 5EIZ_2 - 320 = 0$$

解得

$$Z_1 = 12.63/EI, Z_2 = 84.21/EI$$

(5) 作 M 图

利用叠加公式：$M = \overline{M}_1 Z_1 + \overline{M}_2 Z_2 + M_P$ 可得杆端弯矩：

$$M_{AC} = 2i_{AC}Z_1 - \frac{6i_{AC}}{4}Z_2 = 2 \times \frac{EI}{4} \times \frac{12.63}{EI} - \frac{6 \times EI}{4 \times 4} \times \frac{84.21}{EI} = -25.26 \text{ kN} \cdot \text{m}$$

$$M_{CA} = 4i_{CA}Z_1 - \frac{6i_{CA}}{4}Z_2 = 4 \times \frac{EI}{4} \times \frac{12.63}{EI} - \frac{6}{4} \times \frac{EI}{4} \times \frac{84.21}{EI} = -18.94 \text{ kN} \cdot \text{m}$$

$$M_{CD} = 3i_{CD}Z_1 = 3 \times \frac{3EI}{6} \times \frac{12.63}{EI} = 18.95 \text{ kN} \cdot \text{m}$$

$$M_{BD} = -\frac{3}{4}i_{BD}Z_2 + M_{BD}^F = -\frac{3}{4} \times \frac{EI}{4} \times \frac{84.21}{EI} - 20 = -35.79 \text{ kN} \cdot \text{m}$$

M 图（略）。

9.2.4 用位移法计算铰接排架

【例 9.7】 求图 9.9（a）所示铰接排架的弯矩图。

解 （1）只需加一附加支杆，得基本结构如图 9.9（b）所示，有一个基本未知量 Z_1

（2）位移法方程为

$$r_{11}Z_1 + R_{1P} = 0$$

（3）求系数和自由项

$$r_{11} = \sum \frac{3i}{l^2} = \frac{12i}{l^2}$$

$$R_{1P} = -\frac{3}{4}ql$$

（4）代入方程求未知量

$$Z_1 = ql^3/16i$$

（5）绘制弯矩图

$$M = \overline{M}_1 Z_1 + M_P$$

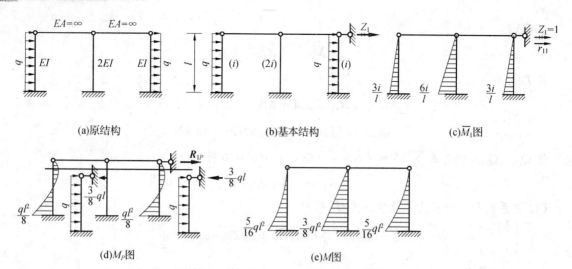

(a)原结构　　　　　　　(b)基本结构　　　　　　　(c)$\overline{M}_1$图

(d)M_P图　　　　　　　　　　(e)M图

图9.9　例9.7图

9.2.5　直接由平衡条件建立位移法的基本方程

可以不通过基本结构,直接由平衡条件建立位移法的基本方程,因为:基本方程的实质是反映原结构的平衡条件。

直接列平衡方程法解题步骤可概括如下:

① 确定位移法基本未知量。

② 利用转角位移方程写出各杆端弯矩表达式。

③ 对每个角位移 Z_i,建立结点的力矩平衡方程:

$$\sum X_i = 0 \tag{a}$$

对每个线位移 Z_j,建立截面投影平衡方程:

$$\sum X_i = 0 \text{,或} \sum Y_i = 0 \tag{b}$$

④ 联立求解由方程(a)和(b)组成的位移法方程,求出结点位移。

⑤ 将求得的结点位移代入杆端弯矩表达式,求出杆端弯矩并绘最后弯矩图。

⑥ 取出杆件,根据 M 图和荷载,由平衡方程求剪力 Q,绘 Q 图。再取结点,根据结点荷载和 Q 图,由结点投影平衡求 N,绘制 N 图。

【例9.8】　用直接平衡法求图9.10所示刚架的弯矩图。

解　(1)图示刚架有刚结点 C 的转角 Z_1 和结点 C、D 的水平线位移 Z_2 两个基本未知量。设 Z_1 顺时针方向转动,Z_2 向右移动

(2)求各杆杆端弯矩的表达式

$$M_{CA} = 4Z_1 - Z_2 + 3$$
$$M_{AC} = 2Z_1 - Z_2 - 3$$
$$M_{CD} = 3Z_1$$
$$M_{BD} = -0.5Z_2$$

(3)建立位移法方程

有侧移刚架的位移法方程,有下述两种:

① 与结点转角 Z_1 对应的基本方程为结点 C 的力矩平衡方程

$$\sum M_C = 0, \ M_{CA} + M_{CD} = 0$$

得

$$7Z_1 - Z_2 + 3 = 0$$

② 与结点线位移 Z_2 对应的基本方程为横梁 CD 的截面平衡方程

$$\sum F_x = 0, Q_{CA} + Q_{DB} = 0$$

取立柱 CA 为隔离体(图 9.10(d)),$\sum M_A = 0$,得

$$Q_{CA} = -\frac{6Z_1 - 2Z_2}{6} - \frac{1}{2}ql = -Z_1 + \frac{1}{3}Z_2 - 3$$

同样,取立柱 DB 为隔离体(图 9.10(e)),$\sum M_B = 0$

$$Q_{DB} = -\frac{-0.5Z_2}{6} = \frac{1}{12}Z_2$$

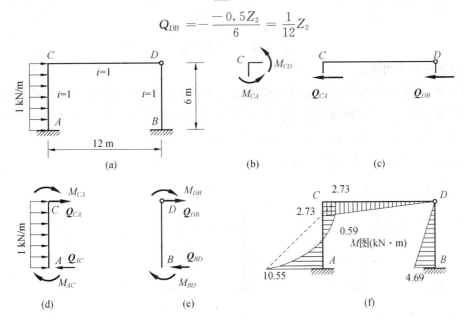

图 9.10 例 9.8 图

代入截面平衡方程:

$$-Z_1 + \frac{1}{3}Z_2 - 3 + \frac{1}{12}Z_2 = 0$$

$$-Z_1 + \frac{5}{12}Z_2 - 3 = 0$$

得

(4)联立方程求未知量

$$Z_1 = 0.91, Z_2 = 9.37$$

(5)求杆端弯矩并绘制弯矩图

将 Z_1、Z_2 的值代回杆端弯矩表达式求杆端弯矩作弯矩图。

9.2.6 对称性的利用

对称简化计算的方法 —— 取半边结构,减少结点位移数目以达到简化的目的。

1. 奇数跨对称结构

(1)正对称荷载作用情况

变形正对称,对称轴截面不能水平移动,也不能转动,但是可以发生竖向移动。取半边结构时可以用滑动支座代替对称轴截面(图 9.11(c))。

对称轴截面上一般有弯矩和轴力,但没有剪力。

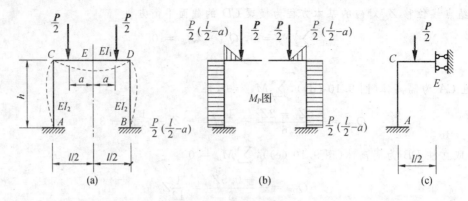

图 9.11　正对称荷载

（2）反对称荷载作用情况

变形反对称，对称轴截面在左半部分荷载作用下向下移动，在右半部分荷载作用下向上移动，但由于结构是一个整体，在对称轴截面处不会上下错开，故对称轴截面在竖直方向不会移动，但是会发生水平移动和转动，故可用链杆支座代替（图 9.12（c））。

对称轴截面上无弯矩和轴力，但一般有剪力。

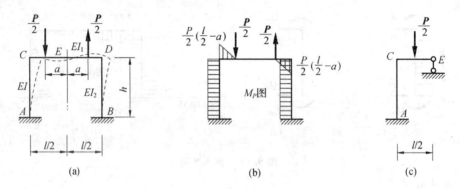

图 9.12　反对称荷载

2. 偶数跨对称结构

（1）正对称荷载作用情况

变形正对称，对称轴截面无水平位移和角位移，又因忽略竖柱的轴向变形，故对称轴截面也不会产生竖向线位移，可以用固定端支座代替（图 9.13（b））。

中柱无弯曲变形，故不会产生弯矩和剪力，但有轴力。对称轴截面对梁端来说一般存在弯矩、轴力和剪力，对柱端截面来说只有轴力。

（2）反对称荷载作用情况

变形反对称，中柱在左侧荷载作用下受压，在右侧荷载作用下受拉，二者等值反向，故总轴力等于零，对称轴截面不会产生竖向位移，但是会发生水平移动和转动，是由中柱的弯曲变形引起的（图 9.14（d））。

中柱由左侧荷载和右侧荷载作用产生的弯曲变形的方向和作用效果相同，故中柱有弯曲变形并产生弯矩和剪力，取半边结构时可取原结构对称轴竖柱抗弯刚度的一半来计算。

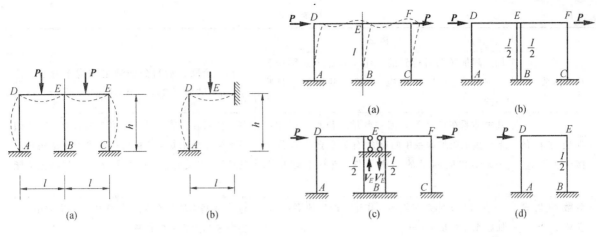

图 9.13　正对称荷载　　　　　　　　图 9.14　反对称荷载

【知识拓展】

1. 位移法基本原理——位移法以刚结点的角位移和结点的线位移（侧移）为基本未知量，基本方程是静力平衡方程，变形协调条件是刚结点的角位移等于汇交此点各杆的杆端角位移，结点的线位移等于杆的侧移。其基本解法有直接平衡法和基本体系法两种。位移法一般用于解超静定刚架和连续梁。

2. 掌握位移法基本未知量——结点角位移和独立结点线位移数目的确定方法。理解在选取基本未知量时满足了结构变形连续条件。掌握位移法基本体系的形成，它与原结构的区别。

3. 熟练掌握用位移法计算在荷载作用下一个或两个基本未知量的超静定梁和刚架的内力，并绘制 M 图。其基本步骤为：

（1）确定基本未知量，即定结构的结点角位移和独立结点线位移。

（2）确定基本体系，即在原结构上有基本未知量处，施加相应的抵抗转动的约束或支杆等附加约束。

（3）建立位移法方程，即根据基本体系在荷载和结点位移共同作用下在附加约束处的约束力为零的条件建立位移法方程。

（4）计算位移法方程的系数和自由项（作基本体系在单位结点位移单独作用下的 $\overline{M}_i$ 图，由平衡条件计算方程的系数；作基本体系在荷载单独作用下的 M_P 图，由平衡条件计算方程的自由项）。

（5）解方程，计算基本未知量。

（6）作内力图。

4. 掌握位移法计算对称性结构的简化计算。

5. 熟记常用的形常数和载常数（表 9.1、表 9.2）。

表 9.3　位移法和力法对比表

	位移法	力法
求解依据	综合应用静力平衡、变形连续及物理关系这三方面的条件，使基本体系与原结构的变形和受力情况一致，从而利用基本体系建立典型方程求解原结构。	
基本未知量	独立的结点位移，基本未知量与结构的超静定次数无关。	多余未知力，基本未知量的数目等于结构的超静定次数。

续表 9.3

	位移法	力法
基本体系	加入附加联系后得到的一组单跨超静定梁作为基本体系。对同一结构,位移法基本体系是唯一的。	去掉多余联系后得到的静定结构作为基本体系,同一结构可选取多个不同的基本体系。
典型方程的物理意义	基本体系在荷载等外因和各结点位移共同作用下产生的附加联系中的反力(矩)等于零。实质上是原结构应满足的平衡条件。方程右端项总为零。	基本体系在荷载等外因和多余未知力共同作用下产生多余未知力方向的位移等于原结构相应的位移。实质上是位移条件。方程右端项也可能不为零。
系数的物理意义	r_{ij} 表示基本体系在 $Z_j = 1$ 作用下产生的第 i 个附加联系中的反力(矩)。	δ_{ij} 表示基本体系在 $X_j = 1$ 作用下产生的第 i 个多余未知力方向的位移。
自由项的物理意义	R_{ip} 表示基本体系在荷载作用下产生的第 i 个附加联系中的反力(矩)。	Δ_{iP} 表示基本体系在荷载作用下产生的第 i 个多余未知力方向的位移。
方法的应用范围	只要有结点位移,就有位移法基本未知量,所以位移法既可求解超静定结构,也可求解静定结构。	只有超静定结构才有多余未知力,才有力法基本未知量,所以力法只适用于求解超静定结构。

拓展与实训

✐ 职业能力训练

一、判断题

1. 位移法未知量的数目与结构的超静定次数有关。　　　　　　　　　　　　（　　　）

2. 位移法的基本结构可以是静定的,也可以是超静定的。　　　　　　　　　（　　　）

3. 位移法典型方程的物理意义反映了原结构的位移协调条件。　　　　　　　（　　　）

4. 结构按位移法计算时,其典型方程的数目与结点位移数目相等。　　　　　（　　　）

5. 位移法求解结构内力时如果 M_P 图为零,则自由项 R_{1P} 一定为零。　　　　（　　　）

6. 超静定结构中杆端弯矩只取决于杆端位移。　　　　　　　　　　　　　　（　　　）

7. 位移法可解超静定结构,也可解静定结构。　　　　　　　　　　　　　　（　　　）

8. 图 9.15 所示梁之 $EI =$ 常数,当两端发生图示角位移时引起梁中点 C 之竖直位移为 $3l\theta/8$(向下)。　　　　　　　　　　　　　　　　　　　　　　　　　　　　　（　　　）

9. 图 9.16 所示梁之 $EI =$ 常数,固定端 A 发生顺时针方向之角位移 θ,由此引起铰支端 B 之转角(以顺时针方向为正)是 $\frac{\theta}{2}$。　　　　　　　　　　　　　　　　　　（　　　）

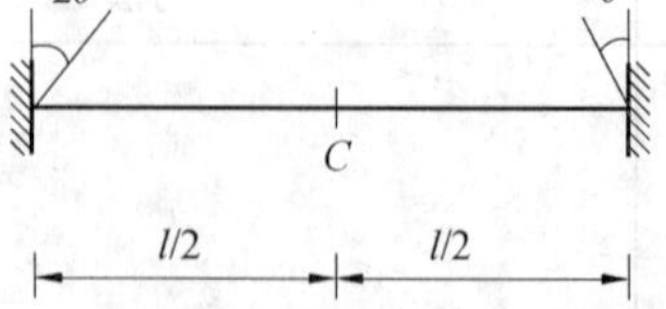

图 9.15　职业能力训练判断题 8 题图 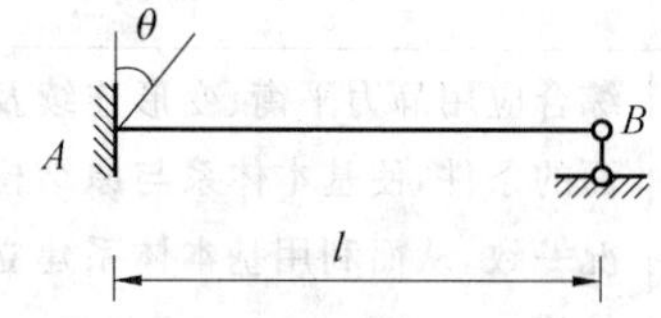　　　　图 9.16　职业能力训练判断题 9 题图

10. 用位移法可求得图 9.17 所示梁 B 端的竖向位移为 $ql^3/24EI$。 （　　　）

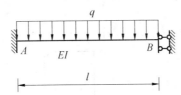

图 9.17　职业能力训练判断题 10 题图

二、选择题

1. 位移法中，将铰接端的角位移、滑动支承端的线位移作为基本未知量（　　　）。
   A. 绝对不可　　　B. 可以　　　　C. 但不必　　　　D. 一定条件下可以

2. AB 杆变形如图 9.18 中虚线所示，则 A 端的杆端弯矩为（　　　）。
   A. $M_{AB} = 4i\varphi_A - 2i\varphi_B - 6i\Delta_{AB}/l$　　B. $M_{AB} = 4i\varphi_A + 2i\varphi_B + 6i\Delta_{AB}/l$
   C. $M_{AB} = -4i\varphi_A + 2i\varphi_B - 6i\Delta_{AB}/l$　　D. $M_{AB} = -4i\varphi_A - 2i\varphi_B + 6i\Delta_{AB}/l$

3. 图 9.19 所示结构用位移法计算时，其基本未知量数目为（　　　）。
   A. 角位移 $= 2$，线位移 $= 1$　　　　B. 角位移 $= 2$，线位移 $= 2$
   C. 角位移 $= 3$，线位移 $= 1$　　　　D. 角位移 $= 3$，线位移 $= 2$

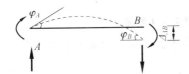 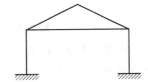

图 9.18　职业能力训练选择题 2 题图　　　**图 9.19　职业能力训练选择题 3 题图**

4. 图 9.20 所示刚架，各杆线刚度 i 相同，则结点 A 的转角大小为（　　　）。
   A. $m_0/9i$　　　B. $m_0/8i$　　　C. $m_0/11i$　　　D. $m_0/4i$

5. 图 9.21 所示两端固定梁，设 AB 线刚度为 i，当 A、B 两端截面同时发生图示单位转角时，则杆件 A 端的杆端弯矩为（　　　）。
   A. i　　　　B. $2i$　　　　C. $4i$　　　　D. $6i$

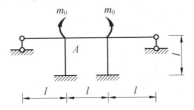 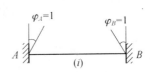

图 9.20　职业能力训练选择题 4 题图　　　**图9.21　职业能力训练选择题 5 题图**

6. 图 9.22 所示刚架用位移法计算时，自由项 R_{1P} 的值是（　　　）。
   A. 10　　　　　　　　　　B. 26
   C. -10　　　　　　　　　D. 14

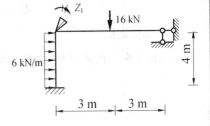

图 9.22　职业能力训练选择题 6 题图

7. 用位移法求解图 9.23 所示结构时,独立的结点角位移和线位移未知数数目分别为(　　)。

A. 3,3　　　　B. 4,3　　　　C. 4,2　　　　D. 3,2

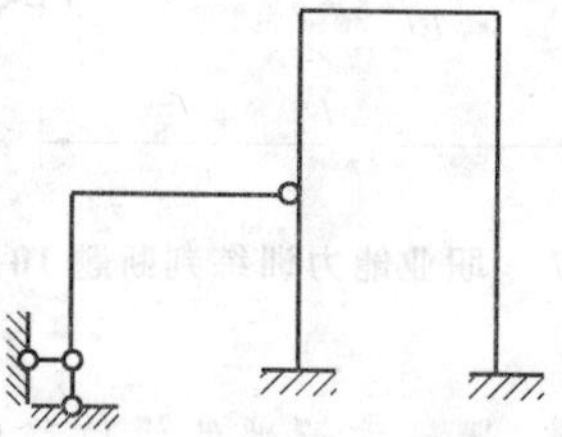

图 9.23　职业能力训练选择题 7 题图

三、填空题

1. 图 9.24 结构用位移法计算时基本未知量的数目为 _____。

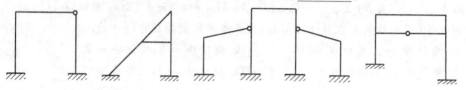

图 9.24　职业能力训练填空题 1 题图

2. 图 9.25(b)为图 9.25(a)用位移法求解时的基本体系和基本未知量 Z_1、Z_2,其位移法典型方程中的自由项,$R_{1P} = $ _____ , $R_{2P} = $ _____。

3. 已知图 9.26A 端转角 $\theta = FPl^2/(2EI)$,则 $M_{AB} = $ _____。

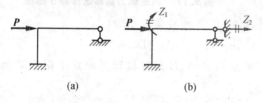

(a)　　　　　　　(b)

图 9.25　职业能力训练填空题 2 题图

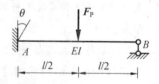

图 9.26　职业能力训练填空题 3 题图

4. 图 9.27 所示刚架,欲使 $\varphi_A = \pi/180$,则 M_0 须等于 _____。

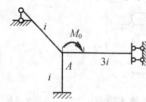

图 9.27　职业能力训练填空题 4 题图

工程模拟训练

1. 用位移法计算图 9.28 所示结构并作 M 图,各杆线刚度均为 i,各杆长均为 l。

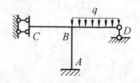

图 9.28　工程模拟训练 1 题图

2. 用位移法计算图 9.29 所示结构并作 M 图,各杆长均为 l,线刚度均为 i。

3. 用位移法计算图 9.30 所示结构并作 M 图。$EI =$ 常数。

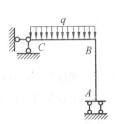

图 9.29　工程模拟训练 2 题图

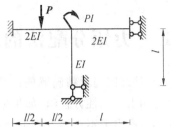

图 9.30　工程模拟训练 3 题图

4. 用位移法计算图 9.31 所示结构并作 M 图。$EI =$ 常数。

5. 用位移法计算图 9.32 所示结构并作 M 图。$EI =$ 常数。

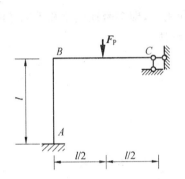

图 9.31　工程模拟训练 4 题图

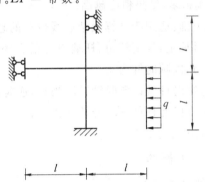

图 9.32　工程模拟训练 5 题图

6. 用位移法计算图 9.33 所示结构并作 M 图。

7. 用位移法计算图 9.34 所示连续梁,并绘制弯矩图。

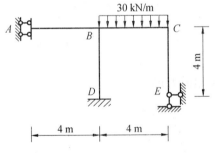

图 9.33　工程模拟训练 6 题图

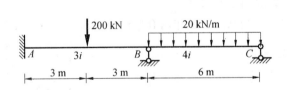

图 9.34　工程模拟训练 7 题图

8. 用位移法计算图 9.35 所示刚架,求出系数项、自由项。各杆 $EI =$ 常数。

9. 用位移法计算图 9.36 所示刚架,求出系数项和自由项。

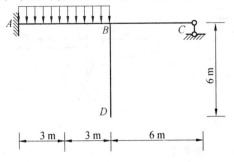

图 9.35　工程模拟训练 8 题图

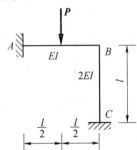

图 9.36　工程模拟训练 9 题图

单元 10   力矩分配法

10.1   力矩分配法的思路

力矩分配法是一种逐次逼近精确解的计算超静定结构的方法。用一般的力法或位移法分析超静定结构时,都要建立和求解线性方程组。如果未知数目较多,计算工作将比较繁重。H·克罗斯于1930年在位移法的基础上,提出了不必解方程组而是逐次逼近的力矩分配法。

1. 定义和适用范围

(1) 定义:力矩分配法是建立在位移法基础上的一种渐近法,在计算过程中需要采取逐次修正的步骤,计算轮次越多,结果精度越高。

(2) 适用范围:适用于计算无结点线位移的超静定梁和刚架,即多跨连续梁和无侧移刚架。

(3) 正负号规定:杆端转角、杆端内力正负号规定同位移法。

① 杆端转角以顺时针为正;

② 杆端弯矩对杆端以顺时针转动为正,逆时针为负;

③ 杆端剪力以使杆件顺时针转动为正;

④ 杆端轴力拉正压负。

2. 三个基本概念

(1) 转动刚度 S_{1k}

定义:$1k$ 杆的 1 端产生单位转角时,在该端所需作用的弯矩。可用杆端产生单位转角时在杆端引起的杆端弯矩代替,与杆件的线刚度和远端支承情况有关。

四种情况:

远端固定:$S_{1k} = 4i$;远端铰支:$S_{1k} = 3i$;

远端滑动:$S_{1k} = i$;远端自由:$S_{1k} = 0$。

(2) 力矩分配系数 μ_{1k}

定义:当结点 1 处作用有单位力偶时,分配给 $1k$ 杆的 1 端的力矩。

定义式:

$$\mu_{1k} = \frac{S_{1k}}{\sum S_{1k}}$$

$$\sum \mu_{1k} = 1$$

如图 10.1(a) 所示刚架,其上各杆件均为等截面直杆。刚结点不发生线位移只有角位移,我们称它为力矩分配法的一个计算单元。

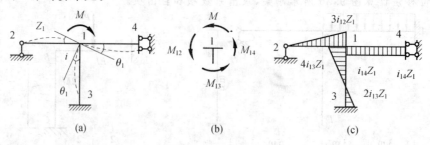

图 10.1   计算单元

设在该单元的结点 1 作用一集中力偶 M(结点外力偶以顺时针转向为正),现要求出汇交于结点 1 之各杆的杆端弯矩值。对此我们称之为力矩分配法的基本运算。

$$\sum M_1 = 0, \quad M_{12} + M_{13} + M_{14} = 0 \Rightarrow M - (3i_{12} + 4i_{13} + i_{14})Z_1 = 0$$

求得

$$Z_1 = \frac{M}{3i_{12} + 4i_{13} + i_{14}}$$

则

$$M_{12} = 3i_{12}Z_1 = \frac{3i_{12}}{3i_{12} + 4i_{13} + i_{14}}M$$

$$M_{13} = 4i_{13}Z_1 = \frac{4i_{13}}{3i_{12} + 4i_{13} + i_{14}}M$$

$$M_{14} = i_{14}Z_1 = \frac{i_{14}}{3i_{12} + 4i_{13} + i_{14}}M$$

$$M_{21} = 0, \quad M_{31} = 2i_{13}Z_1, \quad M_{41} = -i_{14}Z_1$$

（3）传递系数 C_{1k}

定义：当杆件近端发生转角时，远端弯矩与近端弯矩的比值。

定义式：$C_{1k} = \dfrac{M_{k1}}{M_{1k}}$，也可写成 $M_{k1} = C_{1k}M_{1k}$。

三种情况：

远端固定：$C_{1k} = 1/2$；远端铰支：$C_{1k} = 0$；远端滑动：$C_{1k} = -1$。

当单位力偶作用在结点 1 时，按分配系数分配给各杆的近端为近端弯矩；远端弯矩等于近端弯矩乘以传递系数。

3. 一个基本运算（图 10.1）

（1）各杆的转动刚度为

$$S_{12} = 3i_{12}, \quad S_{13} = 4i_{13}, \quad S_{14} = i_{14}$$

（2）各杆的力矩分配系数为

$$\mu_{12} = \frac{S_{12}}{\sum\limits_{(1)} S_{1k}}, \quad \mu_{13} = \frac{S_{13}}{\sum\limits_{(1)} S_{1k}}, \quad \mu_{14} = \frac{S_{14}}{\sum\limits_{(1)} S_{1k}}$$

（3）分配给各杆的分配力矩即近端弯矩为

$$M_{12}^{\mu} = \frac{S_{12}}{\sum\limits_{(1)} S_{1k}}M = \mu_{12}M, \quad M_{13}^{\mu} = \frac{S_{13}}{\sum\limits_{(1)} S_{1k}}M = \mu_{13}M, \quad M_{14}^{\mu} = \frac{S_{14}}{\sum\limits_{(1)} S_{1k}}M = \mu_{14}M$$

（4）各杆的传递系数为

$$C_{12} = 0, \quad C_{13} = \frac{1}{2}, \quad C_{14} = -1$$

（5）各杆的传递弯矩即远端弯矩为

$$M_{21}^{C} = C_{12}M_{12} = 0, \quad M_{31}^{C} = C_{13}M_{13} = \frac{1}{2}M_{13}, \quad M_{41}^{C} = -M_{14}$$

4. 力矩分配法的基本步骤

（1）固定结点。在结点 1 上加一刚臂控制转动，分别求出各杆端由荷载产生的固端弯矩，作用于一结点上的各杆固端弯矩的代数和称为不平衡力矩。

（2）放松结点。取消本不存在的刚臂，让结点转动，将不平衡力矩按各杆的分配系数求得各杆的分配力矩（下划单线）。

（3）传递力矩。按分配力矩和各杆的传递系数向各杆远端传递，得各传递力矩。循此规则，分配、传递、反复计算，直至得到足够精度的杆端力矩数值为止。

（4）最后弯矩（下划双线）。等于固端力矩、分配力矩和传递力矩之和。

10.2 单结点力矩分配法

1. 具有一个结点角位移结构的计算

(1) 加约束。在刚结点 i 处加一附加刚臂，求出固端弯矩，再求出附加刚臂给结点的约束力矩 M_i^F。

(2) 放松约束。为消掉约束力矩 M_i^F，加 $-M_i^F$，求出各杆端弯矩。

(3) 合并。将上两种情况相加。

$$固端弯矩＋分配弯矩 ＝ 近端弯矩$$

$$固端弯矩＋传递弯矩 ＝ 远端弯矩$$

【例 10.1】 用力矩分配法计算如图 10.2(a) 所示连续梁的弯矩图。

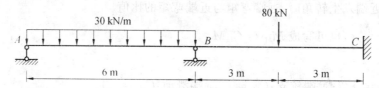

(a)连续梁

结点	A	B		C
杆端	AB	BA	BC	CB
分配系数		0.43	0.75	
固端弯矩	0	135	−60	60
分配弯矩				
传递弯矩	0	−32.25	−42.75	−21.38
最后弯矩	0	102.75	−102.75	38.62

(b)各端弯矩计算表

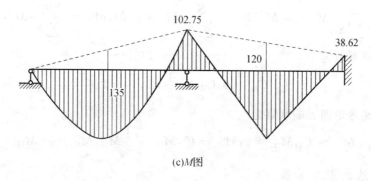

(c)M图

图 10.2 例 10.1 图

解 (1) 加约束

在结点 B 上加附加刚臂，计算固端弯矩（由表 9.1 求得）及附加刚臂给结点的约束力矩。

$$M_{BA}^F = \frac{ql^2}{12} = 135 \text{ kN} \cdot \text{m}$$

$$M_{BC}^F = -\frac{1}{8}Fl = -\frac{80 \times 6}{8} \text{kN} \cdot \text{m} = -60 \text{ kN} \cdot \text{m}$$

$$M_{CB}^F = \frac{1}{8}Fl = \frac{80 \times 6}{8} \text{ kN} \cdot \text{m} = 60 \text{ kN} \cdot \text{m}$$

附加刚臂对结点的约束力矩为

$$M_B^F = M_{BA}^F + M_{BC}^F = (135 - 60)\text{kN} \cdot \text{m} = 75 \text{ kN} \cdot \text{m}$$

（2）放松结点

在结点 B 上加外力偶 M_B^F，求出分配弯矩和传递弯矩。

转动刚度为

$$S_{BA} = 3i_{AB} = 3i$$
$$S_{BC} = 4i_{BC} = 4i$$

分配系数为

$$\mu_{BA} = \frac{S_{BA}}{S_{BA} + S_{BC}} = 0.43$$
$$\mu_{BC} = \frac{S_{BC}}{S_{AB} + S_{BC}} = 0.57$$

分配弯矩为

$$M_{BA}^\mu = \mu_{BA} \times (-M_B^F) = [0.57 \times (-75)]\text{kN} \cdot \text{m} = -42.75 \text{ kN} \cdot \text{m}$$
$$M_{BC}^\mu = \mu_{BC} \times (-M_B^F) = [0.43 \times (-75)]\text{kN} \cdot \text{m} = -32.25 \text{ kN} \cdot \text{m}$$

传递弯矩为

$$M_{AB}^C = C_{BA} \times M_{BA}^\mu = 0$$
$$M_{CB}^C = C_{BC} \times M_{BC}^\mu = \frac{1}{2} \times (-42.75)\text{kN} \cdot \text{m} = -21.38 \text{ kN} \cdot \text{m}$$

（3）合并

参见图例 10.2（b）。

$$近端弯矩 = 固端弯矩 + 分配弯矩$$
$$M_{BA} = (135 - 32.25)\text{kN} \cdot \text{m} = 102.75 \text{ kN} \cdot \text{m}$$
$$M_{BC} = (-60 - 42.75)\text{kN} \cdot \text{m} = -102.75 \text{ kN} \cdot \text{m}$$
$$远端弯矩 = 固端弯矩 + 传递弯矩$$
$$M_{CB} = (60 - 21.38)\text{kN} \cdot \text{m} = 38.62 \text{ kN} \cdot \text{m}$$

（4）绘制弯矩图

参见图 10.2（c）。

【**例 10.2**】 用力矩分配法计算如图 10.3（a）所示刚架，并绘制弯矩图。

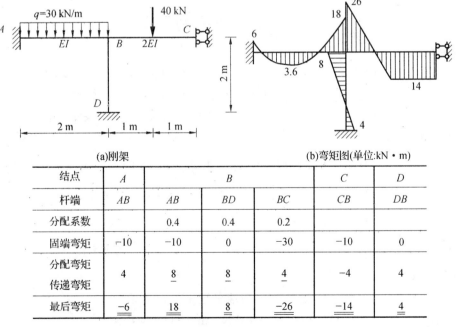

(a)刚架　　　　　　　　　(b)弯矩图(单位:kN·m)

结点	A	B			C	D
杆端	AB	AB	BD	BC	CB	DB
分配系数		0.4	0.4	0.2		
固端弯矩	-10	-10	0	-30	-10	0
分配弯矩 传递弯矩	4	8	8	4	-4	4
最后弯矩	-6	18	8	-26	-14	4

(c)各端弯矩计算表

图 10.3　例 10.2 图

解 (1) 加约束

在结点 B 上加附加刚臂，计算固端弯矩（由表 9.1 求得）及附加刚臂给结点的约束力矩。

$$M_{AB}^F = -\frac{ql^2}{12} = -\frac{30 \times 2^2}{12} \text{ kN} \cdot \text{m} = -10 \text{ kN} \cdot \text{m}$$

$$M_{BA}^F = \frac{ql^2}{12} = \frac{30 \times 2^2}{12} \text{ kN} \cdot \text{m} = 10 \text{ kN} \cdot \text{m}$$

$$M_{BC}^F = -\frac{3F_P l}{8} = -\frac{3 \times 40 \times 2}{8} \text{ kN} \cdot \text{m} = -30 \text{ kN} \cdot \text{m}$$

$$M_{BD}^F = M_{DB}^F = 0$$

$$M_{CB}^F = -\frac{F_P l}{8} = -\frac{40 \times 2}{8} \text{ kN} \cdot \text{m} = -10 \text{ kN} \cdot \text{m}$$

附加刚臂对结点的约束力矩为

$$M_B^F = M_{BA}^F + M_{BC}^F + M_{BD}^F = (10 - 30) \text{ kN} \cdot \text{m} = -20 \text{ kN} \cdot \text{m}$$

(2) 放松结点

在结点 B 上加外力偶 M_B^F，求出分配弯矩和传递弯矩。

计算转动刚度：

$$S_{BA} = 4i_{BA} = 4 \times \frac{EI}{2} = 2EI$$

$$S_{BD} = 4i_{BD} = 4 \times \frac{EI}{2} = 2EI$$

$$S_{BC} = i_{BC} = \frac{2EI}{2} = EI$$

计算分配系数：

$$\mu_{BA} = \frac{S_{BA}}{\sum_B S} = \frac{2EI}{2EI + 2EI + EI} = 0.4$$

$$\mu_{BD} = \frac{S_{BD}}{\sum_B S} = \frac{2EI}{2EI + 2EI + EI} = 0.4$$

$$\mu_{BC} = \frac{S_{BC}}{\sum_B S} = \frac{EI}{2EI + 2EI + EI} = 0.2$$

计算分配弯矩：

$$M_{BA}^\mu = \mu_{BA} \times (-M_B^F) = (0.4 \times 20) \text{ kN} \cdot \text{m} = 8 \text{ kN} \cdot \text{m}$$
$$M_{BD}^\mu = \mu_{BD} \times (-M_B^F) = (0.4 \times 20) \text{ kN} \cdot \text{m} = 8 \text{ kN} \cdot \text{m}$$
$$M_{BC}^\mu = \mu_{BC} \times (-M_B^F) = (0.2 \times 20) \text{ kN} \cdot \text{m} = 4 \text{ kN} \cdot \text{m}$$

计算传递弯矩：

$$M_{AB}^C = C_{BA} \times M_{BA}^\mu = \frac{1}{2} \times 8 \text{ kN} \cdot \text{m} = 4 \text{ kN} \cdot \text{m}$$

$$M_{CB}^C = C_{BC} \times M_{BC}^\mu = (-1) \times 4 \text{ kN} \cdot \text{m} = -4 \text{ kN} \cdot \text{m}$$

$$M_{DB}^C = C_{BD} \times M_{BD}^\mu = \frac{1}{2} \times 8 \text{ kN} \cdot \text{m} = 4 \text{ kN} \cdot \text{m}$$

(3) 合并

参见图 10.3(c)。

$$近端弯矩 = 固端弯矩 + 分配弯矩$$
$$M_{BA} = (10 + 8) \text{ kN} \cdot \text{m} = 18 \text{ kN} \cdot \text{m}$$

$$M_{BD} = (0 + 8) \text{ kN} \cdot \text{m} = 8 \text{ kN} \cdot \text{m}$$

$$M_{BC} = (-30 + 4) \text{ kN} \cdot \text{m} = -26 \text{ kN} \cdot \text{m}$$

远端弯矩 = 固端弯矩 + 传递弯矩

$$M_{AB} = (-10+4)\text{kN} \cdot \text{m} = -6 \text{ kN} \cdot \text{m}$$

$$M_{DB} = (0+4)\text{kN} \cdot \text{m} = 4 \text{ kN} \cdot \text{m}$$

$$M_{CB} = (-10-4)\text{kN} \cdot \text{m} = -14 \text{ kN} \cdot \text{m}$$

绘制弯矩图,参见图 10.3(b)。

综上所述,在力矩分配法计算过程中,不论结构有多少结点,都是重复一个基本运算——单结点的力矩分配。

【例 10.3】 试用力矩分配法作图 10.4(a)所示连续梁的弯矩图。

解 (1)计算固端弯矩

将两个刚结点 B、C 均固定起来,则连续梁被分隔成三个单跨超静定梁。因此,可由表 9.1 查得各杆的固端弯矩。

$$M_{BA}^{F} = \frac{3}{16}Pl = 18.75 \text{ kN} \cdot \text{m}$$

$$M_{BC}^{F} = -\frac{1}{12}ql^{2} = -15 \text{ kN} \cdot \text{m}$$

$$M_{CB}^{F} = \frac{1}{12}ql^{2} = 15 \text{ kN} \cdot \text{m}$$

其余各固端弯矩均为零。

将各固端弯矩填入图 10.4(b)所示的相应位置。由图可清楚看出,结点 B、C 的约束力矩分别为

$$M_B = 3.75 \text{ kN} \cdot \text{m}$$

$$M_C = 15 \text{ kN} \cdot \text{m}$$

(2)计算分配系数

分别计算相交于结点 B 和相交于结点 C 各杆杆端的分配系数。

① 查表得各转动刚度 S_{ij}

结点 B:

$$S_{BA} = 3i_{BA} = 3 \times \frac{4EI}{2} = 6EI$$

$$S_{BC} = 4i_{BC} = 4 \times \frac{9EI}{3} = 12EI$$

结点 C:

$$S_{BC} = S_{CB} = 12EI$$

$$S_{CD} = 4i_{CD} = 4 \times \frac{4EI}{2} = 8EI$$

② 计算分配系数

结点 B:

$$\mu_{BA} = \frac{S_{BA}}{S_{BA} + S_{BC}} = \frac{1}{3}$$

$$\mu_{BC} = \frac{S_{BC}}{S_{BA} + S_{BC}} = \frac{2}{3}$$

校核:$\frac{1}{3} + \frac{2}{3} = 1$,说明结点 B 计算无误。

结点 C:

$$\mu_{CB} = \frac{S_{CB}}{S_{CB} + S_{CD}} = 0.6$$

$$\mu_{CD} = \frac{S_{CD}}{S_{CB} + S_{CD}} = 0.4$$

校核：$\dfrac{3}{5}+\dfrac{2}{5}=1$，说明结点 C 计算无误。

将各分配系数填入图 10.4(b) 的相应位置。

（3）传递系数

查表得各杆的传递系数为

$$C_{BA}=0$$

$$C_{BC}=C_{CB}=C_{CD}=C_{DC}=\dfrac{1}{2}$$

技术提示

有了固端弯矩、分配系数和传递系数，便可依次进行力矩的分配与传递。为了使计算收敛得快，用力矩分配法计算多结点的结构时，通常从约束力矩大的结点开始。

（4）首先放松结点 C，结点 B 仍固定

这相当于只有一个结点 C 的情况，因而可按单结点力矩的分配和传递的方法进行。

① 计算分配弯矩

$$M_{CB}^{\mu}=\dfrac{3}{5}\times(-15)\text{kN}\cdot\text{m}=-9\text{ kN}\cdot\text{m}$$

$$M_{CD}^{\mu}=\dfrac{2}{5}\times(-15)\text{kN}\cdot\text{m}=-6\text{ kN}\cdot\text{m}$$

技术提示

将它们填入图 10.4(b) 中，并在分配弯矩下面画一条横线，表示 C 结点力矩暂时平衡。这时结点 C 将有转角，但由于结点 B 仍固定，所以这个转角不是最后位置。

------

② 计算传递弯矩

$$M_{BC}^{C}=C_{CB}\cdot M_{BC}^{\mu}=\dfrac{1}{2}\times(-9)\text{kN}\cdot\text{m}=-4.5\text{ kN}\cdot\text{m}$$

$$M_{DC}^{C}=C_{CD}\cdot M_{CD}^{\mu}=\dfrac{1}{2}\times(-6)\text{kN}\cdot\text{m}=-3\text{ kN}\cdot\text{m}$$

（5）放松结点 B，重新固定结点 C

① 约束力矩应当注意的是结点 B 不仅有固端弯矩产生的约束力矩，还包括结点 C 传来的传递弯矩，故约束力矩

$$M_{B}=(18.75-15-4.5)\text{kN}\cdot\text{m}=0.75\text{ kN}\cdot\text{m}$$

② 计算分配弯矩

$$M_{BA}^{\mu}=\dfrac{1}{3}\times0.75\text{ kN}\cdot\text{m}=0.25\text{ kN}\cdot\text{m}$$

$$M_{BC}^{\mu}=\dfrac{2}{3}\times0.75\text{ kN}\cdot\text{m}=0.50\text{ kN}\cdot\text{m}$$

③ 计算传递弯矩

$$M_{AB}^{C}=0$$

$$M_{CB}^{C}=C_{BC}M_{BC}^{\mu}=\dfrac{1}{2}\times0.5\text{ kN}\cdot\text{m}=0.25\text{ kN}\cdot\text{m}$$

以上均填入图 10.4(b) 相应位置。结点 B 分配弯矩下的横线说明结点 B 又暂时平衡，同时也转动了一个转角，同样因为结点 C 又被固定，所以这个转角也不是最后位置。

（6）由于结点 C 又有了约束力矩 0.25 kN·m，因此应再放松结点 C，固定结点 B 进行分配和传递这样轮流放松，固定各结点，进行力矩分配与传递。因为分配系数和传递系数都小于 1，所以结点力矩数值越来越小，直到传递弯矩的数值按计算精度要求可以略去不计时，就可以停止运算。

（7）最后将各杆端的固端弯矩，各次分配弯矩和传递弯矩相叠加，就可以得到原结构各杆端的最后弯矩

如图 10.4（b）所示，最后各杆的杆端弯矩下画双线。

（8）根据各杆最后杆端弯矩和荷载用叠加法画弯矩图，如图 10.4（c）所示

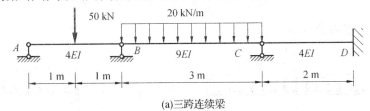

(a)三跨连续梁

结点		B		C		
杆端	AB	BA	BC	CB	CD	DA
分配系数		1/3	2/3	3/5	2/5	
固端弯矩	0	18.75	−15	15	0	0
分配弯矩 传递弯矩	0	0.25 −0.07 0.02	−4.5 0.5 0.05	−9 0.25 −0.15	−6 −0.1	−0.05
最后弯矩	0	19.02	−19.02	−6.10	−6.10	−3.05

(b)计算表

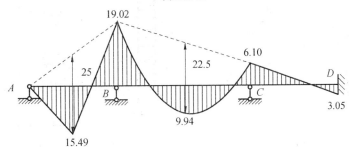

(c)弯矩图(kN·m)

图 10.4　例 10.3 图

【**例 10.4**】　用力矩分配法作图 10.5（a）所示封闭框架的弯矩图。已知各杆 EI 等于常数。

解　因该封闭框架的结构和荷载均有 x、y 两个对称轴，可以只取 1/4 结构计算如图 10.5（b）所

示。作出该部分弯矩图后,其余部分根据对称结构承受对称荷载作用弯矩图亦应是对称的关系便可作出。

(1)计算固端弯矩

由表9.1得各杆的固端弯矩为

$$M_{1A}^F = -\frac{1}{3}ql^2 = -7.5 \text{ kN} \cdot \text{m}$$

$$M_{A1}^F = -\frac{1}{6}ql^2 = -3.75 \text{ kN} \cdot \text{m}$$

写入图10.5(c)各相应杆端处。

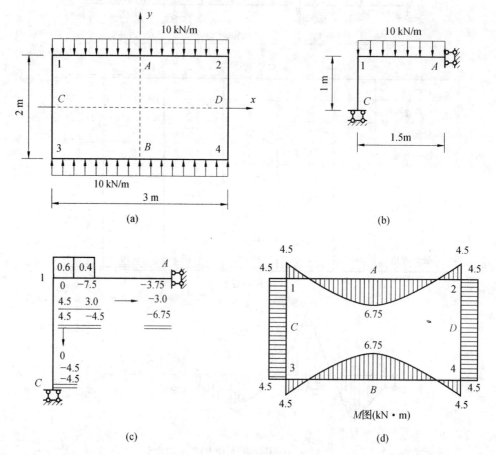

图10.5 例10.4图

(2)计算分配系数

转动刚度:

$$S_{1A} = i_{1A} = \frac{EI}{3/2} = \frac{2EI}{3}$$

$$S_{1C} = i_{1C} = \frac{EI}{1} = EI$$

分配系数:

$$\mu_{1A} = \frac{S_{1A}}{S_{1A} + S_{1C}} = 0.4$$

$$\mu_{1C} = \frac{S_{1C}}{S_{1A} + S_{1C}} = 0.6$$

将分配系数写入图10.5(c)结点1处。

(3)进行力矩的分配和传递,求最后杆端弯矩

（4）作弯矩图。根据对称关系作出弯矩图如图 10.5（d）所示（利用对称性）

【知识拓展】

1. 掌握力矩分配法中正负号规定。理解转动刚度、分配系数、传递系数概念的物理意义；掌握它们的取值。能够根据远端的不同支承条件熟练地写出各种情形的杆端转动刚度和远端的传递系数，并计算分配系数。

2. 通过单结点的力矩分配法，理解力矩分配法的物理意义，掌握力矩分配法的主要环节。

（1）固定刚结点。对刚结点施加阻止转动的约束，根据荷载，计算各杆的固端弯矩和结点的约束力矩。

（2）放松刚结点。根据各杆的转动刚度，计算分配系数，将结点的约束力矩相反值乘以分配系数，得各杆的分配弯矩。

（3）将各杆端的分配弯矩乘以传递系数，得各杆远端的传递弯矩。

3. 熟练掌握多结点力矩分配计算连续梁和无结点线位移的超静定刚架，其计算步骤为：

（1）计算结点上各杆的转动刚度和各结点的分配系数。

（2）锁住各结点，计算各杆的固端弯矩。

（3）进行力矩分配与传递，2～3轮后，分配、传递结束。

（4）叠加杆端所有弯矩（固端弯矩，历次的分配弯矩和传递弯矩），得到最后的杆端弯矩。

（5）作内力图。

拓展与实训

职业能力训练

一、判断题

1. 单结点结构的力矩分配法计算结果是精确的。（　）

2. 图 10.6 所示刚架可利用力矩分配法求解。（　）

3. 在力矩分配法中反复进行力矩分配及传递，结点不平衡力矩越来越小，主要是因为分配系数及传递系数 < 1。（　）

4. 若图 10.7 所示各杆件线刚度 i 相同，则各杆 A 端的转动刚度 S 分别为：$4i$、$3i$、i。（　）

5. 图 10.8 所示杆 AB 与 CD 的 EI、I 相等，但 A 端的转动刚度 S_{AB} 大于 C 端的转动刚度 S_{CD}。（　）

6. 力矩分配法中的分配系数、传递系数与外来因素（荷载、温度变化等）有关。（　）

7. 图 10.9 所示结构 EI = 常数，用力矩分配法计算时分配系数 $\mu_{A4} = 4/11$。（　）

8. 用力矩分配法计算图 10.10 所示结构时，杆端 AC 的分配系数 $\mu_{AC} = 18/29$。（　）

9. 若用力矩分配法计算图 10.11 所示刚架，则结点 A 的不平衡力矩为 $-M - \frac{3}{16}Pl$。（　）

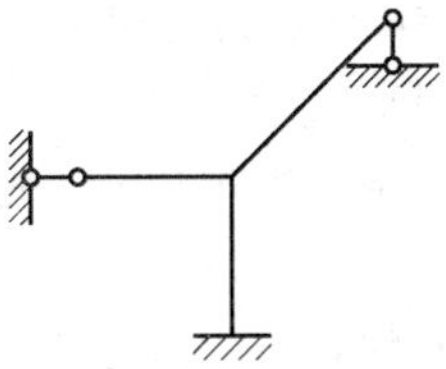

图 10.6　职业能力训练判断题 2 题图 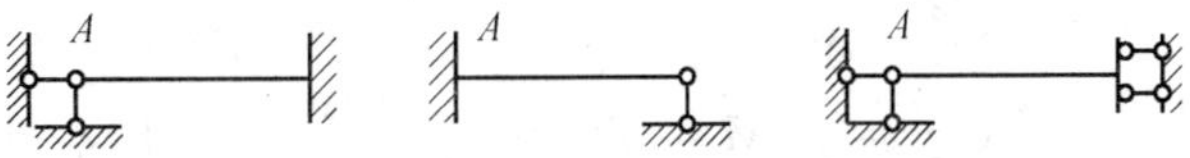　　　图 10.7　职业能力训练判断题 4 题图

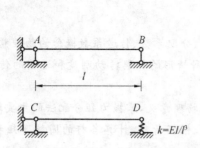

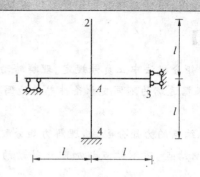

图 10.8 职业能力训练判断题 5 题图　　　　**图 10.9 职业能力训练判断题 7 题图**

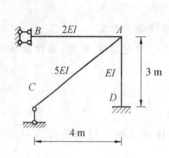

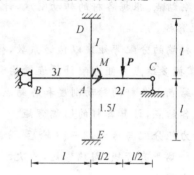

图 10.10 职业能力训练判断题 8 题图　　　**图 10.11 职业能力训练判断题 9 题图**

二、选择题

1. 图 10.12 中不能用力矩分配法计算的是(　　　)。

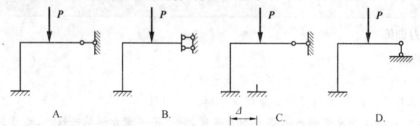

图 10.12 职业能力训练选择题 1 题图

2. 图 10.13 所示结构用力矩分配法计算时,分配系数 μ_{A4} 为(　　　)。

    A. $\dfrac{1}{4}$　　　　B. $\dfrac{12}{21}$　　　　C. $\dfrac{1}{2}$　　　　D. $\dfrac{6}{11}$

3. 在力矩分配法中,分配系数 μ_{AB} 表示(　　　)。

    A. 结点 A 有单位转角时,在 AB 杆 A 端产生的力矩

    B. 结点 A 转动时,在 AB 杆 A 端产生的力矩

    C. 结点 A 上作用单位外力偶时,在 AB 杆 A 端产生的力矩

    D. 结点 A 上作用外力偶时,在 AB 杆 A 端产生的力矩

4. 图 10.14 所示结构,EI = 常数,杆 BC 两端的弯矩 M_{BC} 和 M_{CB} 的比值是(　　　)。

    A. $-1/4$　　　　B. $-1/2$　　　　C. $1/4$　　　　D. $1/2$

5. 结构及荷载如图 10.15 所示,当结点不平衡力矩(约束力矩)为 $0.125ql^2$ 时,其荷载应是(　　　)。

    A. $q_1 = q, M = ql^2/4$　　　　　　　　B. $q_1 = q, M = -ql^2/4$

    C. $q_1 = -q, M = ql^2/4$　　　　　　　D. $q_1 = -q, M = -ql^2/4$

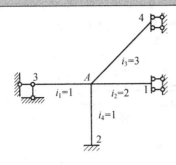

图 10.13　职业能力训练选择题 2 题图

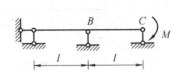

图 10.14　职业能力训练选择题 4 题图

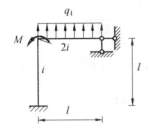

图 10.15　职业能力训练选择题 5 题图

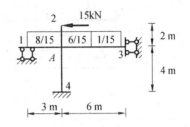

图 10.16　职业能力训练填空题 2 题图

三、填空题

1. 传递系数 C 表示当杆件近端有转角时，_____ 与 _____ 的比值，它与远端的 _____ 有关。

2. 已知图 10.16 所示结构力矩分配系数，则杆端弯矩 M_{A1} 为 _____。$EI =$ 常数。

✎ 工程模拟训练

1. 用力矩分配法计算图 10.17 所示连续梁。

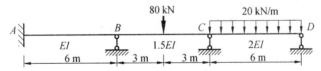

图 10.17　工程模拟训练 1 题图

2. 用力矩分配法计算图 10.18 所示刚架的力矩分配系数。

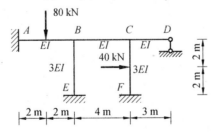

图 10.18　工程模拟训练 2 题图

3. 用力矩分配法计算图 10.19 所示连续梁,作 M 图,EI = 常数。

4. 用力矩分配法作图 10.20 所示梁的弯矩图,EI 为常数。(计算两轮)

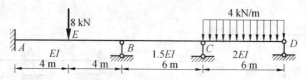

图 10.19　工程模拟训练 3 题图

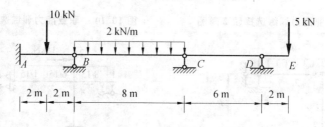

图 10.20　工程模拟训练 4 题图

单元 11 影响线

11.1 影响线的概念

前面各单元讨论了在恒载作用下的计算,通常把作用在结构上位置固定不变的荷载称为固定荷载或恒载,这类荷载作用点的位置是固定不变的.但是有些结构除了承受固定的荷载外,还要受到另一类荷载的作用,作用点在结构上是移动.

活荷载分为两类:一类是移动荷载,其特点是大小、方向不变,但作用位置可以移动,常见的有在桥梁上行驶的汽车、吊车梁上移动的吊车等;一类是时有时无,可任意断续布置的均布荷载,如楼上的人群荷载等.

如图 11.1 所示吊车梁计算简图,当吊车轮压力 P 沿梁移动时,梁的支座反力以及梁上各截面的内力和位移都将随荷载的移动而改变.因此,为了求得反力和内力的最大值,作为结构设计的依据,就必须研究荷载移动时,梁的反力和内力的变化规律.例如,吊车由 A 向 B 移动时,反力 R_A 逐渐减少,而反力 R_B 则逐渐增大.可见,在研究活荷载对结构的影响时,一次只宜讨论某一支座的某种反力或某一截面的某种内力的变化规律.

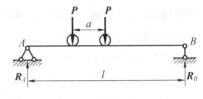

图 11.1 吊车梁

为了简练叙述,本章把反力、内力(包括弯矩 M、剪力 Q 和轴力 N)和位移统称为"量值".荷载作用的位置使得结构上某截面的某一量值达到最大值,这一荷载的位置称为该量值的最不利荷载位置.

在工程的实际应用中移动荷载的种类很多,常见的是一组间距保持不变、大小不等的竖向荷载所组成.为了简便起见,一般先研究一个方向不变而沿着结构移动的竖向单位移动荷载 $P=1$ 对结构上某一量值的影响,然后,利用叠加原理,就可求出同一方向的一系列荷载移动时对该量值的共同影响.为了直观起见,将竖向单位集中荷载 $P=l$ 移动时引起某量值变化的规律用函数图形表示出来,这种图形称为该量值的影响线.

由此,可得影响线的定义如下:当方向不变的单位集中荷载沿结构移动时表示结构某一处的某一量值(反力、内力、位移等)变化规律的图形,称为该量值的影响线.

影响线表明单位集中荷载在结构上各个位置时对某一量值所产生的影响,它是研究移动荷载作用的基本工具.影响线的绘制、最不利荷载位置的确定以及求出最大量值等是移动荷载作用下结构计算中的几个重要问题.

11.2 静定梁的影响线

作静定结构的内力或支座反力影响线有两种基本作法:静力法和机动法.本节通过求静定梁的反力或内力影响线分别说明静力法、机动法.

11.2.1 用静力法作静定梁的影响线

静力法是应以荷载的位置为变量,通过静力平衡条件,求出某量值的影响线方程,再绘出影响线的方法.

1. 简支梁的影响线

以图 11.2(a) 所示的简支梁为例,具体说明支座反力、弯矩、剪力影响线的绘制方法.以 A 点为坐标原点,以 x 表示移动荷载 $P = 1$ 作用点的横坐标。

(1)支座反力的影响线

① 反力 R_A 的影响线

绘制简支梁反力 R_A 的影响线(图 11.2(a)),取支梁的左端 A 为原点,将荷载 $P = 1$ 作用于距 A 为 x 处,假定反力向上为正,则由梁的静力平衡条件:

$$\sum M_B = 0, R_A l - P(1-x) = 0$$

解得

$$R_A = P\frac{l-x}{l} = \frac{l-x}{l} \quad (0 \leqslant x \leqslant l) \tag{11.1}$$

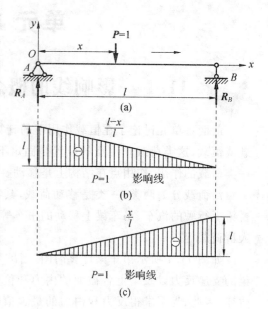

图 11.2 支反力的影响线

式(11.1)表示反力 R_A 随荷载 $P = 1$ 位置的变化而变化的规律,称为 R_A 的影响线方程。把它绘成函数图形,即得 R_A 的影响线。因为式(11.1)是 x 的一次函数,所以 R_A 的影响线为一直线,只需定出两个控制截面的纵坐标并用直线连接就可绘出,这两点为:

当 $x = 0$ 时,$R_A = l$;

当 $x = l$ 时,$R_A = 0$。

因此,只需在左支座处取等于1的竖标,以其定点和右支座处的零点相连,即可作出 F_A 的影响线,如图 11.2(b)所示。

② 反力 R_B 的影响线

由梁的平衡条件:

$$\sum M_A = 0, R_A \cdot l - Px = 0$$

解得

$$R_B = P\frac{x}{l} = \frac{x}{l} \quad (0 \leqslant x \leqslant l) \tag{11.2}$$

式(11.2)为 R_B 的影响线方程,它也是 x 的一次函数,所以 R_B 的影响线也是一条直线,只需定出两点:

当 $x = 0$ 时,$R_B = 0$;

当 $x = l$ 时,$R_B = 1$。

由两个竖标值即可绘出反力 R_B 的影响线,如图 11.2(c)所示。

在作影响线时,在作图时规定正值的竖标画在基线的上方,负值的竖标画在基线的下方,并标上正、负号。同时通常假定单位荷载 $P = l$ 为无名数,由反力影响线的方程可知,反力影响线的竖坐标是无量纲的量。支座反力影响线上某一位置纵坐标的物理意义是:当单位移动荷载 $P = 1$ 作用于该处时反力的大小。

(2)弯矩影响线

绘制简支梁上某指定截面 C 的弯矩影响线,取 A 为原点,以 x 表示 $P = 1$ 的位置如图 11.3(a)所示。当荷载 $P = 1$ 在截面 C 的左边移动时,为计算简便,取 CB 段为分离体,

由 $\sum M_C = 0, R_B b - M_C = 0$ 可得

$$M_C = R_B b = \frac{x}{l} b \quad (0 \leqslant x \leqslant a) \tag{11.3}$$

式(11.3)表明:M_C 的影响线在截面 C 以左为一直线。

当 $x = 0$ 时,$M_C = 0$;

当 $x = a$ 时,$M_C = \frac{ab}{l}$。

于是只需在截面 C 处取一个等于 $\dfrac{ab}{l}$ 的竖标，然后用直线连接两个控制截面的纵标，即可得出当荷载 $P=1$ 在截面 C 左移时 AC 段 M_C 的影响线。

当荷载 $P=1$ 在截面 C 的右边移动时，为计算简便，取 AC 段为分离体，如图 11.3(d) 所示。

$$\sum M_C = 0, \quad M_C - R_A \cdot a = 0$$

$$M_C = R_A a = \frac{l-x}{l}a \quad (a \leqslant x \leqslant 1) \qquad (11.4)$$

显然，M_C 的影响线在截面 C 以右也是一直线。

当 $x=a$ 时，$M_C = \dfrac{ab}{l}$；

当 $x=l$ 时，$M_C = 0$。

用直线连接两个纵标，即得 CB 段 M_C 的影响线。因此，截面 C 的影响线如图 11.3(e) 所示。由图可知，M_C 影响线是由两段直线所组成，其相交点就在截面 C 的下面，当 $P=1$ 作用于 C 点时 M_C 是最大值。通常称截面以左的直线为左直线，截面以右的直线为右直线。

从上列弯矩影响线方程可以看出：M_C 影响线左段为反力 R_B 的影响线的纵坐标扩大 b 倍而成，而右段为反力 R_A 的影响线纵坐标扩大 a 倍而成。因此，可以利用 R_A 和 R_B 的影响线来绘制 M_C 的影响线。其具体的绘制方法是：在左、右两支座处分别取竖标 a、b(图 11.3(e))，将它们的顶点各与右、左两支座处的零点用直线相连，则这两条直线的交点与左右零点相连的部分就是 M_C 的影响线，这种利用某一已知量的影响线来作其他量值影响线的方法是很方便的，以后还会经常用到。

在画弯矩影响线时，规定正的纵坐标在基线上面，负的纵坐标画在基线下面，并标明正、负号。由于已假定 $P=l$ 为无量纲，故弯矩影响线纵坐标的量纲为"长度"。

（3）剪力影响线

绘制简支梁上某指定截面 C 的剪力影响线，与弯矩影响线一样，需分段建立影响线方程。如图 11.3(a) 所示，当荷载 $P=1$ 在截面 C 的左边移动时，取截面 C 以右部分为分离体，剪力的正负号规定与材料力学相同，即使分离体有顺时针转动趋势的剪力为正，如图 11.3(b) 所示。

$$\sum R_y = 0, \quad R_B + R_{QC} = 0$$

$$R_{QC} = -R_B = -\frac{x}{l} \ (0 \leqslant x \leqslant a) \qquad (11.5)$$

因此，当 $P=1$ 作用在截面 C 的左部分时，剪力 R_{QC} 的影响线与支座反力 R_B 的影响线变化规律相同，但符号相反。故只要将 R_B 的影响线反号并截取其中对应于 AC 段的部分即可画出 R_{QC} 影响线的左部分，如图 11.3(f) 所示。

同理，当荷载 $P=1$ 在截面 C 右边移动时，取截面 C 以左部分为脱离体，由平衡方程：

$$\sum R_y = 0, \quad R_A - R_{QC} = 0$$

可得

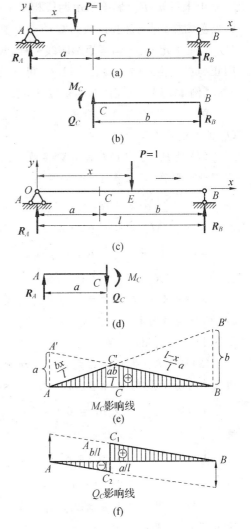

图 11.3 弯矩的影响线

$$R_{QC} = R_A = -\frac{l-x}{l} \quad (a \leqslant x \leqslant l) \tag{11.6}$$

因此,可利用反力 R_A 的影响线作出剪力 R_{QC} 的右部分,如图 11.3(f) 所示。

由上可知,R_{QC} 影响线由两段相互平行的直线组成,其竖坐标在 C 处有一突变,也就是当 $P=1$ 由 C 点左侧移到其右侧时,截面 C 的剪力值将发生突变,其突变值等于 1。而当 $P=1$ 恰作用于 C 点时,R_{QC} 值是不定的。与画弯矩影响线一样,规定正的纵坐标在基线上面,负的纵坐标画在基线下面,并标明正、负号。由式(11.5)、式(11.6)可知剪力影响线与支座反力影响线的纵标都是不确定的。

【例 11.1】 作图 11.4(a) 悬臂梁内力的影响线。

解 设 K 截面为悬臂梁上指定的一个截面,$P=1$ 沿整个梁移动,求作 K 截面的弯矩 M_K 和简力 Q_K 的影响线。

(1) 设 $P=1$ 在 K 截面右方移动,取 K 截面以右部分为脱离体,如图 11.4(a) 所示

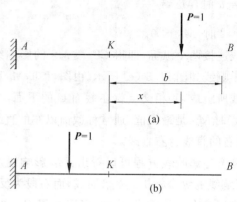

由 $\quad \sum M = 0, M_K + 1 \times x = 0$

得 $\quad M_K = -x \quad (0 \leqslant x \leqslant b) \tag{a}$

由 $\quad \sum R_y = 0, R_{QK} - 1 = 0$

得 $\quad R_{QK} = 1 \quad (0 \leqslant x \leqslant b) \tag{b}$

说明当荷载在 K 截面以右部分移动时,弯矩 M_K 的影响线图形为一直线,剪力图为一水平线,如图 11.4(c)、(d) 所示。

(2) $P=l$ 在截面 K 以左部分移动,仍取 K 截面以右部分为脱离体,如图 11.4(b) 所示

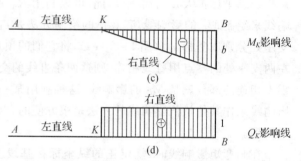

由 $\quad \sum M = 0$

得 $\quad M_K = 0 \tag{c}$

由 $\quad \sum R_y = 0$

得 $\quad R_{QK} = 0 \tag{d}$

图 11.4 例 11.1 图

显然,当荷载在 K 截面以左部分移动时,K 截面上不产生弯矩和剪力,如图 11.4(c)、(d) 左直线。

综上所述,用静力法作影响线的步骤如下:

(1) 选取坐标系,以坐标 x 表示单位移动荷载 $P=1$ 的作用位置;

(2) 由平衡条件求出反力或内力的表达式,即为影响线的方程;

(3) 根据影响线方程画出影响线,并标上正负号。

2. 外伸梁的影响线

(1) 反力影响线

如图 11.5(a) 所示外伸梁,选 A 为原点,由平衡条件可求得支座反力为

$$\left. \begin{array}{l} R_A = P\dfrac{l-x}{l} \\[2mm] R_B = \dfrac{x}{l} \end{array} \right\} \quad (-l_1 \leqslant x \leqslant l+l_2)$$

可见方程与相应简支梁的反力影响线方程完全相同,反力影响线如图 11.5(b)、(c) 所示。简支梁的反力影响线向外部分延长,即得到外伸梁的反力影响线。

（2）跨内部分截面内力影响线

求两支座间任一指定截面 C 的弯矩和剪力影响线。当 $P=1$ 位于截面 C 的左边时，取截面 C 以右部分为隔离体，求得 M_C 和 R_{QC} 的影响线方程为

$$M_C = R_B \cdot b, \quad R_{QC} = -R_B$$

当 $P=1$ 位于截面 C 的右边时，绘得 M_C 和 Q_C 的影响线如图 11.5(d)、(e) 所示，可以看出简支梁的弯矩和剪力影响线的左、右直线分别向外伸部分的延长线即得外伸梁的影响线。

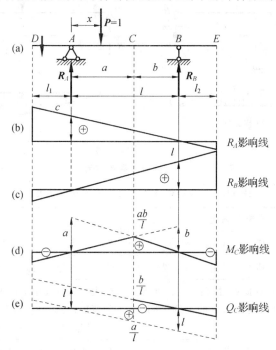

图 11.5　外伸梁支反力影响线和部分截面内力影响线

（3）外伸梁部分内力影响线

作外伸部分 CA 的弯矩和剪力影响线，$P=1$ 作用点到 E 的距离为 x，以 E 截面为坐标原点，规定 x 向左为正，如图 11.6(a) 所示。

当 $P=1$ 在 CE 段上时，有

$$M_E = -x \qquad R_{QE} = -1$$

当 $P=1$ 在 ED 段上时，有

$$M_E = 0 \qquad R_{QE} = 0$$

由此可作出 M_E 和 R_{QE} 的影响线如图 11.6(b)、(c) 所示。

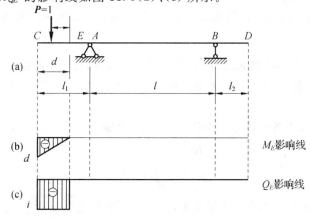

图 11.6　外伸梁部分内力影响线

对于支座处截面的剪力影响线,需分别就支座左、右两侧的截面进行讨论,因为这两侧的截面是分别属于外伸部分和跨内部分的。

应特别注意影响线与内力图是截然不同的,图 11.7(a)、(b) 分别是简支梁的弯矩影响线和弯矩图,这两个图形的形状虽然相似,但其概念却完全不同。

现列表 11.1 把两个图形的主要区别加以比较,以便更好地掌握影响线的概念。

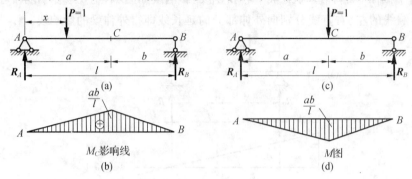

图 11.7　简支梁弯矩影响线和弯矩图

表 11.1　弯矩影响线和弯矩图区别比较表

	弯矩影响线	弯 矩 图
承受的荷载	数值为 1 的单位移动荷载,且无单位	作用位置固定不变的实际荷载,有单位
横坐标	横坐标表示单位移动荷载的作用位置	表示所求弯矩的截面位置
纵坐标	代表 $P=1$ 作用在此点时,在指定截面处产生的弯矩;正值应画在基线的上侧;其量纲是[长度]	代表实际荷载作用在固定位置时,在此截面所产生的弯矩;弯矩画在杆件的受拉侧,可以不标明正负号;其量纲是[力]·[长度]
图形	描绘固定截面弯矩变化规律	描绘所有截面弯矩的变化规律
顶点	发生在与固定截面对应的位置	发生在 P 作用下对应的位置

11.2.2　用机动法作静定梁的影响线

由前面分析可知,用静力法作影响线,需要先求影响线方程,而后才能作出相应的图形。当结构较复杂时,且工程上只需画出影响线的轮廓即可,这时常采用机动法作影响线。

机动法的理论基础是刚体的虚功原理,即刚体体系在力系作用下处于平衡的必要和充分条件是:在任何微小的虚位移中,力系所做的虚功总和等于零。欲作某一反力或内力 x 的影响线,需将与 x 相应的联系去掉,并使所得体系沿 x 的正向发生单位位移,则由此得到的荷载作用点的竖向位移图即代表 x 的影响线。这种作影响线的方法称为机动法。

下面以绘制简支梁的反力和内力影响线为例,说明用机动法作影响线的原理和步骤。

1. 反力影响线

简支梁如图 11.8(a) 所示,绘制 R_B 的影响线。先解除 B 点约束,代以约束反力 $\boldsymbol{R}_B$,如图 11.8(b) 所示。其次,令梁 B 端沿反力正方向产生一个微小的单位虚位移 $\delta=1$,$P=1$ 作用点相应的虚位移为 y(图 11.8(c))。

根据刚体的虚功原理,体系的外力虚功总和应等于零,即

$$R_B\delta - Py = 0$$

于是
$$R_B = \frac{Py}{\delta} = \frac{y}{\delta} \tag{11.7}$$

当令 $\delta=1$ 时,y 将随 $P=l$ 的移动而改变,并与 R_B 相等,上式变为

$$R_B = y$$

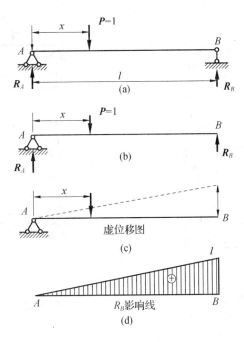

图 11.8　简支梁反力影响线

说明:位移 y 的变化情况反映出荷载 $P=1$ 移动时反力 R_B 的变化规律。虚位移图即代表了 R_B 影响线的形状。如图 11.8(d)所示。

综上所述,用机动法作某量值 S 影响线的步骤如下:

(1)解除与所求量值 S 相对应的约束,代之以未知量 S。

(2)使体系沿量值 S 的正方向发生单位位移,由此所得的虚位移图

(3)位移图标上纵坐标的数值和正负号,就是该量值的影响线。

2. 弯矩影响线

作 M_C 的弯矩影响线,首先解除 C 截面处与弯矩相应的约束,相当于在截面 C 处设置一个铰,并加一对正方向的力矩 M_C 代替原有约束的作用,如图 11.9(b)所示。

然后使铰两侧截面 M_C 的正方向发生相对微小转动,当相对转角 $\alpha+\beta=1$ 时。作出虚位移图如图 11.9(c)所示。

根据刚体虚功原理,有

$$M_C + (\alpha+\beta) - (Py) = 0$$

可得

$$M_C = \frac{Py}{(\alpha+\beta)} = y$$

由此所得的位移图形并标上正负号,就是 M_C 的影响线,如图 11.9(d)所示。

3. 剪力影响线

作 Q_C 的剪力影响线,首先解除 C 截面处与剪力 Q_C 相应约束,即加一对正方向的剪力 Q_C 代替原有的约束作用,如图 11.10(b)所示。

根据刚体虚功原理,有

$$Q_C\left(\frac{a}{l}+\frac{b}{l}\right) + (Py) = 0$$

当 C 截面两侧沿着 Q_C 的正方向发生相对虚位移 $\Delta = \dfrac{a}{l}+\dfrac{b}{l}=1$, $P=1$ 时

可得

$$Q_C = -y$$

这时梁的位移图形如图 11.10(c)所示,就是 Q_C 的影响线,如图 11.10(d)所示。

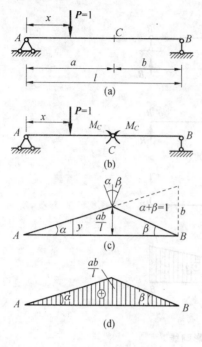

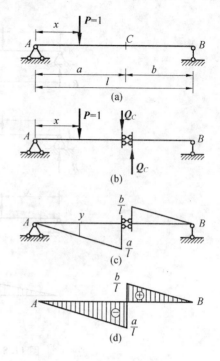

图 11.9　简支梁　　　　　　　　图 11.10　简支梁剪力影响线

 11.3　影响线的应用

前面指出,影响线是研究移动荷载作用的基本工具,可以应用它来确定实际的移动荷载对结构上某量值的最不利影响。绘制影响线可以解决如下问题:一是当已知实际的移动荷载在结构上的位置时,如何利用某量值的影响线求出该量值的数值;二是如何利用某量值的影响线确定实际移动荷载对该量值的最不利荷载位置。

11.3.1　应用影响线求量值 S

实际荷载作用在固定位置时,对某指定处所某一量值产生的数值,称为该处所该量值的影响量。应用影响线求量值 S 即求支座反力、剪力、弯矩等。

1. 集中荷载作用的情况

设有一组集中荷载 P_1、P_2、P_3 作用于简支梁,位置已知,如图 11.11(a) 所示。计算截面 C 的剪力 R_{QC} 之值,先做 R_{QC} 的影响线,如图 11.11(b) 所示。P_1、P_2、P_3 作用点对应的影响线纵坐标分别为 y_1、y_2、y_3。根据叠加原理,这组集中荷载作用下 R_{QC} 的数值为

$$R_{QC} = P_1 y_1 + P_2 y_2 + P_3 y_3$$

式中计算的是代数和,因为纵坐标 y 带正负号。

在一般情况下,设有一组集中荷载 $P_1, P_2, \cdots, P_n$ 作用于结构,而结构上某量值 S 的影响线在各荷载作用处相应的竖坐标依次为 $y_1, y_2, \cdots, y_n$,则在该组集中荷载共同作用下的量值 S(支座反力、剪力、弯矩等)为

$$S = P_1 y_1 + P_2 y_2 + \cdots + P_n y_n = \sum P_i y_i \tag{11.8}$$

注意:y_i 在影响线的基线上方为正,反之为负。

图 11.11　集中荷载说明

2. 均布荷载作用的情况

图 11.12(a) 所示分布荷载作用在梁段上,荷载集度为 $q(x)$,某一量值的影响线如图 11.12(b)所示。

以 y 表示 S 影响线的纵坐标,将分布荷载沿其分布长度分为无限多个微段 dx。每个微段上的荷载 qdx 可作为一集中荷载,故在 mn 区段内的分布荷载产生的量值为

$$S = \int_c^d yq\,dx = q\int_c^d y\,dx = qA_\omega \tag{11.9}$$

式中　A_ω——分布荷载作用范围内影响线图形的面积。

由此可知,在均布荷载作用下某量值 S 的大小,等于荷载集度乘以受载段的影响线面积。应用此式时,要注意影响线面积 ω 值的正负号。

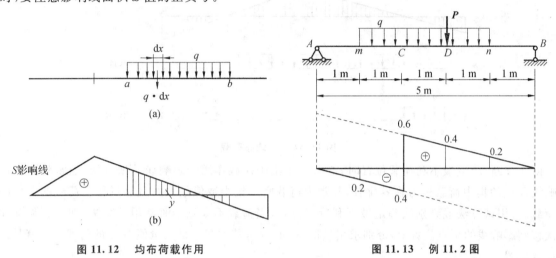

图 11.12　均布荷载作用　　　　　图 11.13　例 11.2 图

【**例 11.2**】　图 11.13 为一简支梁,受力如图 11.13(a) 所示,均布荷载 $q = 10$ kN/m,$P = 20$ kN。试利用 R_{QC} 影响线计算简支梁 C 截面的剪力值。

解　(1) 作梁的 Q_C 影响线

用静力法或机动法作出 R_Q 影响线如图 11.13(b) 所示。

(2) 求出力 P 作用点和均布荷载所对应的影响线上的纵坐标数值及面积

$$y_D = 0.4$$

$$A_\omega = \frac{1}{2} \times (0.6 + 0.2) \times 2 - \frac{1}{2} \times (0.2 + 0.4) \times 1 = 0.5$$

(3) 求简支梁 C 截面的剪力值,由式(11.9)求得

$$R_{QC} = Py_D + q\omega = (20 \times 0.4 + 5 \times 0.5)\text{kN} = 13 \text{ kN}$$

可利用前面所学方法进行校核。

11.3.2　确定最不利荷载位置

确定某一量值发生最大或最小值时,移动荷载的位置即为最不利荷载位置。在活荷载作用下,结构上的某一量值一般都随着位置的变化而变化。在结构设计时,必须求出各量值的最大值(包括最大正值和最大负值,最大负值也称最小值),只要所求量值的最不利荷载位置一经确定,则其最大值不难求得,下面对常见的情况进行讨论。

1. 动均布荷载

对于可以任意断续布置的均布荷载如:人群、货物等,如图 11.14(a) 所示,其影响线如图 11.14(b) 所示。当移动荷载布满对应的影响线正号面积时,即求得量值的最大值;而当移动荷载布满对应的影响线负号面积时,可求得量值的最小值,如图 11.14(c)、(d) 所示。

2. 动集中荷载

(1) 单个移动荷载：当只有一个荷载 P 作用时，只要将力 P 移动到该量值 S 影响线的最大纵标处即 y_{max} 即可得量值 S 的最大值。

(2) 一组移动荷载：汽车、吊车等轮压荷载是由一组间距不变的移动集中荷载组成，根据式 (11.8)，$S = \sum P_i y_i$ 可求得 S 的最大值，相应的荷载位置即是量值 S 的最不利荷载位置。

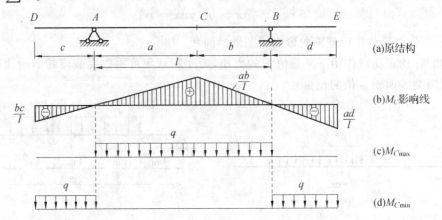

图 11.14　动均布荷载

由此推断，产生最不利荷载位置时，必有一个集中荷载作用于影响线的顶点处。通常将这一位于影响线顶点的集中荷载称为临界荷载，其常为荷载密度集中数值最大并且靠近移动荷载的合力的移动荷载。可用试算法或判别法确定最不利荷载位置，当荷载不太复杂时常用试算法，即将各移动荷载依次移到影响线的顶点位置上，分别求出量值 S 的大小，其中产生最大量值 S_{max} 的荷载位置就是最不利荷载位置。

【例 11.3】　求图 11.15(a) 所示简支梁 C 截面的最大弯矩。已知简支梁承受汽车荷载，各荷载为汽车轮压。

解　首先作出 M_C 的影响线如图 11.15(b) 所示。车队集中荷载 $P = 100$ kN 数值最大并且靠近移动荷载的合力，故取其为临界荷载。考虑车队左行、右行时荷载的序列不同，因此荷载的分布有两种情况。

(1) 当汽车车队由右向左行驶，使 100 kN 位于 C 截面时：
$$M_C = (40 \times 0.67 + 100 \times 3.33 + 30 \times 1.67 + 80 \times 0.66) \text{kN} \cdot \text{m} = 520 \text{ kN} \cdot \text{m}$$

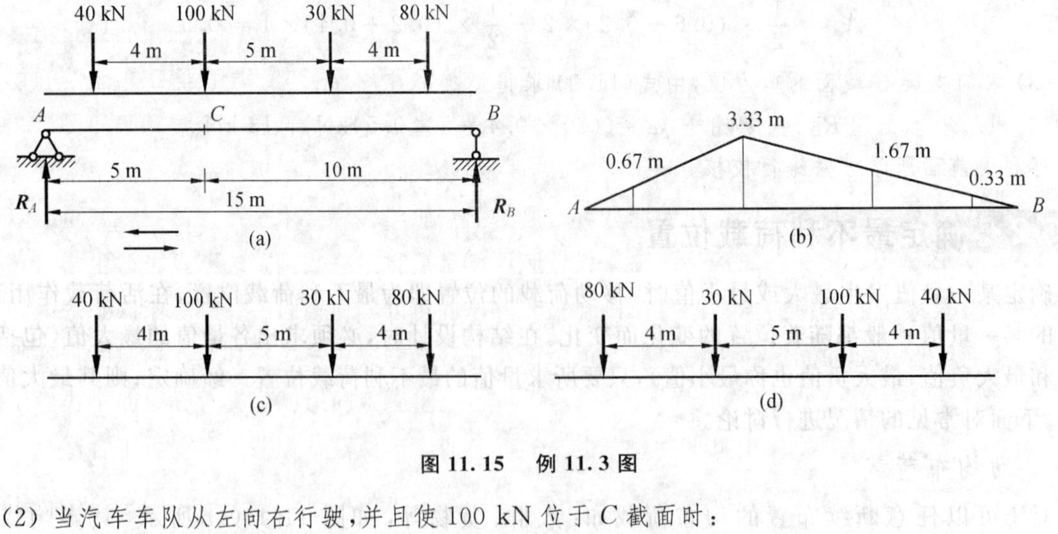

图 11.15　例 11.3 图

(2) 当汽车车队从左向右行驶，并且使 100 kN 位于 C 截面时：
$$M_C = (30 \times 0.625 + 100 \times 3.75 + 50 \times 2.25) \text{kN} \cdot \text{m}$$
$$= 506.25 \text{ kN} \cdot \text{m}$$

若车队继续向右行驶,使 30 kN 位于 C 截面,如图 11.15(d) 所示,即

$$M_C = (70 \times 1.25 + 30 \times 3.75 + 100 \times 1.875 + 50 \times 0.375) \text{kN} \cdot \text{m}$$
$$= 406.25 \text{ kN} \cdot \text{m}$$

(若车队再向右开,位于梁上的荷载较少,显然 M_C 值必小于上述值,故无须要考虑)

综合以上分析结果,C 截面的最大弯矩 $M_{C\text{max}} = 520 \text{ kN} \cdot \text{m}$。

11.4 简支梁的内力包络图

11.4.1 简支梁的内力包络图

利用影响线可确定移动荷载作用下最不利位置和计算梁某一截面内力的最大值(最大值和最大负值)。如果用此方法求出梁上各截面内力最大值,并将梁中各截面的内力最大值按同一比例标在图上连成曲线,这一曲线称为内力包络图。梁的内力包络图分为弯矩包络图和剪力包络图。在钢筋混凝土梁的设计时,包络图是结构设计及钢筋混凝土梁设计的重要依据。

图 11.16(a) 所示一吊车梁,承受两台吊车作用,吊车轮压如图 11.16(a) 所示。不计吊车梁的自重,绘制内力包络图的方法为:

(1) 首先把梁划分为若干等份(8 等份),对每一等分截面,利用影响线计算每一等分点截面弯矩和剪力的最大值和最小值。

(2) 以截面为横坐标,以截面弯矩和剪力的最大值和最小值为纵坐标,将各纵标的顶点连成一条曲线,就是内力包络图。如图 11.16(b) 为弯矩包络图,图 11.16(c) 为剪力包络图。

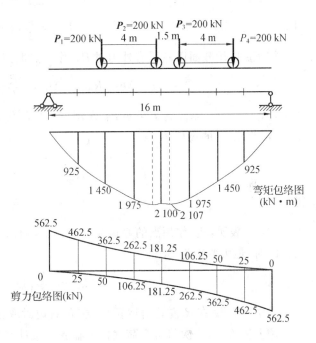

图 11.16 内力包络图

11.4.2 简支梁的绝对最大弯矩

在移动荷载作用下,弯矩图中的最大纵坐标值是简支梁各截面的所有最大弯矩中的最大值,我们称它为绝对最大弯矩。产生绝对最大弯矩的某一截面一定有某个临界荷载 P_K 作用的截面。为此可用逐个荷载试算的办法,先假定其中的某个荷载为临界荷载,求出其产生最大弯矩时的位置和最大弯矩值,然后将计算出的最大弯矩加以比较,即可选出梁的绝对最大弯矩。

简支梁的绝对最大弯矩与任一截面的最大弯矩既有区别又有联系。梁内所有截面最大弯矩中的最大值称为该梁的最大弯矩。由上述包络图的画法可知最大弯矩也是包络图中的最大纵坐标值。它代表在确定的移动荷载作用下梁内可能出现的弯矩最大值。

现以简支梁在一组数值不变的集中荷载作用为例,介绍如何求得梁内可能发生的绝对最大弯矩。

如图 11.17 所示,在这一组集中荷载中,选出一个 P_K,研究它的作用点移动到什么位置时可能使所在的截面弯矩为最大。

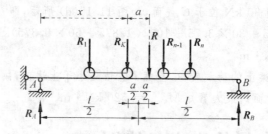

图 11.17 简支梁截面最大弯矩

以 x 表示 P_K 到支座 A 的距离,a 表示梁上全部荷载的合力 R 与 P_K 作用线之间的距离。

由
$$\sum M_B = 0$$

得
$$R_A = \frac{R}{l}(l - x - a) \tag{a}$$

用 P_K 作用截面以左所有外力对 P_K 作用点取矩,得 P_K 作用点所在截面弯矩为

$$M = R_A x - M_K = \frac{R}{l}(l - x - a)x - M_K \tag{b}$$

式中,M_K 表示 P_K 以左各荷载对 P_K 作用点力矩的代数和,由于荷载的间距不变,其值是与 x 无关的一个常数。为求 M 的极值,令

$$\frac{dM}{dx} = \frac{R}{l}(l - 2x - a) = 0 \tag{c}$$

得
$$x = \frac{l}{2} - \frac{a}{2} \tag{d}$$

式(d)表明,P_K 作用点的弯矩最大时,P_K 与合力 R 分别位于梁中点两侧对称位置。

此时,最大弯矩为

$$M_{max} = \frac{R}{l}\left(\frac{l}{2} \mp \frac{a}{2}\right)^2 - M_K \tag{11.10}$$

式中,当 P_K 在 R 左边时取负号;在 R 右边时取正号。

按上述方法,依次将每个荷载作为临界荷载计算出最大弯矩并加以比较,确定梁的最大弯矩。

经验表明,简支梁的最大弯矩,通常发生在梁的跨中附近,因此可确定一个靠近梁的中点截面处的较大荷载作为临界荷载 P_K,并移动荷载系列,使 P_K 与梁上荷载的合力及对称于梁的中点,再计算此时 P_K 作用点的弯矩,即得绝对最大弯矩。

【知识拓展】

连续梁的内力包络图简介

工程中的板、次梁和主梁,一般都按连续梁进行计算。这些连续梁受到恒载和活载的共同作用,故设计时必须考虑两者的共同影响,求出各个截面所可能产生的最大和最小内力值,作为选择截面尺寸的依据,把连续梁上各截面的最大内力和最小内力用图形表示出来,就得到连续梁的内力包络图。

综上分析,绘制连续梁在恒载及可任意布置的均布活载作用下的弯矩包络图的步骤为:

(1)绘制连续梁在恒载作用下的弯矩图。

(2)依次作每一跨上单独布满活载时的弯矩图。

(3)将各跨分为若干等份,对每一等份截面处,将恒载弯矩图中该截面的纵坐标值和所有各活载弯矩图中该截面所对应的正的纵坐标值(或负的纵坐标值)相叠加,便可得到该截面的最大弯矩值(或最小弯矩值)。

(4)将上述各最大、最小弯矩值在同一图标中按同一比例尺用竖标出,并连成曲线,便得到所求的弯矩包络图。

拓展与实训

职业能力训练

一、填空题

1. 弯矩影响线纵标（竖距）的量纲是_____。

2. 图 11.18（b）是图（a）的_____影响线，竖标 y_D 是表示 $P=1$ 作用在_____截面时_____的数值。

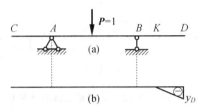

图 11.18　职业能力训练填空题 1 题图

3. 试指出图 11.19 所示结构在图示移动荷载作用下，M_K 达到最大和最小的荷载位置是移动荷载中的_____kN 的力分别在_____截面和_____截面处。

4. 图 11.20 所示结构用影响线确定，当移动荷载位于 D 点时截面 C 弯矩的值为_____。

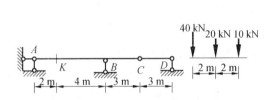

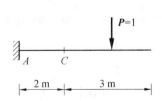

图 11.19　职业能力训练填空题 3 题图

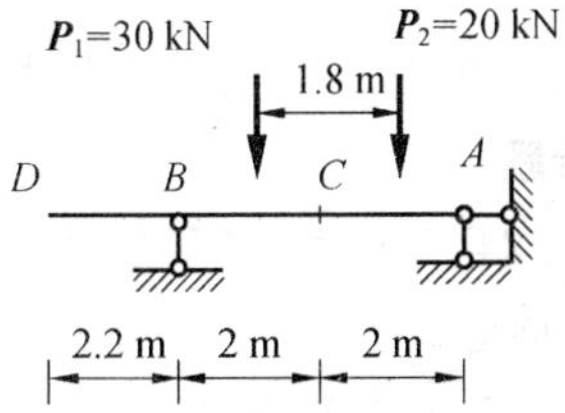

图 11.20　职业能力训练填空题 4 题图

二、选择题

1. 据影响线的定义，图 11.21 所示悬臂梁 C 截面的弯矩影响线在 C 点的纵标为（　　）。

A. 0　　　　　B. -3 m　　　　　C. -2 m　　　　　D. -1 m

2. 图 11.22 所示结构在移动荷载（不能调头）作用下，截面 C 产生最大弯矩的荷载位置为（　　）。

A. P_1 在 C 点

B. P_2 在 C 点

C. P_1 和 P_2 合力在 C 点

D. P_1 及 P_2 的中点在 C 点

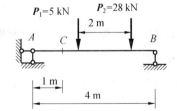

图 11.21　职业能力训练选择题 1 题图

图 11.22　职业能力训练选择题 2 题图

3. 已知图 11.23 所示梁在 $P=5$ kN 作用下的弯矩图，则当 $P=1$ 的移动荷载位于 C 点时 K 截面的弯矩影响线纵标为（　　）。

A. 1 m B. −1 m C. 5 m D. −5 m

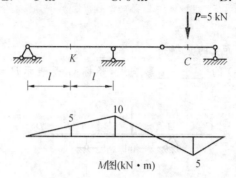

图 11.23 职业能力训练选择题 3 题图

4. 影响线的基线应当与（　　）。

A. 梁轴线平行 B. 梁轴线垂直

C. 单位力的作用线垂直 D. 单位力的作用线平行

5. 一般在绘制影响线时，所用的荷载是一个（　　）。

A. 集中力 B. 集中力偶

C. 指向不变的单位移动集中力 D. 单位力偶

三、判断题

1. 图 11.24 所示结构 M_C 影响线已作出如图所示，其中竖标 y_E 表示 $P=1$ 在 E 时，C 截面的弯矩值。　　　　　　　　　　　　　　　　　　　　　　　（　　）

2. 影响线是用于解决活载作用下结构的计算问题，不能用于恒载作用的计算。（　　）

3. 任何静定结构的支座反力、内力的影响线，均由一段或数段直线所组成。（　　）

4. 用机动法作得图 11.25(a) 所示结构 Q_C 影响线如图 11.25(b)。　　　　（　　）

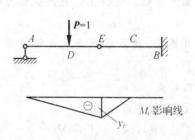

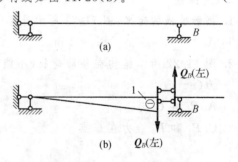

图 11.24 职业能力训练判断题 1 题图　　　图 11.25 职业能力训练判断题 4 题图

工程模拟训练

1. 利用影响线求如图 11.26 所示外伸梁的 R_A、M_C、Q_C 的值。

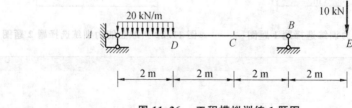

图 11.26 工程模拟训练 1 题图

2. 利用影响线求图 11.27 所示简支梁 R_A 和截面 C 的弯矩、剪力值。

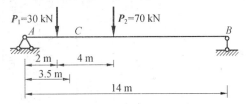

图 11.27　工程模拟训练 2 题图

3. 试求 11.28 图示简支梁在吊车荷载作用下截面 C 的最大弯矩,最大正剪力和最大负剪力。

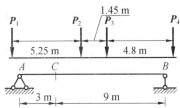

图 11.28　工程模拟训练 3 题图

4. 如图 11.29 所示一坞墙顶吊车轨道梁,试求吊车荷载作用下梁的绝对最大弯矩。

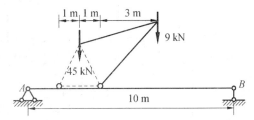

图 11.29　工程模拟训练 4 题图

附录 型钢规格表

附表 1 热轧等边角钢（GB 9787—88）

符号意义：

b—边宽度；I—惯性矩；d—边厚度；i—惯性半径；r—内圆弧半径；W—截面系数；r_1—边端内圆弧半径；z_0—重心距离

| 角钢号数 | 尺寸/mm | | | 截面面积/cm² | 理论重量/(kg·m⁻¹) | 外表面积/(m²·m⁻¹) | 参考数值 | | | | | | | | | x_1-x_1 | z_0 |
| | | | | | | | $x-x$ | | | x_0-x_0 | | | y_0-y_0 | | | | |
	b	d	r				I_x /cm⁴	i_x /cm	W_x /cm³	I_{x_0} /cm⁴	i_{x_0} /cm	W_{x_0} /cm³	I_{y_0} /cm⁴	i_{y_0} /cm	W_{y_0} /cm³	I_{x_1} /cm⁴	/cm
2	20	3	3.5	1.132	0.889	0.078	0.40	0.59	0.29	0.63	0.75	0.45	0.17	0.39	0.20	0.81	0.60
	20	4	3.5	1.459	1.145	0.077	0.50	0.58	0.36	0.78	0.73	0.55	0.22	0.38	0.24	1.09	0.64
2.5	25	3	3.5	1.432	1.124	0.098	0.82	0.76	0.46	1.29	0.95	0.73	0.34	0.49	0.33	1.57	0.73
	25	4	3.5	1.859	1.459	0.097	1.03	0.74	0.59	1.62	0.93	0.92	0.43	0.48	0.40	2.11	0.76
3.0	30	3	4.5	1.749	1.373	0.117	1.46	0.91	0.68	2.31	1.15	1.09	0.61	0.59	0.51	2.71	0.85
	30	4	4.5	2.276	1.786	0.117	1.84	0.90	0.87	2.92	1.13	1.37	0.77	0.58	0.62	3.63	0.89
3.6	36	3	4.5	2.109	1.656	0.141	2.58	1.11	0.99	4.09	1.39	1.61	1.07	0.71	0.76	4.68	1.00
	36	4	4.5	2.756	2.163	0.141	3.29	1.09	1.28	5.22	1.38	2.05	1.37	0.70	0.93	6.25	1.04
	36	5	4.5	3.382	2.654	0.141	3.95	1.08	1.56	6.24	1.36	2.45	1.65	0.70	1.09	7.84	1.07
4.0	40	3	5	2.359	1.852	0.157	3.59	1.23	1.23	5.69	1.55	2.01	1.49	0.79	0.96	6.41	1.09
	40	4	5	3.086	2.422	0.157	4.60	1.22	1.60	7.29	1.54	2.58	1.91	0.79	1.19	8.56	1.13
	40	5	5	3.791	2.976	0.156	5.53	1.21	1.96	8.76	1.52	3.01	2.30	0.78	1.39	10.74	1.17
4.5	45	3	5	2.659	2.088	0.177	5.17	1.40	1.58	8.20	1.76	2.58	2.14	0.90	1.24	9.12	1.22
	45	4	5	3.486	2.736	0.177	6.65	1.38	2.05	10.56	1.74	3.32	2.75	0.89	1.54	12.18	1.26
	45	5	5	4.292	3.369	0.176	8.04	1.37	2.51	12.74	1.72	4.00	3.33	0.88	1.81	15.25	1.30
	45	6	5	5.076	3.985	0.176	9.33	1.36	2.95	14.76	1.70	4.64	3.89	0.88	2.06	18.36	1.33

续附表 1

角钢号数	尺寸/mm b	d	r	截面面积/cm²	理论重量/(kg·m⁻¹)	外表面积/(m²·m⁻¹)	$x-x$ I_x/cm⁴	i_x/cm	W_x/cm³	x_0-x_0 I_{x_0}/cm⁴	i_{x_0}/cm	W_{x_0}/cm³	y_0-y_0 I_{y_0}/cm⁴	i_{y_0}/cm	W_{y_0}/cm³	x_1-x_1 I_{x_1}/cm⁴	z_0/cm
5	50	3	5.5	2.971	2.332	0.197	7.18	1.55	1.96	11.70	1.96	3.22	2.98	1.00	1.57	12.50	1.34
		4		3.897	3.059	0.197	9.26	1.54	2.56	14.70	1.94	4.16	3.82	0.99	1.96	16.69	1.38
		5		4.803	3.770	0.196	11.21	1.53	3.13	17.79	1.92	5.03	4.64	0.98	2.31	20.90	1.42
		6		5.688	4.465	0.196	13.05	1.52	3.68	20.68	1.91	5.85	5.42	0.98	2.63	25.14	1.46
5.6	56	3	6	3.343	3.624	0.221	10.19	1.75	2.48	16.14	2.20	4.08	4.24	1.13	2.02	17.56	1.48
		4		4.390	3.446	0.220	13.18	1.73	3.24	20.92	2.18	5.28	5.45	1.11	2.52	23.43	1.53
		5		5.415	4.251	0.220	16.02	1.72	3.97	25.42	2.17	6.42	6.61	1.10	2.98	29.33	1.57
		8		8.367	6.568	0.219	23.63	1.68	6.03	37.37	2.11	9.44	9.89	1.09	4.16	47.24	1.68
6.3	63	4	7	4.978	3.907	0.248	19.03	1.96	4.13	30.17	2.46	6.78	7.89	1.26	3.29	33.35	1.70
		5		6.143	4.822	0.248	23.17	1.94	5.08	36.77	2.45	8.25	9.57	1.25	3.90	41.73	1.74
		6		7.288	5.721	0.247	27.12	1.93	6.00	43.03	2.43	9.66	11.20	1.24	4.46	50.14	1.78
		8		9.515	7.469	0.247	34.46	1.90	7.75	54.56	2.40	12.25	14.33	1.23	5.47	67.11	1.85
		10		11.657	9.151	0.246	41.09	1.86	9.39	64.85	2.36	14.56	17.33	1.22	6.36	84.31	1.93
7.0	70	4	8	5.570	4.372	0.275	26.39	2.18	5.14	41.80	2.74	8.44	10.99	1.40	4.17	45.74	1.86
		5		6.875	5.397	0.275	32.21	2.16	6.32	51.08	2.73	10.32	13.34	1.39	4.96	57.21	1.91
		6		8.160	6.406	0.275	37.77	2.15	7.48	59.93	2.71	12.11	15.61	1.38	5.67	68.73	1.95
		7		9.424	7.398	0.275	43.09	2.14	8.59	68.35	2.69	13.81	17.82	1.38	6.34	80.29	1.99
		8		10.667	8.373	0.274	48.17	2.12	9.68	76.37	2.68	15.43	19.98	1.37	6.98	91.29	2.03
7.5	75	5	9	7.367	5.818	0.295	39.97	2.33	7.32	63.30	2.92	11.94	16.63	1.50	5.77	70.56	2.04
		6		8.797	6.905	0.294	46.95	2.31	8.64	74.38	2.90	14.02	19.51	1.49	6.67	84.55	2.07
		7		10.160	7.976	0.294	53.57	2.30	9.93	84.96	2.89	16.02	22.18	1.48	7.44	98.71	2.11
		8		11.503	9.030	0.294	59.96	2.28	11.20	95.07	2.88	17.93	24.86	1.47	8.19	112.97	2.15
		10		14.126	11.089	0.293	71.98	2.26	13.64	113.92	2.84	21.48	30.05	1.46	9.56	141.71	2.22

参考数值

续附表 1

角钢号数	尺寸/mm b	d	r	截面面积/cm²	理论重量/(kg·m⁻¹)	外表面积/(m²·m⁻¹)	I_x/cm⁴ (x-x)	i_x/cm	W_x/cm³	I_{x_0}/cm⁴ (x₀-x₀)	i_{x_0}/cm	W_{x_0}/cm³	I_{y_0}/cm⁴ (y₀-y₀)	i_{y_0}/cm	W_{y_0}/cm³	I_{x_1}/cm⁴ (x₁-x₁)	z_0/cm
8.0	80	5	9	7.912	6.211	0.315	48.79	2.48	8.34	77.33	3.13	13.67	20.25	1.60	6.66	85.36	2.15
		6		9.397	7.376	0.314	57.35	2.47	9.87	90.98	3.11	16.08	23.72	1.59	7.65	102.50	2.19
		7		10.860	8.525	0.314	68.58	2.46	11.37	104.07	3.10	18.40	27.09	1.58	8.58	119.70	2.23
		8		12.303	9.658	0.314	73.49	2.44	12.83	116.60	3.08	20.61	30.39	1.57	9.46	136.97	2.27
		10		15.126	11.874	0.313	88.43	2.42	15.64	140.09	3.04	24.76	36.77	1.56	11.08	171.74	2.35
9.0	90	6	10	10.637	8.350	0.354	82.77	2.79	12.61	131.26	3.51	20.63	34.28	1.80	9.95	145.87	2.44
		7		12.301	9.656	0.354	94.83	2.78	14.54	150.47	3.50	23.64	39.18	1.78	11.19	170.30	2.48
		8		13.944	10.946	0.353	106.47	2.76	16.62	168.97	3.48	26.55	43.97	1.78	12.35	194.80	2.52
		10		17.167	13.476	0.353	128.58	2.74	20.07	203.90	3.45	32.04	53.26	1.76	14.52	244.07	2.59
		12		20.306	15.940	0.352	149.22	2.71	23.57	236.21	3.41	37.12	62.22	1.75	16.49	293.76	2.67
10	100	6	12	11.932	9.366	0.393	114.95	3.01	15.68	181.98	3.90	25.74	47.92	2.00	12.69	200.07	2.67
		7		13.796	10.830	0.393	131.86	3.09	18.10	208.97	3.89	29.55	54.74	1.99	14.26	233.54	2.71
		8		15.638	12.276	0.393	148.24	3.08	20.47	235.07	3.88	33.24	61.41	1.98	15.75	267.09	2.76
		10		19.261	15.120	0.392	179.51	3.05	25.06	284.68	3.84	40.26	74.35	1.96	18.54	334.48	2.84
		12		22.800	17.898	0.391	208.90	3.03	29.48	330.95	3.81	46.80	86.84	1.95	21.08	402.34	2.91
		14		26.256	20.611	0.391	236.53	3.00	33.73	374.06	3.77	52.90	99.00	1.94	23.44	470.75	2.99
		16		29.627	23.257	0.390	262.53	2.98	37.82	411.16	3.74	58.57	110.89	1.94	25.63	539.80	3.06
11	110	7	12	15.196	11.928	0.433	177.16	3.41	22.05	280.94	4.30	36.12	73.38	2.20	17.51	310.64	2.96
		8		17.238	13.532	0.433	199.46	3.40	24.95	316.49	4.28	40.69	82.42	2.19	19.39	355.20	3.01
		10		21.261	16.690	0.432	242.19	3.38	30.60	384.39	4.25	49.42	99.98	2.17	22.91	444.65	3.09
		12		25.200	19.782	0.431	282.55	3.35	36.05	448.17	4.22	57.62	116.93	2.15	26.15	534.60	3.16
		14		29.056	22.809	0.431	320.71	3.32	41.31	508.01	4.18	65.31	133.40	2.14	29.14	625.16	3.24
12.5	125	8	14	19.750	15.504	0.492	297.03	3.88	32.52	470.89	4.88	43.28	123.16	2.50	25.86	521.01	3.37
		10		24.373	19.133	0.491	361.67	3.85	39.97	573.89	4.85	64.93	149.46	2.48	30.62	651.93	3.45
		12		28.912	22.696	0.491	423.16	3.83	41.17	671.44	4.82	75.96	174.88	2.46	35.03	783.42	3.53
		14		33.367	26.193	0.490	481.65	3.80	54.16	763.73	4.78	86.41	199.57	2.45	39.13	915.61	3.61

续附表 1

型钢规格表

角钢号数	尺寸/mm			截面面积/cm²	理论重量/(kg·m⁻¹)	外表面积/(m²·m⁻¹)	参考数值												
	b	d	r				$x-x$			x_0-x_0			y_0-y_0			x_1-x_1	z_0
							I_x /cm⁴	i_x /cm	W_x /cm³	I_{x_0} /cm⁴	i_{x_0} /cm	W_{x_0} /cm³	I_{y_0} /cm⁴	i_{y_0} /cm	W_{y_0} /cm³	I_{x_1} /cm⁴	/cm
14	140	10	14	27.373	21.488	0.551	514.65	4.34	50.58	817.27	5.46	82.56	212.04	2.78	39.20	915.11	3.82
		12		32.512	25.522	0.551	603.68	4.31	59.80	958.79	5.43	96.85	248.57	2.76	45.02	1 099.28	3.90
		14		37.557	29.490	0.550	688.81	4.28	68.75	1 093.56	5.40	110.47	284.06	2.75	50.45	1 284.22	3.98
		16		42.539	33.393	0.549	770.24	4.26	77.46	1 221.81	5.36	123.42	318.67	2.74	55.55	1 470.07	4.06
16	160	10	16	31.502	24.729	0.630	779.53	4.98	66.70	1 237.30	6.27	109.36	321.76	3.20	52.76	1 365.33	4.31
		12		37.441	29.391	0.630	916.58	4.95	78.98	1 455.68	6.24	128.67	377.49	3.18	60.74	1 639.57	4.39
		14		43.296	33.987	0.629	1 048.36	4.92	90.95	1 665.02	6.20	147.17	431.70	3.16	68.244	1 914.68	4.47
		16		49.067	38.518	0.629	1 175.08	4.89	102.63	1 865.57	6.17	164.89	484.59	3.14	75.31	2 190.82	4.55
18	180	12	16	42.241	33.159	0.710	1 321.35	5.59	100.82	2 100.10	7.05	165.00	542.61	3.58	78.41	2 332.80	4.89
		14		48.896	38.388	0.709	1 514.48	5.56	116.25	2 407.42	7.02	189.14	625.53	3.56	88.38	2 723.48	4.97
		16		55.467	43.542	0.709	1 700.99	5.54	131.13	2 703.37	6.98	212.40	698.60	3.55	97.83	3 115.29	5.05
		18		61.955	48.634	0.708	1 875.12	5.50	145.64	2 988.24	6.94	234.78	762.01	3.51	105.14	3 502.43	5.13
20	200	14	18	54.642	42.894	0.788	2 103.55	6.20	144.70	3 343.26	7.82	236.40	863.83	3.98	111.82	3 734.10	5.46
		16		62.013	48.680	0.788	2 366.15	6.18	163.65	3 760.89	7.79	265.93	971.41	3.96	123.96	4 270.39	5.54
		18		69.301	54.401	0.787	2 620.64	6.15	182.22	4 164.54	7.75 ·	294.48	1 076.74	3.94	135.52	4 808.13	5.62
		20		76.505	60.056	0.787	2 867.30	6.12	200.42	4 554.55	7.72	322.06	1 180.04	3.93	146.55	5 347.51	5.69
		24		90.661	71.168	0.785	3 338.25	6.07	236.67	5 294.97	7.64	374.41	1 381.53	3.90	166.55	6 457.16	5.87

注：截面图中的 $r_1 = \frac{1}{3}d$ 及表中 r 值的数据用于孔型设计，不作交货条件。

附表 2 热轧不等边角钢(GB 9788—88)

符号意义:

I—惯性矩;i—惯性半径;B—长边宽度;b—短边宽度;d—边厚度;r—内圆弧半径;r₁—边端内圆弧半径;W—截面系数;x₀—重心距离;y₀—重心距离

角钢号数	尺寸/mm				截面面积/cm²	理论重量/(kg·m⁻¹)	外表面积/(m²·m⁻¹)	x—x			y—y			x₁—x₁		y₁—y₁		u—u			tan α
	B	b	d	r				I_x/cm⁴	i_x/cm	W_x/cm³	I_y/cm⁴	i_y/cm	W_y/cm³	I_{x_1}/cm⁴	y_0/cm	I_{y_1}/cm⁴	x_0/cm	I_u/cm⁴	i_u/cm	W_u/cm³	
2.5/1.6	25	16	3	3.5	1.620	0.912	0.080	0.70	0.78	0.43	0.22	0.44	0.19	1.56	0.86	0.43	0.42	0.14	0.34	0.16	0.392
			4		1.499	1.176	0.079	0.88	0.77	0.55	0.27	0.43	0.24	2.09	0.90	0.59	0.46	0.17	0.34	0.20	0.381
3.2/2	32	20	3	3.5	1.492	1.171	0.102	1.53	1.01	0.72	0.46	0.55	0.30	3.27	1.08	0.82	0.49	0.28	0.43	0.25	0.382
			4		1.939	1.522	0.101	1.93	1.00	0.93	0.57	0.54	0.39	4.37	1.12	1.12	0.53	0.35	0.42	0.32	0.374
4/2.5	40	25	3	4	1.890	1.484	0.127	3.08	1.28	1.15	0.93	0.70	0.49	6.39	1.32	1.59	0.59	0.56	0.54	0.40	0.386
			4		2.467	1.936	0.127	3.93	1.26	1.49	1.18	0.69	0.63	8.53	1.37	2.14	0.63	0.71	0.54	0.52	0.381
4.5/2.8	45	28	3	5	2.149	1.687	0.143	4.45	1.44	1.47	1.34	0.79	0.62	9.10	1.47	2.23	0.64	0.80	0.61	0.51	0.383
			4		2.806	2.203	0.143	5.69	1.42	1.91	1.70	0.78	0.80	12.13	1.51	3.00	0.68	1.02	0.60	0.66	0.380
5/3.2	50	32	3	5.5	2.431	1.908	0.161	6.24	1.60	1.84	2.02	0.91	0.82	12.49	1.60	3.31	0.73	1.20	0.70	0.68	0.404
			4		3.177	2.494	0.160	8.02	1.59	2.39	2.58	0.90	1.06	16.65	1.65	4.45	0.77	1.53	0.69	0.87	0.402
5.6/3.6	56	36	3	6	2.743	2.153	0.181	8.88	1.80	2.32	2.92	1.03	1.05	17.54	1.78	4.70	0.80	1.73	0.79	0.87	0.408
			4		3.590	2.818	0.180	11.45	1.79	3.03	3.76	1.02	1.37	23.39	1.82	6.33	0.85	2.23	0.79	1.13	0.408
			5		4.415	3.466	0.180	13.86	1.77	3.71	4.49	1.01	1.65	29.25	1.87	7.94	0.88	2.67	0.78	1.36	0.404

参考数值

续附表 2

角钢号数	B	b	d	r	截面面积/cm²	理论重量/(kg·m⁻¹)	外表面积/(m²·m⁻¹)	I_x/cm⁴	i_x/cm	W_x/cm³	I_y/cm⁴	i_y/cm	W_y/cm³	I_{x_1}/cm⁴	y_0/cm	I_{y_1}/cm⁴	x_0/cm	I_u/cm⁴	i_u/cm	W_u/cm³	$\tan\alpha$
								x—x			y—y			x₁—x₁		y₁—y₁		u—u			
6.3/4	63	40	4	7	4.058	3.185	0.202	16.49	2.02	3.87	5.23	1.14	1.70	33.30	2.04	8.63	0.92	3.12	0.88	1.40	0.398
			5		4.993	3.920	0.202	20.02	2.00	4.74	6.31	1.12	2.71	41.63	2.08	10.86	0.95	3.76	0.87	1.71	0.396
			6		5.908	4.638	0.201	23.36	1.96	5.59	7.29	1.11	2.43	49.98	2.12	13.12	0.99	4.34	0.86	1.99	0.393
			7		6.802	5.339	0.201	26.53	1.98	6.40	8.24	1.10	2.78	58.07	2.15	15.47	1.03	4.97	0.86	2.29	0.389
7/4.5	70	45	4	7.5	4.547	3.570	0.226	23.17	2.26	4.86	7.55	1.29	2.17	45.92	2.24	12.26	1.02	4.40	0.98	1.77	0.410
			5		5.609	4.403	0.225	27.95	2.23	5.92	9.13	1.28	2.65	57.10	2.28	15.39	1.06	5.40	0.98	2.19	0.407
			6		6.647	5.218	0.225	32.54	2.21	6.95	10.62	1.26	3.12	68.35	2.32	18.58	1.09	6.35	0.98	2.59	0.404
			7		7.657	6.011	0.225	37.22	2.20	8.03	12.01	1.25	3.57	79.99	2.36	21.84	1.13	7.16	0.97	2.94	0.402
(7.5/5)	75	50	5	8	6.125	4.808	0.245	34.86	2.39	6.83	12.61	1.44	3.30	70.00	2.40	21.04	1.17	7.41	1.10	2.74	0.435
			6		7.260	5.699	0.245	41.12	2.38	8.12	14.70	1.42	3.88	84.30	2.44	25.37	1.21	8.54	1.08	3.19	0.435
			8		9.467	7.431	0.244	52.39	2.35	10.52	18.53	1.40	4.99	112.5	2.52	34.23	1.29	10.87	1.07	4.10	0.429
			10		11.59	9.098	0.244	62.71	2.33	12.79	21.96	1.38	6.04	140.8	2.60	43.43	1.36	13.10	1.06	4.99	0.423
8/5	80	50	5	8	6.375	5.005	0.255	41.96	2.56	7.78	12.82	1.42	3.32	85.21	2.60	21.06	1.14	7.66	1.10	2.74	0.388
			6		7.560	5.935	0.255	49.49	2.56	9.25	14.95	1.41	3.91	102.5	2.65	25.41	1.18	8.85	1.08	3.20	0.387
			7		8.724	6.848	0.255	56.16	2.54	10.58	16.96	1.39	4.48	119.3	2.69	29.82	1.21	10.18	1.08	3.70	0.384
			8		9.867	7.745	0.254	62.83	2.52	11.92	18.85	1.38	5.03	136.4	2.73	34.32	1.25	11.38	1.07	4.16	0.381
9/5.6	90	56	5	9	7.212	5.661	0.287	60.45	2.90	9.92	18.32	1.59	4.21	121.32	2.91	29.53	1.25	10.98	1.23	3.49	0.385
			6		8.557	6.717	0.286	71.03	2.88	11.74	21.42	1.58	4.96	145.59	2.95	35.58	1.29	12.90	1.23	4.12	0.384
			7		9.880	7.756	0.286	81.01	2.86	13.49	24.36	1.57	5.70	169.66	3.00	41.71	1.33	14.67	1.22	4.72	0.382
			8		11.18	8.779	0.286	91.03	2.85	15.27	27.15	1.56	6.41	194.17	3.04	47.93	1.36	16.34	1.21	5.29	0.380
10/6.3	100	63	6	10	9.617	7.550	0.320	99.06	3.21	14.64	30.94	1.79	6.35	199.71	3.24	50.50	1.43	18.42	1.38	5.25	0.394
			7		11.11	8.722	0.320	113.45	3.29	16.88	35.26	1.78	7.29	233.00	3.28	59.14	1.47	21.00	1.38	6.02	0.393
			8		12.58	9.878	0.319	127.37	3.18	19.08	39.39	1.77	8.21	266.32	3.32	67.88	1.50	23.50	1.37	6.78	0.391
			10		15.46	12.14	0.310	153.81	3.15	23.32	47.12	1.44	9.98	333.06	3.40	85.73	1.58	28.33	1.35	8.24	0.387

参考数值

尺寸/mm

续附表 2

参考数值

角钢号数	尺寸/mm B	b	d	r	截面面积/cm²	理论重量/(kg·m⁻¹)	外表面积/(m²·m⁻¹)	$x-x$ I_x/cm⁴	i_x/cm	W_x/cm³	$y-y$ I_y/cm⁴	i_y/cm	W_y/cm³	x_1-x_1 I_{x_1}/cm⁴	y_0/cm	y_1-y_1 I_{y_1}/cm⁴	x_0/cm	$u-u$ I_u/cm⁴	i_u/cm	W_u/cm³	$\tan\alpha$
10/8	100	80	6	10	10.63	8.350	0.354	107.04	3.17	15.19	61.24	2.40	10.16	199.83	2.95	102.68	1.97	31.65	1.72	8.37	0.627
			7		12.30	9.656	0.354	122.73	3.16	17.52	70.08	2.39	11.71	233.20	3.00	119.98	2.01	36.17	1.72	9.60	0.626
			8		13.94	10.94	0.353	137.92	3.14	19.81	78.58	2.37	13.21	266.61	3.04	137.37	2.05	40.58	1.71	10.80	0.625
			10		17.16	13.47	0.353	166.87	3.12	24.24	94.65	2.35	16.12	333.63	3.12	172.48	2.13	49.10	1.69	13.12	0.622
11/7	110	70	6	10	10.67	8.350	0.354	133.37	3.54	17.85	42.92	2.01	7.90	265.78	3.53	69.08	1.57	25.36	1.54	6.53	0.403
			7		12.30	9.656	0.354	153.00	3.53	20.60	49.01	2.00	9.09	310.07	3.57	80.82	1.61	28.95	1.53	7.50	0.402
			8		13.94	10.94	0.353	172.04	3.51	23.30	54.87	1.98	10.25	354.39	3.62	92.70	1.65	32.45	1.53	8.45	0.401
			10		17.16	13.47	0.353	208.30	3.48	28.54	65.88	1.96	12.48	443.13	3.70	116.83	1.72	39.20	1.51	10.29	0.397
12.5/8	125	80	7	11	14.09	11.06	0.403	227.98	4.02	26.86	74.42	2.30	12.01	454.99	4.01	120.32	1.80	43.81	1.76	9.92	0.408
			8		15.98	12.55	0.403	256.77	4.01	30.41	83.49	2.28	13.56	519.99	4.06	137.85	1.84	49.15	1.75	11.18	0.407
			10		19.71	15.47	0.402	312.04	3.98	37.33	100.67	2.26	16.56	650.09	4.14	173.40	1.92	59.45	1.74	13.64	0.404
			12		23.35	18.33	0.402	364.41	3.95	44.01	116.67	2.24	19.43	780.39	4.22	209.67	2.00	69.35	1.72	16.01	0.400
14/9	140	90	8	12	18.038	14.160	0.453	365.64	4.50	38.48	120.69	2.59	17.34	730.53	4.50	195.79	2.04	70.83	1.98	14.10	0.411
			10		22.261	17.475	0.452	445.50	4.47	47.31	146.03	2.56	21.22	913.20	4.58	245.92	2.12	85.82	1.96	17.48	0.409
			12		26.400	20.724	0.451	521.19	4.44	55.87	169.79	2.54	24.95	1 096.09	4.66	296.89	2.19	100.21	1.95	20.54	0.406
			14		30.465	23.908	0.451	594.10	4.42	64.18	192.10	2.51	28.54	1 279.26	4.74	348.82	2.27	114.13	1.94	23.52	0.403
16/10	160	100	10	13	25.315	19.872	0.512	668.69	5.14	62.13	205.03	2.85	26.56	1 362.89	4.25	336.59	2.28	121.74	2.19	21.92	0.390
			12		30.054	23.592	0.511	784.91	5.15	73.49	239.06	2.82	31.28	1 635.56	5.32	405.94	2.36	142.33	2.17	25.79	0.388
			14		34.709	27.247	0.510	896.30	5.08	84.56	271.20	2.80	35.83	1 908.50	5.40	476.42	2.43	162.20	2.16	29.56	0.385
			16		39.281	30.835	0.510	1 003.04	5.05	95.33	301.60	2.77	40.24	2 181.79	5.48	548.22	2.51	182.57	2.16	33.44	0.382

续附表 2

角钢号数	尺寸/mm				截面面积/cm²	理论重量/(kg·m⁻¹)	外表面积/(m²·m⁻¹)	参考数值														
								$x-x$			$y-y$			x_1-x_1		y_1-y_1		$u-u$				
	B	b	d	r				I_x/cm⁴	i_x/cm	W_x/cm³	I_y/cm⁴	i_y/cm	W_y/cm³	I_{x_1}/cm⁴	y_0/cm	I_{y_1}/cm⁴	x_0/cm	I_u/cm⁴	i_u/cm	W_u/cm³	$\tan\alpha$
18/11	180	110	10	14	28.373	22.273	0.571	956.25	5.08	78.96	278.11	3.13	32.49	1 940.40	5.89	447.22	2.44	166.50	2.42	26.88	0.376
			12		33.712	26.464	0.571	1 124.72	5.78	93.53	325.03	3.10	38.32	2 328.38	5.98	538.94	2.52	194.87	2.40	31.66	0.374
			14		38.967	30.589	0.570	1 286.91	5.75	107.76	369.55	3.08	43.97	2 716.60	6.06	631.92	2.59	222.30	2.39	36.32	0.372
			16		44.139	34.649	0.569	1 443.06	5.72	121.64	411.85	3.06	49.44	3 105.15	6.17	726.46	2.67	248.94	2.38	40.87	0.369
20/12.5	200	125	12	14	37.912	29.761	0.641	1 570.90	6.44	116.73	483.16	3.57	49.99	3 193.85	6.54	787.74	2.83	285.79	2.74	41.23	0.392
			14		43.867	34.436	0.640	1 800.97	6.41	134.65	550.83	3.54	57.44	3 726.17	6.62	922.47	2.91	326.58	2.73	47.34	0.390
			16		49.739	39.045	0.396	2 023.35	6.38	152.18	615.44	3.52	64.69	4 258.86	6.70	1 058.86	2.99	366.21	2.71	53.32	0.388
			18		55.526	43.588	0.396	2 238.30	6.35	169.33	677.19	3.49	71.74	4 792.00	6.78	1 197.13	3.06	404.83	2.70	59.18	0.385

注：1. 括号内型号不推荐使用；

2. 截面图中的 $r_1=\dfrac{1}{3}d$ 及表中 r 值的数据用于孔型设计，不作交货条件。

附表 3　热轧工字钢 (GB 706—88)

符号意义：

h—高度；r_1—腿端圆弧半径；b—腿宽度；I—惯性矩；d—腰厚度；W—截面系数；t—平均腿厚度；i—惯性半径；r—内圆弧半径；S—半截面的静距

型号	尺寸 /mm						截面面积 /cm²	理论重量 /(kg·m⁻¹)	参考数值						
									x-x				y-y		
	h	b	d	t	r	r_1			I_x /cm⁴	W_x /cm³	i_x /cm	$I_x:S_x$ /cm	I_y /cm⁴	W_y /cm³	i_y /cm
10	100	68	4.5	7.6	6.5	3.3	14.3	11.2	245	49	4.14	8.59	33	9.72	1.52
12.6	126	74	5	8.4	7	3.5	18.1	14.2	488.43	77.529	5.195	10.58	46.906	12.677	1.609
14	140	80	5.5	9.1	7.5	3.8	21.5	16.9	712	102	5.76	12	64.4	16.1	1.73
16	160	88	6	9.9	8	4	26.1	20.5	1 130	141	6.58	13.8	93.1	21.2	1.89
18	180	94	6.5	10.7	8.5	4.3	30.6	24.1	1 660	185	7.36	15.4	122	26	2
20a	200	100	7	11.4	9	4.5	35.5	27.9	2 370	237	8.15	17.2	158	31.5	2.12
20b	200	102	9	11.4	9	4.5	39.5	31.1	2 500	250	7.96	16.9	169	33.1	2.06
22a	220	110	7.5	12.3	9.5	4.8	42	33	3 400	309	8.99	18.9	225	40.9	2.31
25a	250	116	8	13	10	5	48.5	38.1	5 023.54	401.88	10.8	21.58	280.046	47.283	2.403
25b	250	118	10	13	10	5	53.5	42	5 283.96	422.72	9.938	21.27	309.297	52.423	2.404
28a	280	122	8.5	13.7	10.5	5.3	55.45	43.4	7 114.14	508.15	11.32	24.62	345.051	56.565	2.495
28b	280	124	10.5	13.7	10.5	5.3	61.05	47.9	7 480	534.29	11.08	24.24	379.496	61.209	2.493
32a	320	130	9.5	15	11.5	5.8	67.05	52.7	11 075.5	692.2	12.84	27.46	459.93	70.758	2.619
32b	320	132	11.5	15	11.5	5.8	73.45	57.7	11 621.4	726.33	12.58	27.09	501.53	75.989	2.614
32c	320	134	13.5	15	11.5	5.8	79.95	62.8	12 167.5	760.49	12.34	26.77	543.81	81.166	2.608

续附表 3

型号	尺寸/mm						截面面积/cm²	理论重量/(kg·m⁻¹)	参考数值						
									$x-x$					$y-y$	
	h	b	d	t	r	r_1			I_x /cm⁴	W_x /cm³	i_x /cm	$I_x:S_x$ /cm	I_y /cm⁴	W_y /cm³	i_y /cm
36a	360	136	10	15.8	12	6	76.3	59.9	15 760	875	14.4	30.7	552	81.2	2.69
36b	360	138	12	15.8	12	6	83.5	65.6	16 530	919	14.1	30.3	582	84.3	2.64
36c	360	140	14	15.8	12	6	90.7	71.2	17 310	962	13.8	29.9	612	87.4	2.6
40a	400	142	10.5	16.5	12.5	6.3	86.1	67.6	21 720	1 090	15.9	34.1	660	93.2	2.77
40b	400	144	12.5	16.5	12.5	6.3	94.1	73.8	22 780	1 140	15.6	33.6	692	96.2	2.71
40c	400	146	14.5	16.5	12.5	6.3	102	80.1	23 850	1 190	15.2	33.2	727	99.6	2.65
45a	450	150	11.5	18	13.5	6.8	102	80.4	32 240	1 430	17.7	38.6	855	144	2.89
45b	450	152	13.5	18	13.5	6.8	111	87.4	33 760	1 500	17.4	38	894	118	2.84
45c	450	154	15.5	18	13.5	6.8	120	94.5	35 280	1 570	17.1	37.6	938	122	2.79
50a	500	158	12	20	14	7	119	93.6	46 470	1 860	19.7	42.8	1120	142	3.07
50b	500	160	14	20	14	7	129	101	48 560	1 940	19.4	42.4	1170	146	3.01
50c	500	162	16	20	14	7	139	109	50 640	2 080	19	41.8	1 220	151	2.96
56a	560	166	12.5	21	14.5	7.3	135.25	106.2	65 585.6	2 342.31	22.02	47.73	1 370.16	165.08	3.182
56b	560	168	14.5	21	14.5	7.3	146.45	115	68 512.5	2 446.69	21.63	47.17	1 486.75	174.25	3.162
56c	560	170	16.5	21	14.5	7.3	157.85	123.9	71 439.4	2 551.41	21.27	46.66	1 558.39	183.34	3.158
63a	630	176	13	22	15	7.5	154.9	121.6	93 916.2	2 981.47	24.62	54.17	1 700.05	193.24	3.314
63b	630	178	15	22	15	7.5	167.5	131.5	98 083.6	3 163.98	24.2	53.51	1 812.07	203.6	3.289
63c	630	180	17	22	15	7.5	180.1	141	102 251.3	3 298.42	23.82	52.92	1 924.91	213.88	3.268

注：截面图和表中标注的圆弧半径 r 和 r_1 的数据用于孔型设计，不作为交货条件。

附表 4 热轧槽钢（GB 707—88）

符号意义：

h—高度；r_1—腿端圆弧半径；b—腿宽度；I—惯性矩；d—腰厚度；W—截面系数；t—平均腿厚度；i—惯性半径；r—内圆弧半径；z—y—y_1轴与y_1—y_1轴间距

型号	尺寸/mm						截面面积 /cm²	理论重量 /(kg·m⁻¹)	参考数值							
									x—x			y—y			y_1—y_1	z_0
	h	b	d	t	r	r_1			W_x /cm³	I_x /cm⁴	i_x /cm	W_y /cm³	I_y /cm⁴	i_y /cm	I_{y_1} /cm⁴	/cm
5	50	37	4.5	7	7	3.5	6.93	5.44	10.4	26	1.94	3.55	8.3	1.1	20.9	1.35
6.3	63	40	4.8	7.5	7.5	3.75	8.444	6.63	16.123	50.786	2.453	4.5	11.872	1.185	28.38	1.36
8	80	43	5	8	8	4	10.24	8.04	25.3	101.3	3.15	5.79	16.6	1.27	37.4	1.43
10	100	48	5.3	8.5	8.5	4.25	12.74	10	39.7	198.3	3.95	7.8	25.6	1.41	54.9	1.52
12.6	126	53	5.5	9	9	4.5	15.69	12.37	62.137	391.466	4.953	10.242	37.99	1.567	77.09	1.59
14a	140	58	6	9.5	9.5	4.75	18.51	14.53	80.5	563.7	5.52	13.01	53.2	1.7	107.1	1.71
14	140	60	8	9.5	9.5	4.75	21.31	16.73	87.1	609.4	5.35	14.12	61.1	1.69	120.6	1.67
16a	160	63	6.5	10	10	5	21.95	17.23	108.3	866.2	6.28	16.3	73.3	1.83	144.1	1.8
16	160	65	8.5	10	10	5	25.15	19.74	116.8	934.5	6.1	17.55	83.4	1.82	160.8	1.75
18a	180	68	7	10.5	10.5	5.25	25.69	20.17	141.4	1 272.7	7.04	20.03	98.6	1.96	189.7	1.88
18	180	70	9	10.5	10.5	5.25	29.29	22.99	152.2	1 369.9	6.85	21.52	111	1.95	210.1	1.84
20a	200	73	7	11	11	5.5	28.83	22.63	178	1 780.4	7.86	24.2	128	2.11	244	2.01
20	200	75	9	11	11	5.5	32.83	25.77	191.4	1 913.7	7.64	25.88	143.6	2.09	268.4	1.95
22a	220	77	7	11.5	11.5	5.75	31.84	24.99	217.6	2 393.9	8.67	28.17	157.8	2.23	298.2	2.1
22	220	79	9	11.5	11.5	5.75	36.24	28.45	233.8	2 571.4	8.42	30.05	176.4	2.21	326.3	2.03

续附表 4

型号	尺寸/mm						截面面积/cm²	理论重量/(kg·m⁻¹)	参考数值							
									x—x			y—y			y₁—y₁	
	h	b	d	t	r	r_1			W_x /cm³	I_x /cm⁴	i_x /cm	W_y /cm³	I_y /cm⁴	i_y /cm	I_{y_1} /cm⁴	z_0 /cm
25a	250	78	7	12	12	6	34.91	27.47	269.597	3 369.62	9.823	30.607	175.529	2.243	322.3	2.065
25b	250	80	9	12	12	6	39.91	31.39	282.402	3 530.04	9.405	32.657	196.421	2.218	353.2	1.982
25c	250	82	11	12	12	6	44.91	35.32	295.236	3 690.45	9.065	35.926	218.415	2.206	384.1	1.921
28a	280	82	7.5	12.5	12.5	6.25	40.02	31.42	340.328	4 764.59	10.91	35.718	217.989	2.333	387.66	2.097
28b	280	84	9.5	12.5	12.5	6.25	45.62	35.81	366.46	5 130.45	10.6	37.929	242.144	2.304	427.69	2.016
28c	280	86	11.5	12.5	12.5	6.25	51.22	40.21	392.594	5 496.32	10.35	40.301	267.602	2.286	426.60	1.951
32a	320	88	8	14	14	7	48.7	38.22	474.879	7 598.06	12.49	46.473	304.787	2.502	552.31	2.242
32b	320	90	10	14	14	7	55.1	43.25	509.012	8 144.2	12.15	49.157	336.332	2.471	592.93	2.158
32c	320	92	12	14	14	7	61.5	48.28	543.145	8 690.33	11.88	52.642	374.175	2.467	643.30	2.092
36a	360	96	9	16	16	8	60.89	74.8	659.7	11 874.2	13.97	63.54	455	2.73	818.4	2.44
36b	360	98	11	16	16	8	68.09	53.45	702.9	12 651.8	13.63	66.85	496.7	2.7	880.4	2.37
36c	360	100	13	16	16	8	75.29	50.1	746.1	13 429.4	13.36	70.02	536.4	2.67	947.9	2.34
40a	400	100	10.5	18	18	9	75.05	58.91	878.9	17 577.9	15.30	78.83	592	2.81	1 067.6	2.49
40b	400	102	12.5	18	18	9	83.05	65.19	932.2	18 644.5	14.98	52.52	640	2.78	1 135.6	2.44
40c	400	104	14.5	18	18	9	91.05	71.47	985.6	19 711.2	14.71	86.19	687.8	2.75	1 220.7	2.42

注：截面图和表中标注的圆弧半径 r 和 r_1 的数据用于孔型设计，不作为交货条件。

参考文献

[1] 刘鸿文．材料力学（Ⅰ、Ⅱ）［M］．5 版．北京：高等教育出版社，2011.

[2] 肖燕．建筑力学［M］．北京：中国水利水电出版社，2011.

[3] 沈韶华．工程力学［M］．北京：经济科学出版社，2010.

[4] 魏德敏．建筑力学［M］．北京：中国建筑工业出版社，2010.

[5] 杨恩福，张生瑞．工程力学［M］．郑州：黄河水利出版社，2009.

[6] 王渊辉，汪菁．建筑力学［M］．大连：大连理工大学出版社，2009.

[7] 黄跃平，韩晓，林胥明．工程力学实验［M］．南京：东南大学出版社，2009.

[8] 孙训方．材料力学（Ⅰ、Ⅱ）［M］．5 版．北京：高等教育出版社，2009.

[9] 高健．工程力学［M］．北京：中国水利水电出版社，2008.

[10] 范钦珊，殷雅俊．材料力学［M］．北京：清华大学出版社，2008.

[11] 孔七一．工程力学［M］．北京：人民交通出版社，2008.

[12] 范钦珊，唐静静．工程力学（静力学和材料力学）［M］．2 版．北京：高等教育出版社，2007.

[13] 吴国平．建筑力学［M］．北京：中央广播电视大学出版社，2006.

[14] 孔七一．应用力学［M］．北京：人民交通出版社，2005.

[15] 李轮．结构力学［M］．北京：人民交通出版社，2005.

[16] 包世华．结构力学（上册）［M］．2 版．武汉：武汉理工大学出版社，2003.

[17] 于英．建筑力学［M］．北京：中国建筑工业出版社，2003.